ANSYS CFD
实例详解

胡 坤 谢文杰 周枳旭 ◎ 著

人民邮电出版社
北 京

图书在版编目（CIP）数据

CAE分析大系. ANSYS CFD实例详解 / 胡坤，谢文杰，
周枳旭著. -- 北京：人民邮电出版社，2022.8（2023.9重印）
ISBN 978-7-115-58901-9

Ⅰ. ①C… Ⅱ. ①胡… ②谢… ③周… Ⅲ. ①有限元
分析—应用软件 Ⅳ. ①O241.82-39

中国版本图书馆CIP数据核字(2022)第044114号

内 容 提 要

ANSYS CFD 是一整套流体动力学仿真模块组合，包括几何建模工具 ANSYS SCDM、网格划分模块 ANSYS Mesh 和流场求解模块 ANSYS Fluent 等。本书以实例讲解的方式全面介绍了 ANSYS CFD 系列软件在工程流体模拟中的应用，内容涵盖几何模型创建、网格划分、流体流动模拟、传热模拟、运动模拟、多相流模拟、燃烧及化学反应流模拟和多物理场耦合模拟等。本书以模拟计算流程为导向，力求使不同类型的物理现象模拟流程标准化。书中实例编排由浅入深，步骤详尽，易于理解。

本书适用于广大流体模拟工程人员，也可供流体模拟研究者参考。

◆ 著　　　　　胡　坤　谢文杰　周枳旭
　　责任编辑　　王　惠
　　责任印制　　马振武

◆ 人民邮电出版社出版发行　　北京市丰台区成寿寺路 11 号
　　邮编　100164　　电子邮件　315@ptpress.com.cn
　　网址　http://www.ptpress.com.cn
　　天津画中画印刷有限公司印刷

◆ 开本：787×1092　1/16
　　印张：21　　　　　　　　　　　2022 年 8 月第 1 版
　　字数：643 千字　　　　　　　　2023 年 9 月天津第 4 次印刷

定价：99.80 元

读者服务热线：(010)81055410　印装质量热线：(010)81055316
反盗版热线：(010)81055315
广告经营许可证：京东市监广登字 20170147 号

这是一本只讲 ANSYS CFD 模拟实例的书。

所谓只讲实例，意思就是"只讲如何操作，不讲为什么这样做"。那么肯定有人会说："只知道如何做有何用，知其然而不知其所以然，真正遇到问题时还是不会做。"道理谁都明白，这里要说一点道理之外的东西。

ANSYS CFD 系列软件是成熟的商业软件，有着完备的帮助文档。因此，对于在软件使用过程中遇到的各种疑难问题，读者完全可以查阅帮助文档来解决。而对于软件操作背后的理论问题，读者就需要翻阅一些理论教材了。市面上有很多关于软件操作和软件工作原理方面的教材和电子文档，读者可自行查找学习。

如果要将 ANSYS CFD 系列软件灵活地运用于工程中，仅有理论功底和软件操作技巧还不够，还需制定针对特定问题的工作流程。实例的操作过程实际上提供的是类似工程模拟的计算流程。对于一个新的工程实例，若能找到针对实例解决问题的模拟流程，仿照流程就能够很快地开展工作，接下来的工作就是验证和修正参数。"熟读唐诗三百首，不会作诗也会吟"，实例练习是快速入门的高效方法。

CFD 应用范围很广，写一本涵盖所有工程内容的书是不太可能的。ANSYS CFD 系列软件的工程应用场景大致分为以下几种。

- 模型准备，包括几何模型的创建及网格的划分过程。ANSYS 在该场景提供了大量的工具。在几何建模方面，ANSYS 提供了 SCDM 和 DM 模块；在网格生成方面，ANSYS 提供了 ICEM CFD、Mesh 和 Fluent Meshing 模块。
- 流动计算和传热计算，主要以流动参数（速度、压力等）和热参数（温度、换热量等）为计算目标，是 CFD 最基本的应用场景。
- 运动问题计算，主要是对区域内存在运动部件的计算。
- 多相流计算，主要包括相界面捕捉、多相作用和颗粒流动等的计算。
- 化学反应流计算，包括化学反应和燃烧流场等的计算。
- 流固耦合计算，包括多物理场耦合过程设置和数据处理等的计算。

编者根据上述场景，挑选了一些有代表性的实例介绍模拟流程，力求以精练的流程为读者展示这些特定问题的模拟计算思路。

若读者在学习过程中遇到困难，可以通过我们的立体化服务平台（微信公众服务号：iCAX）联系我们，我们会尽力为读者解答问题。此外，我们还会在立体化服务平台上分享更多的相关资源。本书提供实例素材及源文件，扫描封底二维码即可获得文件下载方式。如果在下载过程中遇到问题，请发邮件至szys@ptpress.com.cn，我们会尽力解答。

胡坤

2021 年 12 月

Contents
目录

第 1 章

几何模型创建

几何模型创建是 CFD 计算的基础内容之一。本章通过实例操作，介绍利用 ANSYS SCDM 模块创建流体计算区域几何模型的一般流程，内容包括常规的几何创建方式（拉伸、旋转、扫掠等）、几何清理和内外流体域的抽取过程。

【实例1】拉伸建模

本实例主要利用 SCDM 中的拉伸功能创建图 1-1 所示的 3D 几何模型。

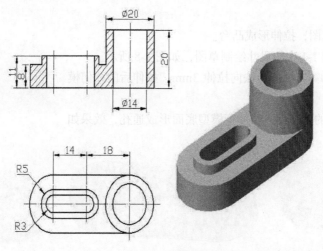

图 1-1　几何模型

01　启动 SCDM

SCDM 可以从"开始"菜单中启动，也可以在 Workbench 中以模块的形式启动。

（1）启动 Workbench。

（2）拖动 **Geometry** 模块至右侧的工程窗口中，添加几何功能，如图 1-2 所示。

（3）保存工程文件为 EX1.wbpj。

（4）双击 **A2** 单元格进入 SCDM 模块。

02　绘制基础草图

在默认的 *XZ* 平面上创建草图。

（1）单击功能区 Design 选项卡 Orient 工具组中的 **Plan View** 按钮，如图 1-3 所示，显示草图平面图。

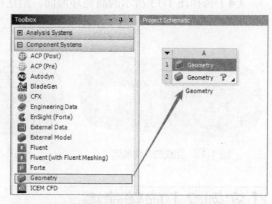

图 1-2　添加 Geometry 模块

（2）利用图 1-4 所示的草图工具，按图 1-1 中的尺寸绘制草图，如图 1-5 所示。

图 1-3　单击工具按钮

图 1-4　草图工具

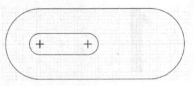

图 1-5　绘制草图

03　拉伸草图

将步骤 02 绘制的草图沿法向拉伸 8mm。

（1）单击功能区 Design 选项卡 Edit 工具组中的 **Pull** 按钮，如图 1-6 所示。

（2）选择草图，拖动鼠标，在弹出的拉伸距离文本框中输入 **8mm**，如图 1-7 所示。

图 1-6　拉伸工具

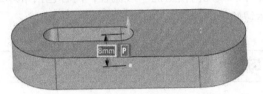

图 1-7　拉伸草图

04　拉伸形成凸台

在模型顶面上绘制草图，拉伸形成凸台。

（1）在模型顶面按图 1-1 中的尺寸绘制草图，如图 1-8 所示。

（2）选择图 1-9 中的高亮面，沿法向拉伸 3mm，拉伸后的几何模型如图 1-10 所示。

（3）选择图 1-11 中的高亮面，拉伸至模型底面形成通孔，效果如图 1-12 所示。

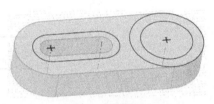

图 1-8　绘制草图

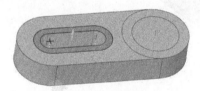

图 1-9　选择面

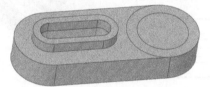

图 1-10　拉伸完成的几何模型

图 1-11　选择面

（4）选择图 1-13 所示的高亮环形面，沿法向拉伸 12mm，拉伸后的几何模型如图 1-14 所示。

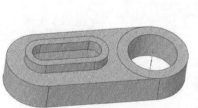

图 1-12　完成的几何模型

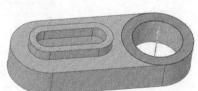

图 1-13　选择环形面

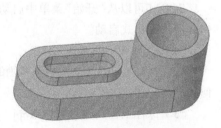

图 1-14　最终几何模型

【实例 2】旋转建模

本实例演示如何利用 SCDM 的旋转建模方式绘制皮带轮几何模型，模型尺寸如图 1-15 所示。

三维几何模型如图 1-16 所示。

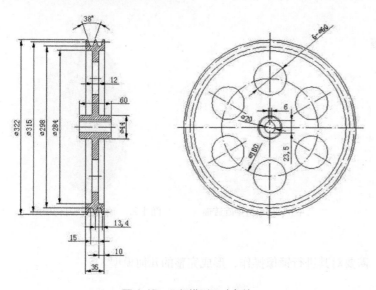

图 1-15　几何模型尺寸参数

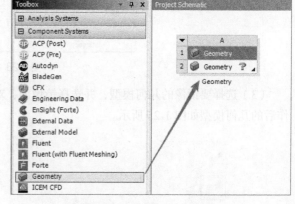

图 1-16　最终几何模型

几何模型的主体部分采用旋转的方式创建，孔洞采用拉伸切除的方式创建。

01　启动 SCDM

SCDM 可以从"开始"菜单中启动，也可以在 Workbench 中以模块的形式启动。

（1）启动 Workbench。

（2）拖动 **Geometry** 模块至右侧的工程窗口中，添加几何功能，如图 1-17 所示。

（3）保存工程文件为 EX2.wbpj。

（4）双击 **A2** 单元格进入 SCDM 模块。

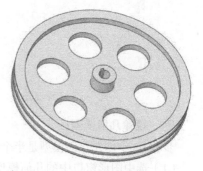

图 1-17　添加 Geometry 模块

02　绘制基础草图

在默认的 *XZ* 平面上创建草图。

（1）单击功能区 Design 选项卡 Orient 工具组中的 **Plan View** 按钮，如图 1-18 所示，显示草图平面图。

（2）利用图 1-4 所示的草图工具，按图 1-15 中的尺寸绘制草图，如图 1-19 所示。

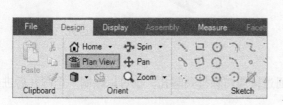

图 1-18　单击工具按钮

图 1-19　绘制草图

03　旋转草图

选择草图与轴，旋转后得到几何模型。

（1）单击功能区 Design 选项卡 Edit 工具组中的 **Pull** 按钮，选择图形窗口中待旋转的草图，如图 1-20 所示。

（2）单击图形窗口中的 **Revolve** 按钮，然后选择旋转轴，如图 1-21 所示，设置旋转角度为 360°，旋转后的几何模型如图 1-22 所示。

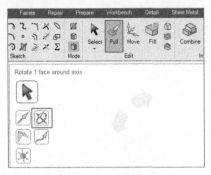

| 图 1-20　旋转图形 | 图 1-21　选择旋转轴 | 图 1-22　旋转后的几何模型 |

04　镜像几何模型

步骤 03 中创建几何模型是半个模型，需要对其进行镜像操作，形成完整的几何模型。

（1）选中图形窗口中的几何模型。

（2）单击功能区 **Design** 选项卡 **Creat** 工具组中的 **Mirror** 按钮，如图 1-23 所示。

图 1-23　镜像操作按钮

（3）选择要镜像的几何模型，并选择镜像面，对几何模型进行镜像操作，如图 1-24 所示。完成镜像操作后的几何模型如图 1-25 所示。

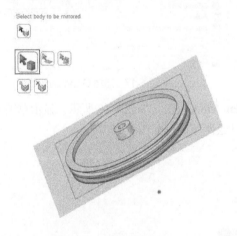

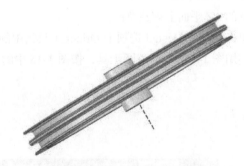

| 图 1-24　镜像几何模型 | 图 1-25　镜像后的几何模型 |

05　绘制草图

在绘制圆孔时，可以绘制 6 个圆，然后通过拉伸切除得到圆孔，也可以绘制一个圆孔后进行阵列操作。这里采用绘制 6 个圆然后拉伸切除的方案。

按图 1-15 中的尺寸绘制草图（6 个圆和 1 个矩形），如图 1-26 所示。

06　拉伸切除

采用拉伸面的方式切割几何模型，以形成孔。

单击功能区 Design 选项卡 Edit 工具组中的 **Pull** 按钮，选中图形窗口中的 6 个圆面及 1 个矩形面，向另一侧拉伸以切割原始几何模型，如图 1-27 所示。最终形成的几何模型如图 1-28 所示。

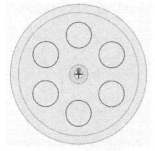

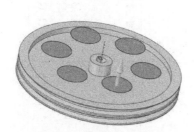

图 1-26 绘制草图　　　　　　　　图 1-27 选择拉伸面　　　　　　　　图 1-28 最终几何模型

【实例 3】扫掠建模

本实例介绍在 SCDM 中以扫掠成型的方式创建弹簧几何模型的方法。扫掠建模需要创建轮廓草图及扫掠路径。弹簧几何模型如图 1-29 所示。

01 启动 SCDM

SCDM 可以从"开始"菜单中启动，也可以在 Workbench 中以模块的形式启动。

（1）启动 Workbench。

（2）拖动 **Geometry** 模块至右侧的工程窗口中，添加几何功能，如图 1-30 所示。

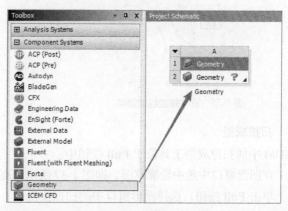

图 1-29 弹簧几何模型　　　　　　　　图 1-30 添加 Geometry 模块

（3）保存工程文件为 EX3.wbpj。

（4）双击 **A2** 单元格进入 SCDM 模块。

02 绘制螺旋线

SCDM 中的螺旋线需要借助参数方程进行绘制。

（1）单击草图工具中的参数方程按钮，如图 1-31 所示。

（2）在打开的"Equation"面板中设置参数，如图 1-32 所示。

注意：

　这里的 Interval(t) 表示螺旋线的长度，r 为螺旋线的半径，c 用于控制螺距。

绘制完毕的螺旋线如图 1-33 所示。

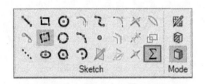

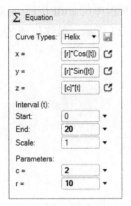

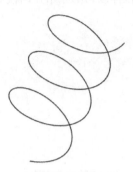

图 1-31　单击参数方程按钮　　　　图 1-32　设置螺旋线参数　　　　图 1-33　螺旋线

03　创建轮廓草图

创建一个与螺旋线端点垂直的草图平面，且在该草图平面上绘制轮廓草图。

（1）单击功能区中的草图绘制按钮，如图 1-34 所示。

（2）在图形窗口中，选中图 1-35 所示的螺旋线端点，创建草图面。

（3）绘制直径为 5mm 的圆作为轮廓草图，如图 1-36 所示。

图 1-34　单击草图绘制按钮

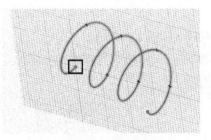

图 1-35　选中螺旋线的端点

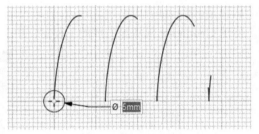

图 1-36　绘制轮廓草图

04　扫掠成型

SCDM 中的扫掠成型工具位于 **Pull** 按钮中。

（1）在图形窗口中选中轮廓草图，即图 1-37 所示的高亮面。

（2）单击 **Pull** 按钮，选择图形窗口中的扫掠按钮。

（3）选中螺旋线作为扫掠路径。

（4）单击 **Complete** 按钮生成扫掠几何模型，如图 1-38 所示。

图 1-37　扫掠操作

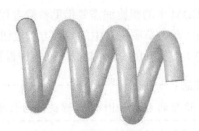

图 1-38　最终几何模型

【实例 4】几何清理

在几何准备过程中，常需要对导入的几何模型进行清理，比如去除模型中的一些圆角、孔洞等。本实例演示在 SCDM 中进行几何清理的过程。初始几何模型及最终几何模型如图 1-39 所示。

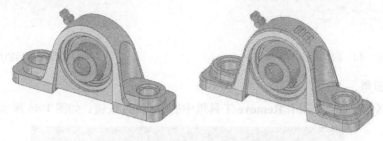

图 1-39　初始几何模型与最终几何模型

01　启动 SCDM 并导入几何模型

SCDM 可以从"开始"菜单中启动，也可以在 Workbench 中以模块的形式启动。

（1）启动 Workbench。

（2）拖动 **Geometry** 模块至右侧的工程窗口中，添加几何功能，如图 1-40 所示。

（3）保存工程文件为 EX4.wbpj。

（4）双击 **A2** 单元格进入 SCDM 模块。

（5）右击 **A2** 单元格，在弹出的快捷菜单中选择 **Import Geometry→Browse** 命令，如图 1-41 所示。在弹出的对话框中选择几何模型文件 **Chapter1/EX4.scdoc**。

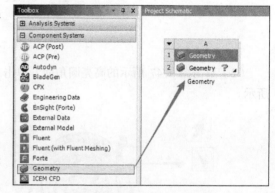

图 1-40　添加 Geometry 模块

（6）双击 **A2** 单元格进入 SCDM 模块，显示初始几何模型，如图 1-42 所示。

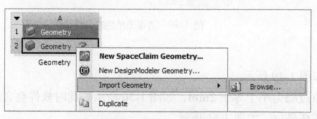

图 1-41　导入几何模型

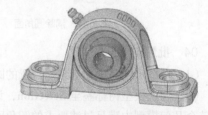

图 1-42　初始几何模型

02　删除顶部凹槽

（1）单击功能区 **Prepare** 选项卡 **Remove** 工具组中的 **Faces** 按钮，如图 1-43 所示。

图 1-43　功能区按钮

（2）框选顶部 4 个凹槽面，单击图形窗口中的 **Complete** 按钮删除特征，如图 1-44 所示。删除特征后的几何模型如图 1-45 所示。

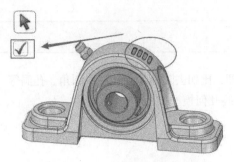

图 1-44　删除顶部特征

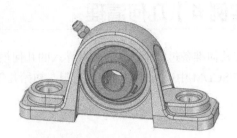

图 1-45　删除特征后的几何模型

03　删除指定圆角

（1）单击功能区 **Prepare** 选项卡 **Remove** 工具组中的 **Rounds** 按钮，如图 1-46 所示。

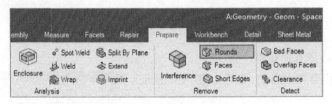

图 1-46　选择圆角工具

（2）双击图 1-47 所示的高亮圆角面，单击 **Complete** 按钮清除圆角。处理完毕后的几何模型如图 1-48 所示。

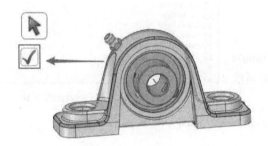

图 1-47　清除圆角面

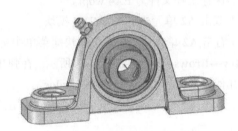

图 1-48　清理圆角后的几何模型

04　批量删除圆角

（1）在图形窗口中任选某一位置的圆角，如图 1-49 所示。

（2）切换模型树标签至 **Selection**，设置圆角过滤为小于等于 **2mm**，如图 1-50 所示。此时软件会自动搜索整个几何模型中满足过滤要求的圆角面，并高亮显示，如图 1-51 所示。

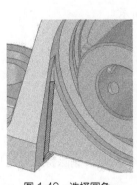

图 1-49　选择圆角

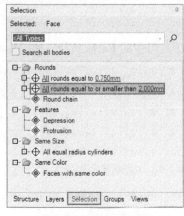

图 1-50　设置选择过滤

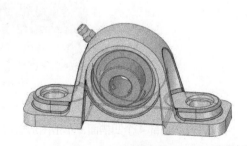

图 1-51　被选中的圆角面

（3）单击图形窗口中的 **Complete** 按钮清除选中的圆角面，如图 1-52 所示。去除圆角后的几何模型如图 1-53 所示。最后保存文件。

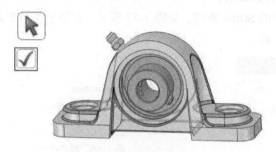

图 1-52 清除圆角面

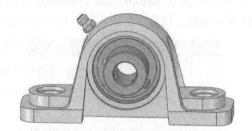

图 1-53 清除圆角后的几何模型

【实例 5】创建外流场计算域

SCDM 的一个重要功能是可以创建流体计算域。本实例演示利用 SCDM 完成外流场计算域构造工作的方法。

01 启动 SCDM 并导入几何模型

SCDM 可以从"开始"菜单中启动，也可以在 Workbench 中以模块的形式启动。

（1）启动 Workbench。

（2）拖动 **Geometry** 模块至右侧的工程窗口中，添加几何功能，如图 1-54 所示。

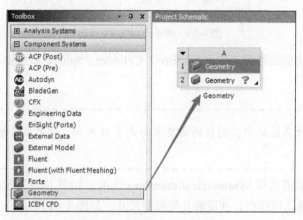

图 1-54 添加 Geometry 模块

（3）保存工程文件为 EX5.wbpj。

（4）双击 **A2** 单元格进入 SCDM 模块。

（5）右击 **A2** 单元格，在弹出的快捷菜单中选择 **Import Geometry→Browse** 命令，如图 1-55 所示，在弹出的对话框中选择几何模型文件 **Chapter1/EX5.STEP**。

（6）双击 **A2** 单元格进入 SCDM 模块，导入的几何模型如图 1-56 所示。

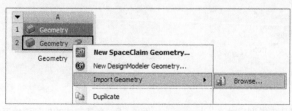

图 1-55 导入几何模型

图 1-56 几何模型

02 检查几何

在进行流体域构建之前，需要检查几何模型是否存在缺陷。

（1）单击功能区 **Repair** 选项卡 **Solidify** 工具组中的 **Stitch** 按钮，如图 1-57 所示。若图形窗口下方出现图 1-58 所示的提示信息，则表示几何模型中没有孤立面。

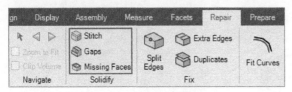

图 1-57　检查几何模型

图 1-58　提示信息

（2）依次单击 **Gaps** 按钮和 **Missing Faces** 按钮，确保信息提示均为 **No areas found**。

注意：

若提示几何模型存在问题，则需要先处理几何模型，之后才能创建流体域。

03 创建外部流体区域

（1）单击功能区 **Prepare** 选项卡 **Analysis** 工具组中的 **Enclosure** 按钮，如图 1-59 所示。

图 1-59　选择 Enclosure 按钮

该步骤可以创建 4 种类型的外部流体区域：Box、Cylinder、Sphere 和 Custom shape。这里创建 Box 类型的。

注意：

在 Cylinder 类型的计算区域中，圆柱的高度方向是 z 轴方向，因此需要调整几何模型的方向，使其与圆柱方向保持一致。

（2）选择 **Box** 选项，取消选择 **Symmetric dimensions** 选项，如图 1-60 所示。

（3）在图形窗口中选择几何模型，并设置几何模型尺寸，如图 1-61 所示。

注意：

这里的几何模型尺寸设置没有任何实际工程意义。在实际的工程应用中，应当根据几何实体的尺寸设置外部流体区域的尺寸。

（4）单击图形窗口中的 **Complete** 按钮，创建外部流体区域。此时的几何模型如图 1-62 所示。

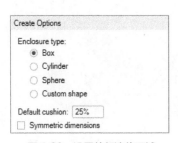

图 1-60　设置外部流体区域

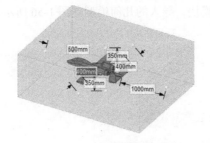

图 1-61　设置几何模型尺寸

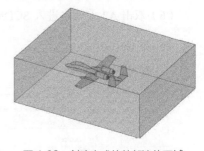

图 1-62　创建完成的外部流体区域

04　删除原始几何模型

外部流体区域创建完毕后，即可删除原始几何模型。

在模型树中选择所有的原始几何模型节点并右击，在弹出的快捷菜单中选择 **Delete** 命令，如图 1-63 所示。最终流体计算域模型如图 1-64 所示。

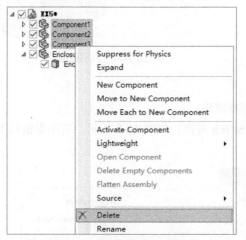

图 1-63　删除原始几何模型

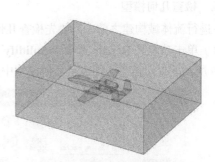

图 1-64　最终流体计算域模型

【实例 6】抽取内流场计算域模型

本实例演示在 SCDM 中抽取内流场计算域的基本流程。

01　启动 SCDM 并导入几何模型

SCDM 可以从"开始"菜单中启动，也可以在 Workbench 中以模块的形式启动。

（1）启动 Workbench。

（2）拖动 **Geometry** 模块至右侧的工程窗口中，添加几何功能，如图 1-65 所示。

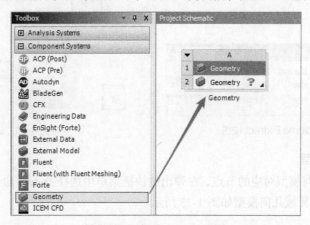

图 1-65　添加 Geometry 模块

（3）保存工程文件为 EX6.wbpj。

（4）双击 **A2** 单元格进入 SCDM 模块。

（5）右击 **A2** 单元格，在弹出的快捷菜单中选择 **Import Geometry**→**Browse** 命令，如图 1-66 所示，在弹出的对话框中选择几何模型文件 **Chapter1/EX6.x_t**。

（6）双击 **A2** 单元格进入 SCDM 模块，导入的几何模型如图 1-67 所示。

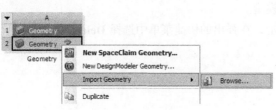

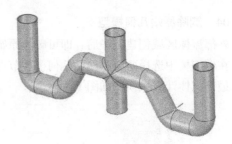

图 1-66　导入几何模型　　　　　　　　　　　　图 1-67　几何模型

02　检查几何模型

在进行流体域构建之前，需要先检查几何模型是否存在缺陷。

（1）单击功能区 **Repair** 选项卡 **Solidify** 工具组中的 **Stitch** 按钮，如图 1-68 所示。若图形窗口下方出现图 1-69 所示的提示信息，则表示几何模型中没有孤立面。

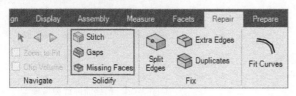

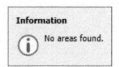

图 1-68　检查几何模型　　　　　　　　　　　　图 1-69　提示信息

（2）依次单击 **Gaps** 按钮和 **Missing Faces** 按钮，确保信息提示均为 **No areas found**。

03　抽取计算区域

（1）单击功能区 **Prepare** 选项卡 **Analysis** 工具组中的 **Volume Extract** 按钮，如图 1-70 所示。

（2）单击图形窗口中的 **SelectEdges** 按钮。

（3）选择几何模型中围成 4 个开口的圆，如图 1-71 所示。

（4）单击 **Complete** 按钮完成内流场计算域的创建。

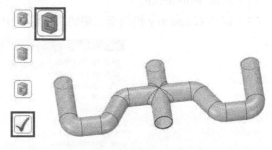

图 1-70　单击 Volume Extract 按钮　　　　　　　图 1-71　选择 4 个圆

04　删除原始几何模型

右击模型树中原始几何模型对应的节点，在弹出的快捷菜单中选择 **Delete** 命令，删除原始几何模型，如图 1-72 所示。最终流体计算域几何模型如图 1-73 所示。

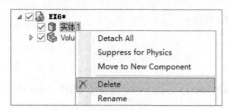

图 1-72　删除原始几何模型　　　　　　　　　　图 1-73　最终流体计算域几何模型

第 **2** 章 网格划分

在 ANSYS 系列软件中，用于网格划分的模块主要有 ICEM CFD、Mesh 和 Fluent Meshing。这些软件模块功能齐全，均能独自生成流体计算域中的网格。其中，ICEM CFD 擅长利用虚拟分块生成全六面体和全四面体网格；Mesh 模块集合了 Gambit 和 ICEM CFD 的众多优点，操作简单，适合应用于生成工程中复杂几何模型的网格；Fluent Meshing 适合生成大规模非结构网格。本章通过实例演示 Mesh 模块和 Fluent Meshing 模块的基本使用流程。

【实例 1】扫掠划分 T 形管网格

Mesh 是 ANSYS Workbench 中为 ANSYS 系列求解器生成计算网格的模块，不仅可以生成有限元结构计算的网格，还能生成 Fluent、CFX 等流体软件计算的网格。Mesh 是一款功能非常齐全的网格工具。

01 实例介绍

本实例的几何模型如图 2-1 所示。

02 启动 Meshing

Mesh 模块只能在 Workbench 中启动。

（1）启动 Workbench。

（2）从 **Component Systems** 中拖动 **Mesh** 模块到工程窗口中，如图 2-2 所示。Mesh 模块在工程窗口中的显示如图 2-3 所示。

图 2-1　几何模型

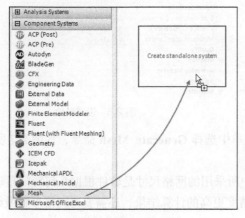

图 2-2　添加 Mesh 模块

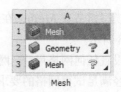

图 2-3　添加 Mesh 模块后的工程窗口

03 导入几何模型

Mesh 模块并不具有创建几何模型的功能，通常与 Geometry 模块一起使用，通过 Geometry 模块创建几何模型或从外部导入几何模型。

本实例是导入使用 AutoCAD 软件创建的几何模型。

右击 **A2** 单元格，在弹出的快捷菜单中选择 **Import Geometry→Browse** 命令，如图 2-4 所示，在弹出的对话框中选择几何模型文件 **pipe-tee.stp**。

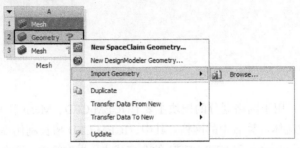

图 2-4　导入几何模型

04　进入 Mesh

双击 **A3** 单元格进入 Mesh 模块，软件自动加载几何模型文件。

05　设置默认网格

多数情况下，保持 Mesh 模块默认的网格尺寸，即可产生不错的网格。

（1）选择模型树节点 **Mesh**，弹出属性窗口，当前参数即为默认设置，如图 2-5 所示。

（2）设置 **Physics Preference** 为 **CFD**，**Solver Preference** 为 **Fluent**，**Use Adaptive Sizing** 为 **Yes**，**Resolution** 为 **5**，其他参数保持默认设置，如图 2-6 所示。

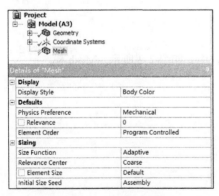

图 2-5　默认参数设置

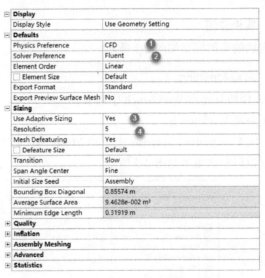

图 2-6　设置参数

（3）右击模型树节点 **Mesh**，在弹出的快捷菜单中选择 **Generate Mesh** 命令，如图 2-7 所示。最终生成的网格如图 2-8 所示。

这里没有设置任何网格尺寸，网格生成过程中所采用的网格尺寸是软件根据几何特征自动估算的。此时生成的网格已经满足试算网格的要求。但要获得精度更高的计算结果，还需要对网格参数做细化的调整。

06　创建边界命名

在 ANSYS 系列的 CFD 软件（如 Fluent、CFX）中，导入的网格必须先标识边界，否则，CFD 软件无法区分边界。在 Mesh 模块中标识边界是通过边界命名来实现的。

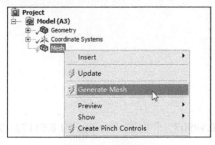

图 2-7　生成网格

图 2-8　生成的网格

（1）选择需要进行边界命名的面，然后右击，在弹出的快捷菜单中选择 **Create Named Selection** 命令，如图 2-9 所示。

（2）在弹出的 Selection Name 对话框中命名边界，将边界命名为 inlet_z，如图 2-10 所示。单击 **OK** 按钮关闭对话框。

图 2-9　创建命名边界

图 2-10　设置边界名称

（3）重复以上步骤，为其他边界进行命名。命名后的边界如图 2-11 所示。

07　创建边界层

Mesh 模块中的边界层是通过设置 Inflation 来实现的。

选中模型树节点 **Mesh**，在属性窗口中的 **Inflation** 节点下设置 **Use Automatic Inflation** 为 **Program Controlled**，如图 2-12 所示。重新生成网格，可以看到，模型网格上生成了边界层网格，如图 2-13 所示。

图 2-11　命名后的边界

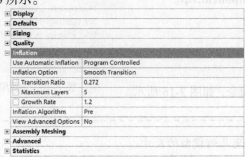

图 2-12　设置 Inflation 参数

图 2-13　包含边界层的网格

08 查看网格质量

网格统计主要输出网格质量信息及图表。

（1）选择模型树节点 **Mesh**。

（2）在属性窗口中展开 **Quality** 节点。

（3）设置 **Mesh Metric** 为 **Element Quality**。

网格质量最小值 **Min** 为 **0.054699**，最大值 **Max** 为 **0.99907**，平均值 **Average** 为 **0.54172**，如图 2-14 所示。平均值越大，网格质量越好。

此时，左下方会显示网格统计数据直方图，其提供了不同的网格质量所对应的网格数量，如图 2-15 所示。

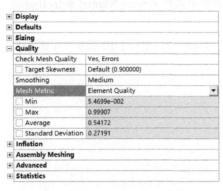

图 2-14 网格信息

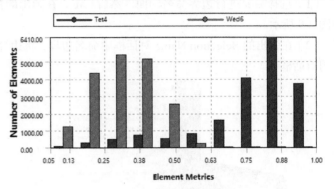

图 2-15 网格质量统计信息

【实例 2】Mesh 方法生成网格

Mesh 模块中提供了 6 种不同的网格划分方法：

- Automatic(Tet Patch Conforming)；
- Tet Patch Independent；
- MultiZone；
- Assembly Meshing(CutCell)；
- Decomposition for Sweep Meshes；
- Automatic(Tet Sweep)。

本实例使用前 4 种方法生成网格进行对比，以描述每种方法的适用场合。

01 创建工程

（1）启动 Workbench，拖动 **Mesh** 到右侧工程窗口中。

（2）右击 **Geometry** 单元格，在弹出的快捷菜单中选择 **Import Geometry→Browse** 命令，在弹出的对话框中选择几何模型文件 **component.stp**。

（3）保存工程文件 **EX2.wbpj**。

（4）双击 **Mesh** 单元格进入 Mesh 模块。

02 设置单位

在 Mesh 模块中选择 **Units→Metric(m,kg,N,s,V,A)**命令，如图 2-16 所示。

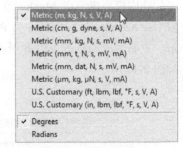

图 2-16 设置单位

 注意：

这里设置单位只是方便设置网格参数，并不会改变几何模型的尺寸。

03 创建边界命名

本实例几何模型如图 2-17 所示。计算域包含一个入口和一个出口，其他边界为壁面边界。这里设置上面的圆面为入口，下面的圆面为出口。

（1）选择上面的圆面并右击，在弹出的快捷菜单中选择 **Create Named Selection** 命令，在弹出的 Selection Name 对话框中设置边界名称为 **inlet**，如图 2-18 所示。

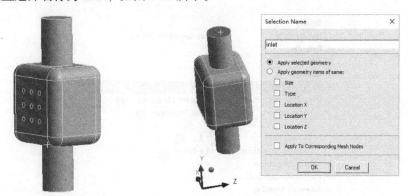

图 2-17　几何模型　　　　　　　　　　　　　图 2-18　边界命名

（2）用相同方式设置下面，圆面的边界名称为 **outlet**。

（3）其他边界保持默认设置。

04 设置全局网格参数

在全局网格参数中，设置目标求解器和网格尺寸的控制方法。

（1）选中模型树节点 **Mesh**，打开属性窗口。

（2）设置 **Physics Preference** 为 **CFD**，**Solver Preference** 为 **Fluent**。

（3）设置 **Use Adaptive Sizing** 为 **No**，**Capture Curvature** 为 **Yes**。

（4）其他参数保持默认设置，如图 2-19 所示。

图 2-19　设置全局网格参数

05 创建 Inflation 网格

（1）选中模型树叶节点 **Mesh**。

（2）展开属性窗口中的 **Inflation** 节点，如图 2-20 所示。

（3）设置 **Use Automatic Inflation** 为 **Program Controlled**。

（4）设置 **Inflation Option** 为 **Total Thickness**。

（5）设置 **Number of Layers** 为 **4**。

（6）设置 **Growth Rate** 为 **1.2**。

（7）设置 **Maximum Thickness** 为 **0.003m**。

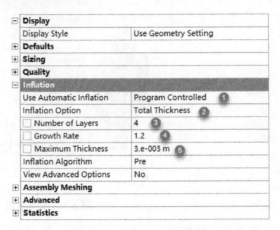

图 2-20　设置 Inflation 参数

注意：

全局 Inflation 只会在尚未命名的边界上生成 Inflation 网格。

06　用 Automatic 方法生成网格

此时未设置任何网格生成方法，Mesh 模块会采用默认方式生成网格，该方式实际上为 Automatic（Tet Patch Conforming）。

（1）右击模型树节点 **Mesh**，在弹出的快捷菜单中选择 **Generate Mesh** 命令，如图 2-21 所示。生成的网格如图 2-22 所示。可以看到 inlet 与 outlet 边界上有边界层网格，同时捕捉了侧面上的 9 个小圆面特征，生成的网格与几何模型完全贴合。

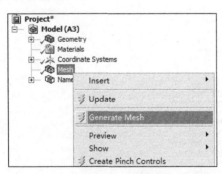

图 2-21　生成网格

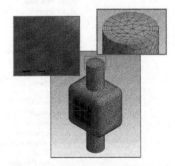

图 2-22　以默认方式生成计算网格

（2）单击工具栏中的 **New Section Plane** 按钮创建剖面，如图 2-23 所示。

图 2-23　创建剖面按钮

（3）在图形窗口中添加一条剖面线，如图 2-24 所示。这里可以查看切面上的网格分布，如图 2-25 所示。可以看到，除了 inlet 和 outlet 面外，其他面均生成了边界层网格。

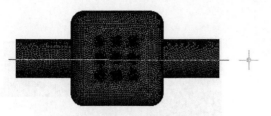

图 2-24　添加几何模型剖面线

图 2-25　切面网格

07　用 Tet Patch Independent 方法生成网格

下面更换为 Tet Patch Independent 方法生成网格。

（1）右击模型树节点 **Mesh**，在弹出的快捷菜单中选择 **Insert→Method** 命令，插入网格生成方法，如图 2-26 所示。

（2）设置属性窗口中的 **Geometry** 为 1 Body（选中的几何模型）。

（3）设置 **Method** 为 **Tetrahedrons**。

（4）设置 **Algorithm** 为 **Patch Independent**。

（5）其他参数保持默认设置，如图 2-27 所示。

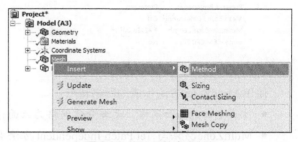

图 2-26　插入网格生成方法

（6）右击模型树节点 **Mesh**，在弹出的快捷菜单中选择 **Generate Mesh** 命令，生成网格。图 2-28 所示为生成的网格，可以看到，使用 Tet Patch Independent 方法生成网格时，并不能完全捕捉几何特征，忽略了几何模型上的 9 个小圆面。

Scope	
Scoping Method	Geometry Selection
Geometry	1 Body ①
Definition	
Suppressed	No
Method	Tetrahedrons ②
Algorithm	Patch Independent ③
Element Order	Use Global Setting
Advanced	
Defined By	Max Element Size
☐ Max Element Size	Default (2.e-003 m)
☐ Feature Angle	30.0°
Mesh Based Defeaturing	Off
Refinement	Proximity and Curvature
☐ Min Size Limit	Default
☐ Num Cells Across Gap	Default
☐ Curvature Normal Angle	Default
Smooth Transition	Off
Growth Rate	Default
Minimum Edge Length	9.4248e-003 m
Write ICEM CFD Files	No

图 2-27　设置网格方法

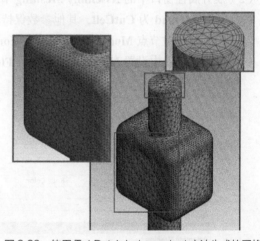

图 2-28　使用 Tet Patch Independent 方法生成的网格

08　使用 MultiZone 方法生成网格

使用 MultiZone 方法可以生成六面体网格。

（1）选中模型树节点 **Patch Independent**。

（2）在属性窗口中修改 **Method** 为 **MultiZone**。

（3）设置 **Free Mesh Type** 为 **Tetra/Pyramid**。

（4）其他参数保持默认设置，如图 2-29 所示。

（5）右击模型树节点 **Mesh**，在弹出的快捷菜单中选择 **Generate Mesh** 命令，生成网格。采用 **MultiZone** 方法生成的网格如图 2-30 所示。

Scope	
Scoping Method	Geometry Selection
Geometry	1 Body
Definition	
Suppressed	No
Method	MultiZone
Mapped Mesh Type	Hexa
Surface Mesh Method	Program Controlled
Free Mesh Type	Tetra/Pyramid
Element Order	Use Global Setting
Src/Trg Selection	Automatic
Source Scoping Method	Program Controlled
Source	Program Controlled
Sweep Size Behavior	Sweep Element Size
Sweep Element Size	Default
Advanced	
Preserve Boundaries	Protected
Mesh Based Defeaturing	Off
Minimum Edge Length	9.4248e-003 m
Write ICEM CFD Files	No

图 2-29   设置网格方法

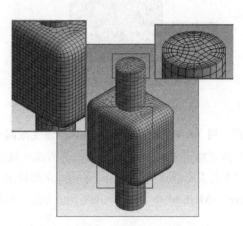

图 2-30   使用 MultiZone 方法生成的网格

使用 MultiZone 方法生成的网格特点：

- 生成全四边形面网格，大部分体网格为六面体网格，可以允许少量的金字塔及四面体网格；
- MultiZone 方法与 Tet Patch Independent 方法类似，也无法完全捕捉几何特征。

09   使用 CutCell 方法生成网格

使用 CutCell 方法可以生成笛卡儿网格。与前述方法不同，使用 CutCell 方法生成网格需要在全局网格参数中设置。

（1）选择模型树节点 **Mesh**。

（2）展开属性窗口中的 **Assembly Meshing** 节点。

（3）设置 **Method** 为 **CutCell**，其他参数保持默认设置，如图 2-31 所示。

（4）选择模型树节点 **Model→Geometry→component-FreeParts|1**。

（5）在属性窗口中设置 **Material** 节点下的 **Fluid/Solid** 为 **Fluid**，其他参数保持默认，如图 2-32 所示。

Display	
Display Style	Body Color
Defaults	
Sizing	
Quality	
Inflation	
Assembly Meshing	
Method	CutCell
Feature Capture	Program Controlled
Tessellation Refinement	Program Controlled
Intersection Feature Creation	Program Controlled
Morphing Frequency	Default(5)
Advanced	
Number of CPUs for Parallel Part Meshing	Program Controlled
Statistics	

图 2-31   激活 CutCell 网格

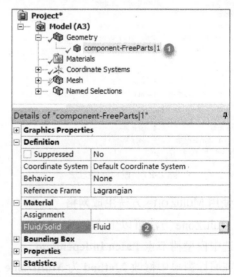

图 2-32   切换区域类型

注意：

CutCell 方法必须指定几何模型的材料。

（6）右击模型树节点 **Mesh**，在弹出的快捷菜单中选择 **Generate Mesh** 命令，生成网格，生成的网格如图 2-33 所示。可以看出使用 CutCell 方法生成的网格也无法捕捉几何模型细节。

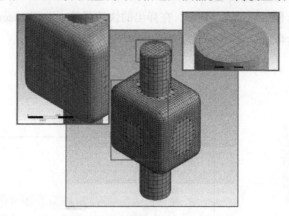

图 2-33 使用 CutCell 方法生成的网格

 注意：

若要捕捉模型中间体上的 9 个小圆面，可尝试为这 9 个圆命名。

（7）选择图 2-34 中的 9 个圆面并右击，在弹出的快捷菜单中选择 **Create Named Selection** 命令，在弹出的对话框中以任意名称命名。

（8）右击模型树节点 **Mesh**，在弹出的快捷菜单中选择 **Generate Mesh** 命令，生成网格。为 9 个小圆面命名后生成的网格如图 2-35 所示。可以看出，命名之后，CutCell 方法能够捕捉到模型细小的几何特征，生成的网格与几何模型完全贴合。

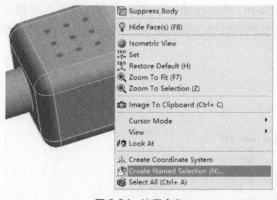

图 2-34 边界命名

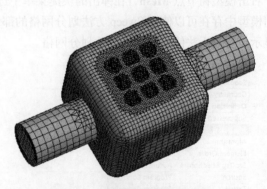

图 2-35 创建命名后生成的计算网格

 提示：

在使用 Tet Patch Independent 方法划分网格时，出现网格无法完全捕捉细小特征的情况则可以为边界命名。一般经过命名的几何特征，网格都会完全贴合边界。

【实例 3】划分扫掠型网格

扫掠型网格在流体计算和固体结构计算中应用极其广泛。在 Mesh 模块中，利用 Sweep 方法可以生成六面体网格和三棱柱型网格。不同于 MultiZone 方法，使用 Sweep 方法划分网格需要满足一定的条件。本实例演示如何对几何模型进行相应的操作，使其满足使用 Sweep 方法划分网格的条件。

01 划分几何模型

继续使用实例 2 的几何模型，如图 2-36 所示，此模型并不满足使用 Sweep 方法划分网格的条件。

尝试利用 Sweep 方法划分该几何模型。

（1）在 Mesh 模块中右击模型树节点 **Mesh**，在弹出的快捷菜单中选择 **Insert→Method** 命令，如图 2-37 所示。此时，模型树节点 **Mesh** 下会生成新节点 **Automatic Method**。

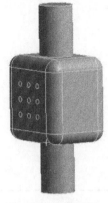

图 2-36　几何模型

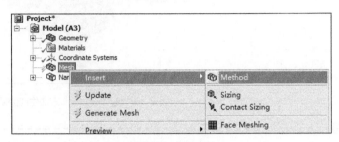

图 2-37　插入方法

（2）选中模型树节点 **Mesh→Automatic Method**。

（3）在属性窗口中设置 **Geometry** 为要划分网格的几何模型，**Method** 为 **Sweep**，如图 2-38 所示。

（4）右击模型树节点 **Mesh**，在弹出的快捷菜单中选择 **Generate Mesh** 命令。

此时，几何模型并不能产生网格，消息窗口中显示出错信息，提示几何模型无法采用 Sweep 方法划分网格。

右击模型树节点 **Mesh**，在弹出的快捷菜单中选择 **Show→Sweepable Bodies** 命令，如图 2-39 所示。若几何模型中存在可以使用 Sweep 方法划分网格的部件，软件会以绿色显示该部分。本实例初始几何模型无任何显示，表示无法使用 Sweep 方法划分网格。

Scope	
Scoping Method	Geometry Selection
Geometry	1 Body
Definition	
Suppressed	No
Method	Sweep
Algorithm	Program Controlled
Element Order	Use Global Setting
Src/Trg Selection	Automatic
Source	Program Controlled
Target	Program Controlled
Free Face Mesh Type	Quad/Tri
Type	Number of Divisions
Sweep Num Divs	Default
Element Option	Solid
Advanced	
Sweep Bias Type	No Bias

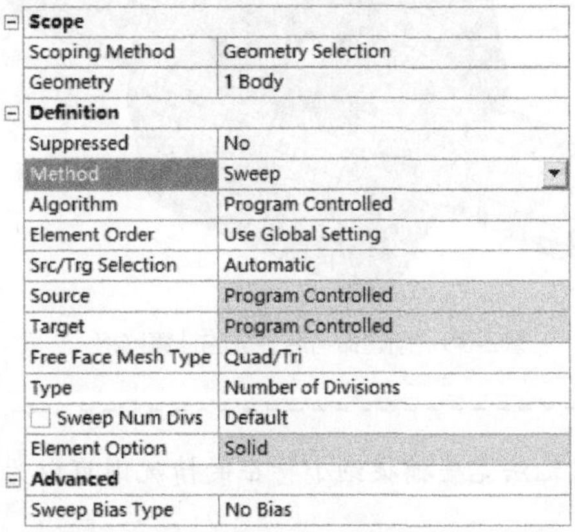

图 2-38　设置 Sweep 方法

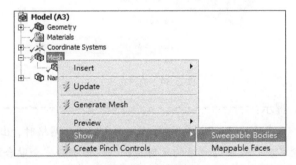

图 2-39　生成网格

若要对上述几何模型使用 Sweep 方法划分网格，则需要切分几何模型。

02　切分几何模型

切分几何模型需要回到 DM 模块。

（1）关闭 Mesh 模块，返回至 Workbench 工作界面，右击 **A2** 单元格，在弹出的快捷菜单中选择 **Edit Geometry in DesignModeler** 命令，进入 DM 模块，如图 2-40 所示。

（2）进入 DM 模块后，单击工具栏中的 **Generate** 按钮导入几何模型。

（3）选择 **Create→Slice** 命令，在属性窗口中设置 **Slice Type** 为 **Slice by Surface**。

（4）选择图 2-41 中的面作为 **Target Face**，单击工具栏中的 **Generate** 按钮切割几何模型。

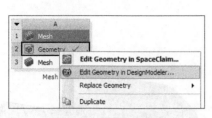

图 2-40　打开 DM 模块

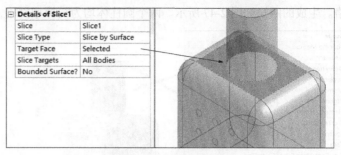

图 2-41　选择面进行体切割

（5）用相同的步骤，选择另一个面进行切割，如图 2-42 所示。模型树中最终形成 3 个几何体，如图 2-43 所示。

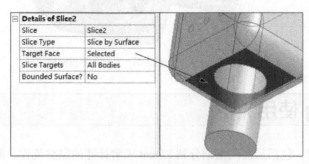

图 2-42　切割几何模型的另一侧

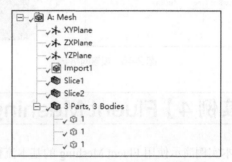

图 2-43　切割几何模型后的模型树显示

（6）选择模型树中的 3 个几何体并右击，在弹出的快捷菜单中选择 **Form New Part** 命令，如图 2-44 所示。

🌐 **注意：**

> 形成新的部分之后，公共面上生成的网格节点能够完全对应，若不组成新部分，生成的网格节点不会完全对应。

此时可以关闭 DM 模块，返回至 Workbench 工作界面，重新进入 Mesh 模块。

03　划分网格

以下操作在 Mesh 模块中完成。

（1）右击模型树节点 **Mesh**，在弹出的快捷菜单中选择 **Show→Sweepable Bodies** 命令。此时被分割出来的两个圆柱体颜色为绿色，如图 2-45 所示，表示两个圆柱体可以划分为扫掠型网格，中间部分由于几何体过于复杂，无法划分为扫掠型网格。

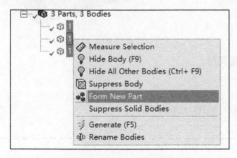

图 2-44　合并几何模型

图 2-45　预览映射网格体

（2）插入 **Sweep Method** 方法，在属性窗口中设置 **Geometry** 为上下两个圆柱体，设置 **Src/Trg Selection** 为 **Manual Source**，**Source** 为上下两个圆面，如图 2-46 所示。

（3）其他参数保持默认，右击模型树节点 **Mesh**，在弹出的快捷菜单中选择 **Generate Mesh** 命令，生成网格。生成的网格如图 2-47 所示。两个圆柱体均为扫掠型网格，中间部分是自动划分的网格。

图 2-46　设置网格参数　　　　　　图 2-47　生成的计算网格

【实例 4】Fluent Meshing 使用流程

本实例演示使用 Fluent Meshing 的基本流程，包括从面网格划分到 Fluent 求解计算的完整流程。面网格通过 Meshing 模块中的 Preview Surface Mesh 功能生成，之后通过 Export 导出面网格。

 提示：

　　Fluent Meshing 支持导入第三方工具生成的面网格，如 GAMBIT、HyperMesh 和 ANSA 等。

边界命名及生成的面网格如图 2-48 所示。

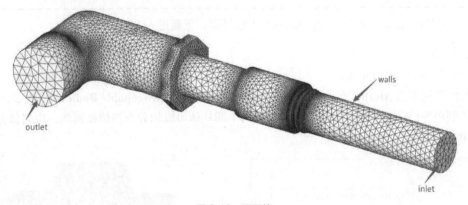

图 2-48　面网格

01　导入网格

（1）启动 Fluent Meshing，选择 **Meshing Mode** 选项，如图 2-49 所示。

 注意：

　　只有将 **Dimension** 设置为 **3D**，才能选择 **Meshing Mode** 选项。

（2）执行 **File→Read→Boundary** Mesh 命令，如图 2-50 所示。读取面网格文件 WS01_Pipes.msh。

（3）进入 **Outline View** 选项卡，右击模型树节点 Unreferenced，在弹出的快捷菜单中选择 **Draw** 命令，如图 2-51 所示，显示导入的网格。

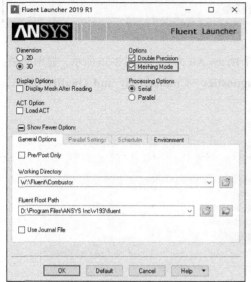

图 2-49 启动 Fluent Meshing

图 2-50 导入边界网格

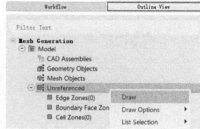

图 2-51 显示网格

 提示：

默认情况下，导入网格后不显示网格。

选择功能区 Display 工具组中的 **Face Edges** 选项，如图 2-52 所示，可查看图形窗口中的网格，如图 2-53 所示。

图 2-52 激活网格线

图 2-53 导入的几何模型

02 创建面网格

（1）右击模型树节点 **Unreferenced→Boundary Face Zones**，在弹出的快捷菜单中选择 **Create New Objects** 命令，如图 2-54 所示。

（2）在弹出的 Create Objects 对话框中，在 **Unreferenced Face Zones** 列表框中全选各项，设置 **Object Name** 为 **pipes**，设置 **Object Type** 为 **mesh**，单击 **Create** 按钮创建网格，如图 2-55 所示。

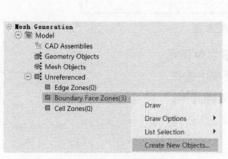

图 2-54 创建面对象

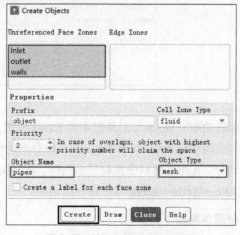

图 2-55 将几何模型转化为网格

注意:

从外部导入的网格并非网格，而是以网格形式存在的几何模型。

03 修补网格

（1）右击模型树节点 **Mesh Objects**，在弹出的快捷菜单中选择 **Draw All** 命令，如图 2-56 所示，显示网格。

（2）右击模型树节点 **pipes**，在弹出的快捷菜单中选择 **Diagnostics→Connectivity and Quality** 命令，如图 2-57 所示。

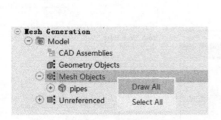

图 2-56　显示网格

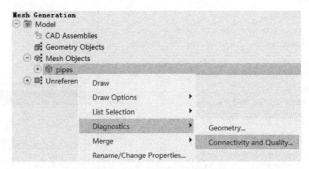

图 2-57　检查网格连接性

（3）弹出 Diagnostic Tools 对话框，在 **Face Connectivity** 选项卡中选择 **Free** 选项，单击 **Mark** 按钮，并单击 **First** 按钮若干次，直至 **Unvisited** 数值为 0。

（4）选择 **Merge Nodes** 选项，单击 **Apply for All** 按钮，如图 2-58 所示。

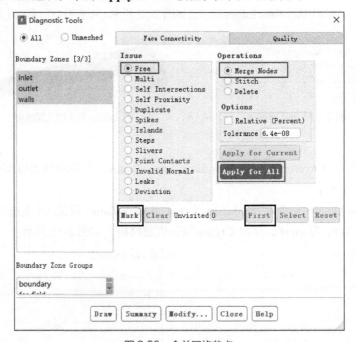

图 2-58　合并网格节点

（5）单击功能区 Bounds 工具组中的 **Reset** 按钮，如图 2-59 所示。

（6）右击模型树节点 **Mesh Objects**，在弹出的快捷菜单中选择 **Draw All** 命令，在图形窗口中重新显示网格。此时面网格处理完毕，可以执行 **File→Write→Mesh** 命令保存面网格。

04 创建体网格

（1）右击模型树节点 **pipes**，在弹出的快捷菜单中选择 **Auto**

图 2-59　重设视图

Mesh 命令，如图 2-60 所示，弹出 Auto Mesh 对话框。

（2）采用默认设置，单击 **Mesh** 按钮生成四面体网格，如图 2-61 所示。

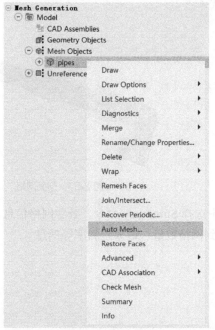

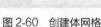

图 2-60　创建体网格

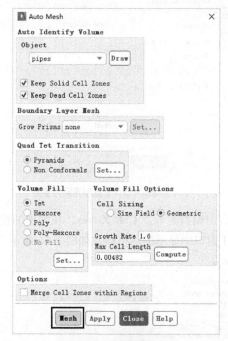

图 2-61　设置网格参数

注意：

在 Auto Mesh 对话框中可以设置边界层网格参数，具体设置会在后续的实例中描述。

05　查看剖面网格

（1）按 Ctrl+N 组合键切换至节点选择模式，右击图 2-62 所示面上的任意节点。

（2）在功能区中单击 **Set Ranges** 按钮，在弹出的 Bounds 面板中取消选择 X Range 和 Y Range 选项，选择 Z Range 选项，单击 Set Ranges 按钮，如图 2-62 所示。

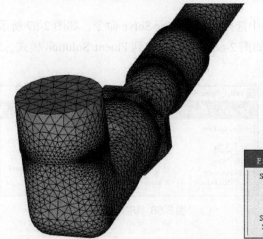

图 2-62　查看剖面网格

（3）右击节点 **pipes**，在弹出的快捷菜单中选择 **Draw** 命令，显示网格。执行 **Display→Grid** 命令，弹出 Display Grid 对话框。切换至 **Cells** 选项卡，选择 **Bounded** 选项，选择 **Cell Zones** 列表框中的 **pipes-tet-cells** 选项，单击 **Display** 按钮显示网格，如图 2-63 所示。剖面网格如图 2-64 所示。

图 2-63　设置剖面网格参数

图 2-64　剖面网格

（4）右击模型树节点 **Cell Zones**，在弹出的快捷菜单中选择 **Summary** 命令，查看网格信息，如图 2-65 所示。TUI 窗口中显示的网格信息如图 2-66 所示，可以看到网格数量、最大歪斜率等信息。

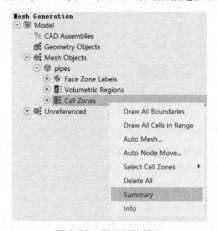

图 2-65　显示网格信息

name	id	skewed-cells(> 0.90)	maximum-skewness	cell count
pipes-tet-cells	56	0	0.84995797	185840
name	id	skewed-cells(> 0.90)	maximum-skewness	cell count
Overall Summary	none	0	0.84995797	185840

图 2-66　网格信息

06　计算网格

（1）右击模型树节点 **Model**，在弹出的快捷菜单中选择 **Prepare for Solve** 命令，如图 2-67 所示。

（2）单击功能区中的 **Switch to Solution** 按钮，如图 2-68 所示，切换到 Fluent Solution 模式。之后即可在 Fluent 中进行流体计算。

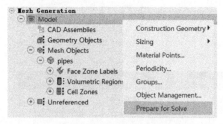

图 2-67　准备计算网格

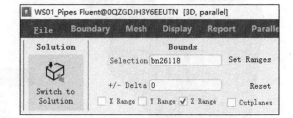

图 2-68　切换至求解模式

【实例 5】划分汽车排气歧管网格

本实例演示利用 Fluent Meshing 生成汽车排气歧管内流场计算的网格，包含实体几何模型导入、流体域抽取、面网格生成及体网格生成的全过程。

01　启动 Fluent Meshing

（1）启动 Fluent Meshing，在启动界面中设置 **Dimension** 为 **3D**，选择 **Options** 为 **Meshing Mode**。

（2）其他参数保持默认，单击 **OK** 按钮进入 Fluent Meshing。

02　导入几何模型

本实例导入的几何模型为 IGS 格式。

（1）执行 **File→Import→CAD** 命令，在弹出的 Import CAD Geometry 对话框中选择几何模型文件 **Exhaust.igs**，选择 **Length Unit** 为 **mm**，选择 CAD Faceting 选项，如图 2-69 所示。

（2）单击 **Options** 按钮弹出 CAD Options 对话框，选择 **Save PMDB（Intermediary File）**选项，确认 One Object per 为 body，One Zone per 为 body，单击 **Apply** 按钮及 **Close** 按钮，如图 2-70 所示。

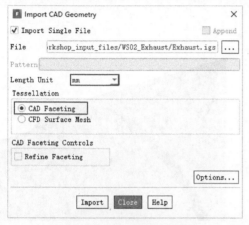

图 2-69　设置几何模型尺寸单位

图 2-70　设置参数

> **注意：**
> PMDB 是一种中间格式，选择此选项后，导入几何模型文件后会自动生成 PMDB 格式的中间文件，在下次导入几何模型文件时可以选择导入此中间文件，能节省大量时间。

（3）单击 Import CAD Geometry 对话框中的 **Import** 按钮，导入几何模型。

03　显示几何模型

右击 **Outline View** 选项卡中模型树节点 **Model→Geometry Objects**，在弹出的快捷菜单中选择 **Draw All** 命令，显示几何模型，如图 2-71 所示。几何模型如图 2-72 所示。

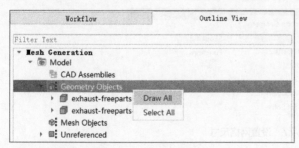

图 2-71　显示几何模型

图 2-72　几何模型

04　分割几何模型

分割几何模型以产生边界面。

（1）单击工具栏中的 **Face Selection Filter** 按钮，切换至面选择模式，如图 2-73 所示。

（2）在几何模型中右击台阶位置的一个面，如图 2-74 所示。

图 2-73　切换至面选择模式　　　　　　　图 2-74　选择任意网格面

（3）单击工具栏中的 **Separate** 按钮分割几何模型，如图 2-75 所示。分割几何模型后的分割面如图 2-76 所示。

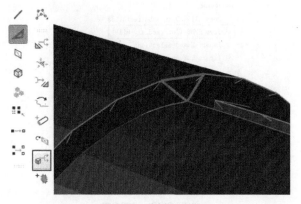

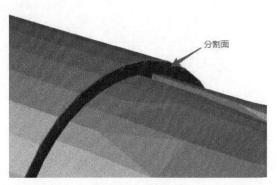

图 2-75　分割几何模型　　　　　　　　　　图 2-76　分割面

🌐 注意：
　　若单击 **Separate** 按钮后没有形成分割面，可以按两次 Ctrl+Shift+C 组合键，之后按 Ctrl+R 组合键显示图形。

05　指定网格尺寸

（1）右击模型树节点 **Model**，在弹出的快捷菜单中选择 **Sizing→Scoped** 命令，如图 2-77 所示。

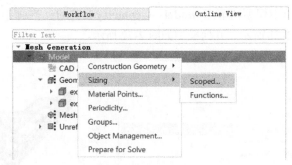

图 2-77　设置网格尺寸

（2）在弹出的 Scoped Sizing 对话框中设置 **Min** 为 **1**，**Max** 为 **10**，单击 **Apply** 按钮。

（3）设置 **Name** 为 **control-global-curv**。

（4）保持 **Scope To** 为默认设置 **Object Faces and Edges**。

（5）单击 **Create** 按钮创建新的尺寸控制，如图 2-78 所示。

（6）继续设置 **Name** 为 **control-global-edge-prox**，选择 **Type** 为 **proximity**，**Scope To** 为 **Object Edges**，单击 **Create** 按钮创建尺寸控制，如图 2-79 所示。

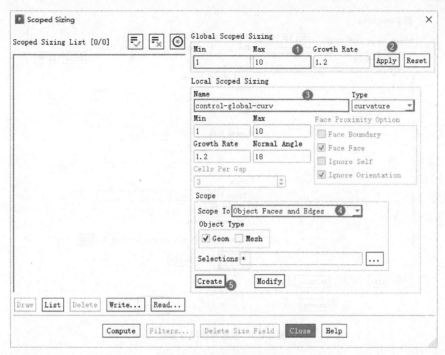

图 2-78 设置网格尺寸参数

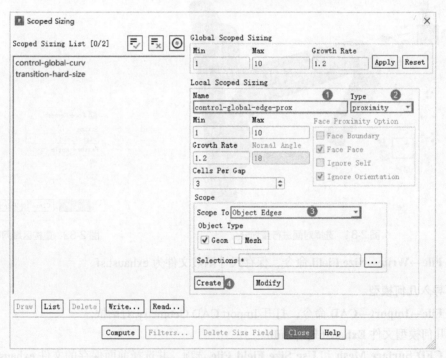

图 2-79 设置网格尺寸参数

（7）继续对参数进行设置，如图 2-80 所示。

（8）单击 **Compute** 按钮进行网格尺寸计算，单击 **Close** 按钮关闭对话框，如图 2-80 所示。

06 重划分面域

（1）切换到面域选择模式，用鼠标右键框选所有的面，并单击 **Remesh** 按钮进行面网格重划分，如图 2-81 所示。在弹出的 Zone Remesh 对话框中采用默认参数重构区域网格，如图 2-82 所示。

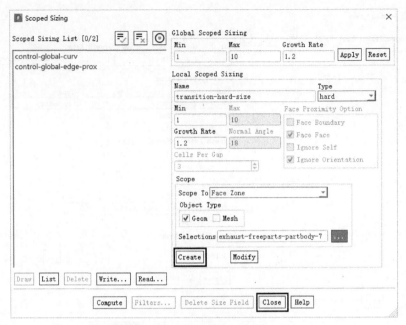

图 2-80　设置网格尺寸参数

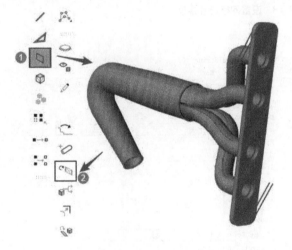

图 2-81　选择对面进行重划分

图 2-82　重构区域网格

（2）执行 **File→Write→Size Field** 命令，保存尺寸函数文件为 exhaust.sf。

07　重新导入几何模型

（1）执行 **File→Import→CAD** 命令，打开 Import CAD Geometry 对话框。

（2）选择几何模型文件 **Exhaust.igs.pmdb**。

（3）选择 **CFD Surface Mesh** 和 **Use Size Field File** 选项，并选择前面保存的文件 exhaust.sf，如图 2-83 所示。单击 Import 按钮，导入几何模型，模型的局部细节如图 2-84 所示。

（4）右击模型树节点 **Mesh Objects→exhaust-freeparts**，在弹出的快捷菜单中选择 **Delete→Include Faces And Edges** 命令，删除网格对象 **exhaust-freeparts**，如图 2-85 所示。 这里的 **exhaust-freeparts** 是重复面，需要将其删除。

08　创建进/出口面

计算域中包含 4 个入口和 1 个出口，如图 2-86 所示。

图 2-83 导入几何模型

图 2-84 几何模型局部细节

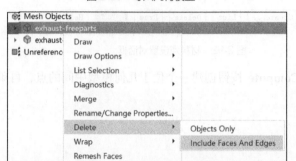

图 2-85 删除重复面和重复边

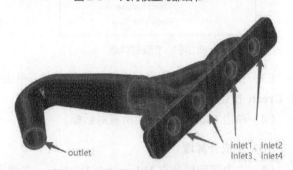

图 2-86 几何模型

（1）单击工具栏中的 **Edge Selecting Filter** 按钮切换至边选择模式，如图 2-87 所示。选择构成计算域的任意一条边，单击 **Create** 按钮，弹出 Patch Options 对话框。

（2）选择 **Add to Object** 选项，确认 **Object Name** 为 exhaust-freeparts-partbody，设置 **New Label Name** 为 outlet，**Zone Type** 为 pressure-outlet，单击 **Create** 按钮创建边界面，如图 2-88 所示。创建完成的边界面如图 2-89 所示。

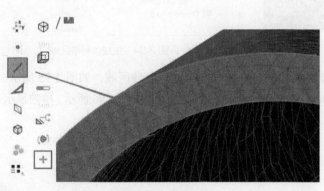

图 2-87 创建边界

图 2-88 创建边界面

（3）用相同的方式创建其他边界面 **inlet1**、**inlet2**、**inlet3** 及 **inlet4**，最终完成的几何模型如图 2-90 所示。

09 创建材料点

（1）右击模型树节点 **Model**，在弹出的快捷菜单中选择 **Material Points** 命令，如图 2-91 所示。

（2）在弹出的 Material Points 对话框中单击 **Create** 按钮，如图 2-92 所示，弹出 Create Material Point 对话框。

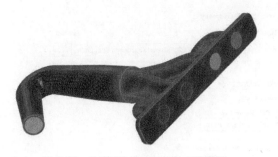

图 2-89　创建完成的边界面　　　　图 2-90　边界面创建完毕后的几何模型

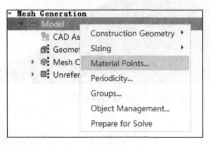

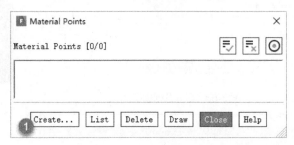

图 2-91　创建材料点　　　　图 2-92　材料点设置对话框

（3）在几何模型上用鼠标右键选择两个点，单击 **Compute** 按钮创建一个位于几何模型中间的点，再单击 **Create** 按钮创建材料点，如图 2-93 所示。

（4）单击 **Close** 按钮关闭所有对话框。

10　生成计算域

（1）右击模型树节点 **Volumetric Regions**，在弹出的快捷菜单中选择 **Compute** 命令，如图 2-94 所示。

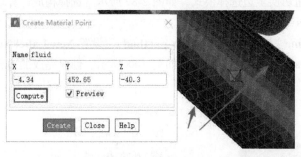

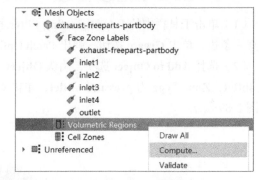

图 2-93　创建材料点　　　　图 2-94　生成体网格区域

（2）在弹出 Compute Regions 对话框中选择 **fluid** 选项，单击 **OK** 按钮创建区域，如图 2-95 所示。此时 **Volumetric Regions** 节点下多了 **exhaust-freeparts-partbody** 和 **fluid** 两个节点，如图 2-96 所示。单独显示 fluid，即为要创建的计算域，如图 2-97 所示。

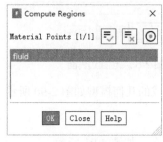

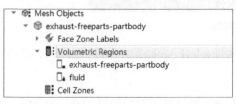

图 2-95　选择材料点　　　　图 2-96　模型树节点　　　　图 2-97　流体域模型

11 生成体网格

（1）右击模型树节点 **exhaust-freeparts-partbody**，在弹出的快捷菜单中选择 **Auto Mesh** 命令，如图 2-98 所示。

（2）在弹出的 Auto Mesh 对话框中，选择 **Grow Prisms** 为 **scoped**，单击 **Set** 按钮，如图 2-99 所示。

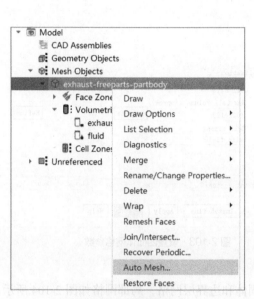

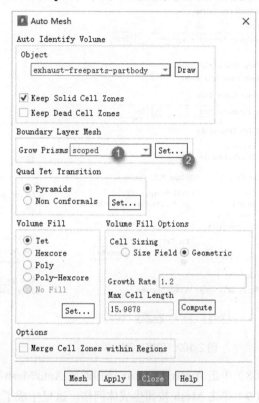

图 2-98 生成体网格

图 2-99 设置体网格参数

（3）在弹出的 Scoped Prisms 对话框中设置固体边界层，具体参数设置如图 2-100 所示。

（4）创建一个流体边界层，具体参数设置如图 2-101 所示。

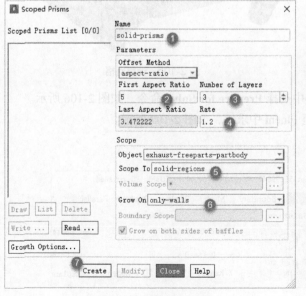

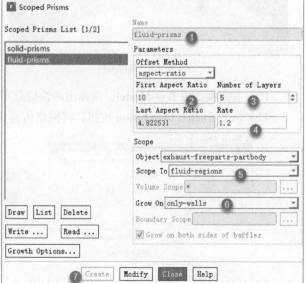

图 2-100 设置边界层参数

图 2-101 设置流体边界层参数

（5）关闭对话框，返回 Auto Mesh 对话框。

（6）按图 2-102 所示设置选项，单击 **Set** 按钮弹出 Tet 对话框。

（7）在 Tet 对话框中设置参数，如图 2-103 所示。

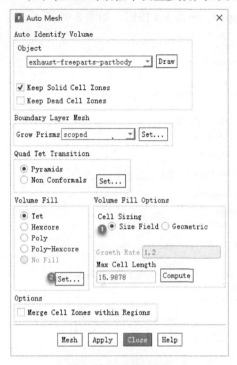

图 2-102　设置体网格

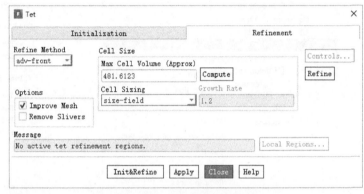

图 2-103　设置四面体网格参数

（8）单击 **Apply** 及 **Close** 按钮返回 Auto Mesh 对话框。

（9）单击 **Mesh** 按钮生成体网格。这里生成了流体、固体和边界层网格，局部网格如图 2-104 所示。最终计算网格如图 2-105 所示。

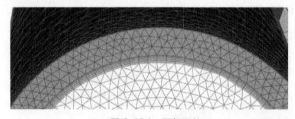

图 2-104　局部网格

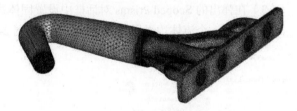

图 2-105　计算网格

（10）右击模型树节点 **Model**，在弹出的快捷菜单中选择 **Prepare for Solve** 命令，如图 2-106 所示。

（11）单击 **Switch to Solution** 按钮，将网格传递至 Fluent 中求解，如图 2-107 所示。

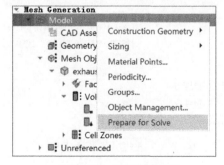

图 2-106　准备计算网格

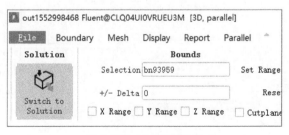

图 2-107　转换计算环境

【实例 6】重构面网格

本实例演示利用 Fluent Meshing 对导入的 STL 几何模型进行面网格重构，以方便后续的体网格生成。几何模型如图 2-108 所示。

在划分网格过程中需要关注的内容包括：

- 捕捉高曲率区域；
- 捕捉小的襟翼特征；
- 捕捉后缘细小的几何特征；
- 捕捉计算区域中非常小的厚度特征；
- 捕捉尾迹区域特征。

01　导入几何模型

（1）启动 Fluent Meshing。

（2）执行 **File→Import→CAD** 命令，弹出 Import CAD Geometry 对话框，选择几何模型文件 **WS3_wing-3-element.stl**。

（3）设置 **Length Unit** 为 **mm**。

（4）单击 **Options** 按钮，如图 2-109 所示。

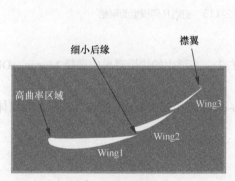

图 2-108　几何模型

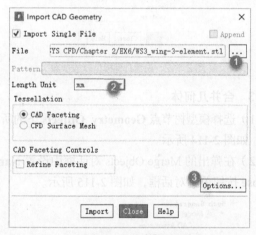

图 2-109　导入几何模型

（5）在弹出的 CAD Options 对话框中，选择 **Save PMDB（Intermediary File）**选项，确认 **Feature Angle** 为 **40**，其他参数保持默认设置。

（6）先后单击 **Apply** 及 **Close** 按钮应用参数并关闭对话框，如图 2-110 所示。

（7）单击 Import CAD Geometry 对话框中的 **Import** 按钮导入几何模型文件。

02　释放特征并显示

（1）进入模型树的 **Outline View** 选项卡。

（2）选择 **Geometry Objects** 节点下的所有节点并右击，在弹出的快捷菜单中选择 **Wrap→Extract Edges** 命令，如图 2-111 所示。

 注意：

释放几何模型特征操作非常重要，在后面几何模型特征诊断时会用到。

图 2-110　设置导入选项

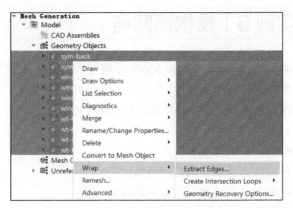

图 2-111　释放几何模型特征

（3）在弹出的 Extract Edges 对话框中采用默认设置，单击 **OK** 按钮提取特征曲线，如图 2-112 所示。

（4）此时右击模型树节点 **Geometry Objects**，在弹出的快捷菜单中选择 **Draw All** 命令，显示几何模型，可以看出几何模型的面网格质量非常差，如图 2-113 所示。

图 2-112　设置几何模型释放参数

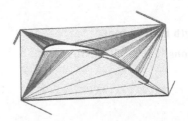

图 2-113　初始几何模型面网格

03　合并几何体

（1）选择模型树节点 **Geometry Objects** 下的所有节点并右击，在弹出的快捷菜单中选择 **Merge→Objects** 命令，如图 2-114 所示。

（2）在弹出的 Merge Objects 对话框中设置 **Name** 为 **areo-object**，单击 **Merge** 按钮合并所有几何体，单击 **Close** 按钮关闭对话框，如图 2-115 所示。

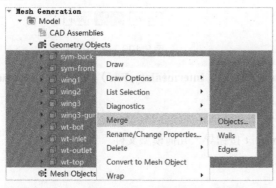

图 2-114　合并几何体

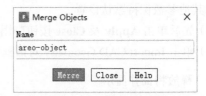

图 2-115　命名合并后的几何模型

（3）右击模型节点 **areo-object**，在弹出的快捷菜单中选择 **Diagnostics→Connectivity and Quality** 命令，如图 2-116 所示。

（4）在弹出的 Diagnostic Tools 对话框中采用默认参数，单击 **Apply for All** 按钮清除几何模型中的自由边。

（5）单击 **Draw** 按钮显示几何模型，单击 **Close** 按钮关闭对话框，如图 2-117 所示。

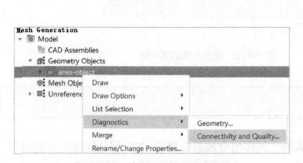

图 2-116　检查几何模型的连接性

图 2-117　清除几何模型中的自由边

04　设置尺寸

（1）右击模型树节点 **Model**，在弹出的快捷菜单中选择 **Sizing→Scoped** 命令，如图 2-118 所示。

（2）在 Scoped Sizing 对话框中设置 **Min** 为 **0.0001**，**Max** 为 **0.05**，**Growth Rate** 为 **1.2**，单击 **Apply** 按钮，如图 2-119 所示。

（3）设置 **Name** 为 curv，**Type** 为 curvature。

（4）其他参数保持默认设置，单击 **Create** 按钮创建尺寸分布。

（5）单击 **Compute** 按钮生成尺寸分布。

（6）单击 **Close** 按钮关闭对话框。

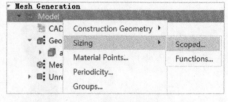

图 2-118　增加网格控制尺寸

（7）右击模型树节点 **areo-object**，在弹出的快捷菜单中选择 **Remesh** 命令，如图 2-120 所示。

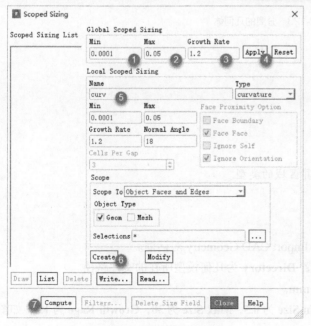

图 2-119　设置网格尺寸参数

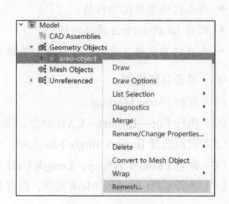

图 2-120　网格重划分

（8）在弹出的 Remesh 对话框中设置 **New Object Name** 为 **remesh-1**，单击 **OK** 按钮进行网格重构，如图 2-121 所示。重构后的几何模型面网格如图 2-122 所示。

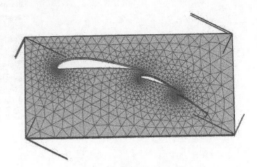

图 2-121　命名重构后的对象名称　　　　　　　图 2-122　最终形成的面网格

【实例 7】划分连接管网格

本实例演示利用 Fluent Meshing 将图 2-123 中的分离的几何体组合成适合使用 CFD 划分网格的几何模型。

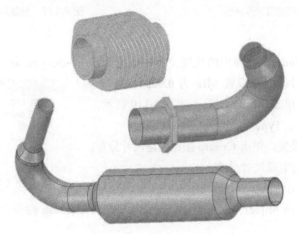

图 2-123　分离的几何体

涉及的内容包括：

- 导入多个 CAD 几何体文件；
- 通过 Remeshing 重构几何模型；
- 封闭进出口；
- 将几何模型转化为网格；
- 利用 Join/Intersect 连接网格；
- 生成计算区域，合并计算区域并修改计算区域的类型。

01　准备几何模型

（1）启动 Fluent Meshing。

（2）执行 **File→Import→CAD** 命令，弹出 Import CAD Geometry 对话框。

（3）取消选择 **Import Single File** 选项，设置 **Directory** 为几何模型所在的文件路径。

（4）设置 **Pattern** 为 ***.stp**，**Length Unit** 为 **mm**。

（5）选择 **CFD Surface Mesh** 选项，设置 **Min Size** 为 **0.5**，**Max Size** 为 **30**，**Growth Rage** 为 **1.2**，如图 2-124 所示。

> 🌐 注意：
>
> 这里设置 **Pattern** 非常重要，否则会提示找不到几何模型文件。

（6）单击 **Options** 按钮，弹出 CAD Options 对话框，选择 **Save PMDB（Intermediary File）**选项，设置 **One Object per** 为 **body**，如图 2-125 所示。

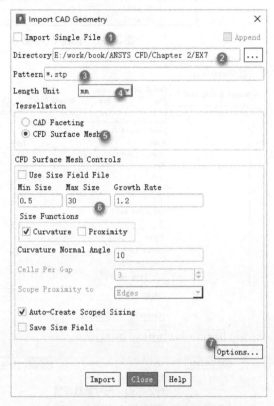

图 2-124　导入几何模型并设置参数　　　　图 2-125　设置模型导入选项

（7）单击 **Apply** 按钮应用参数，单击 Close 按钮关闭对话框，单击 Import CAD Geometry 对话框中的 **Import** 按钮导入几何模型。

（8）切换至模型树的 **Outline View** 选项卡，右击模型树节点 **Mesh Objects**，在弹出的快捷菜单中选择 **Draw All** 命令，显示几何模型，如图 2-126 所示。几何模型如图 2-127 所示。

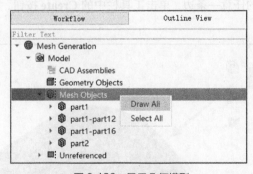

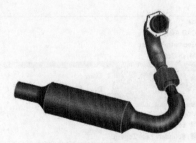

图 2-126　显示几何模型　　　　　　　　　　图 2-127　几何模型

02　创建网格尺寸

（1）右击模型树节点 **Model**，在弹出的快捷菜单中选择 **Sizing→Scoped** 命令，如图 2-128 所示。

（2）在弹出 Scoped Sizing 对话框中，设置 **Min** 为 **0.5**，**Max** 为 **30**，**Growth Rate** 为 **1.2**，单击 **Apply** 按钮。

（3）设置 **Name** 为 **global-curv**，**Type** 为 **curvature**。

（4）设置 **Scope To** 为 **Object Faces**，**Object Type** 为 **Mesh**。

（5）单击 **Create** 按钮创建全局面尺寸分布，如图 2-129 所示。

（6）用相同的方式继续设置参数，如图 2-130 所示。

（7）单击 **Create** 按钮创建全局线尺寸分布。

（8）单击 **Compute** 按钮创建尺寸分布。

（9）单击 **Close** 按钮关闭对话框。

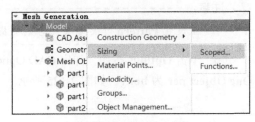

图 2-128　创建尺寸参数

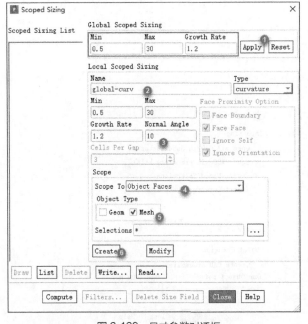

图 2-129　尺寸参数对话框

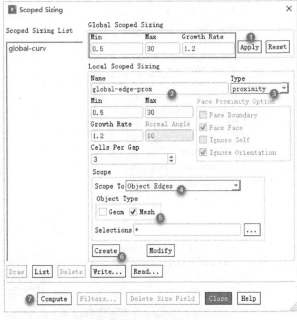

图 2-130　尺寸参数设置

03　重构网格

选中 **Mesh Objects** 节点下的所有节点并右击，在弹出的快捷菜单中选择 **Remesh Faces** 命令，重构面网格，如图 2-131 所示。

04　封闭入口

（1）切换选择过滤器到边选择模式，选择入口上的任意一条边，单击工具栏中的 **Create** 按钮，如图 2-132 所示。

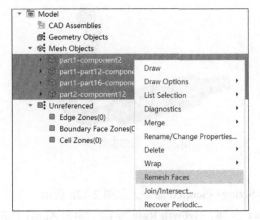

图 2-131　重构面网格

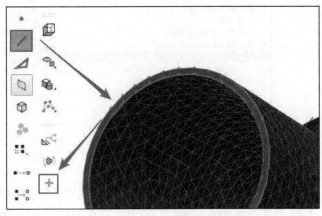

图 2-132　创建入口边界

（2）在弹出的 Patch Options 对话框中设置 **Object Name** 为 **inlet**，**Object Type** 为 **mesh**，**Zone Type** 为 **velocity-inlet**，单击 **Create** 按钮创建入口封闭面，如图 2-133 所示。

（3）用相同的方式创建出口封闭面 **outlet**，如图 2-134 所示。

图 2-133　创建入口封闭面

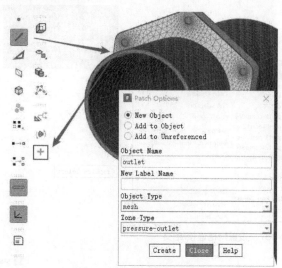

图 2-134　创建出口封闭面

05　合并网格对象

（1）选择 **Mesh Objects** 节点下的所有节点并右击，在弹出的快捷菜单中选择 **Merge→Objects** 命令，如图 2-135 所示。

（2）在弹出的对话框中输入名称 **assem**，合并后的模型树节点如图 2-136 所示。

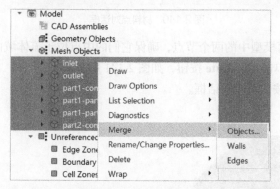

图 2-135　合并网格对象

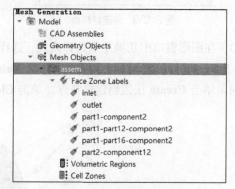

图 2-136　对象合并后的模型树节点

06　连接体

（1）右击模型树节点 **assem**，在弹出的快捷菜单中选择 **Join/Intersect** 命令，如图 2-137 所示。

（2）在弹出的 Join/Intersect 对话框中选择 **Face Zone Labels** 和 **Face Zones** 列表中的所有选项，选择 **Join** 选项，单击 **Join** 按钮连接网格，如图 2-138 所示。

 注意：

　　在进行网格连接之前注意保存 MSH 文件。

07　创建计算域

（1）右击模型树节点 **Model**，在弹出的快捷菜单中选择 **Material Points** 命令，如图 2-139 所示。

（2）在弹出的 Material Points 对话框中单击 **Create** 按钮，如图 2-140 所示，弹出 Create Material Point 对话框。

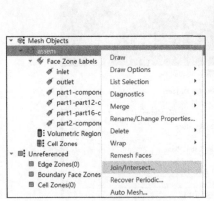

图 2-137　设置网格连接/相交

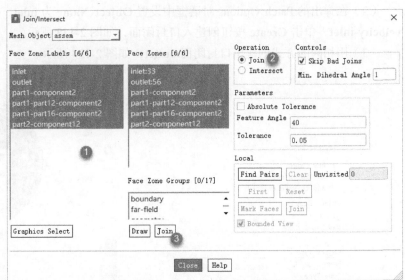

图 2-138　设置连接/相交参数

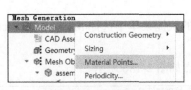

图 2-139　创建材料点

图 2-140　材料点对话框

（3）在图形窗口中切换至点选择模式，选择几何模型中的两个节点，确保它们的中点位于流体域内。在 Create Material Point 对话框中设置 **Name** 为 **fluid**，单击 **Compute** 按钮，如图 2-141 所示。

（4）单击 **Create** 按钮创建材料点，单击 **Close** 按钮关闭对话框。

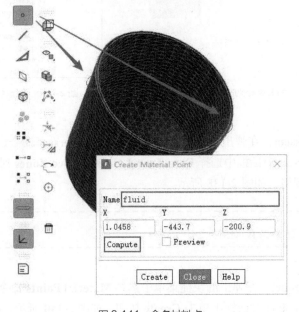

图 2-141　命名材料点

08 重划分进出口网格

为重划分进出口的封闭面，切换到面域选择模型，选择 **inlet** 与 **outlet**，如图 2-142 所示。单击 Remesh 按钮，弹出 Zone Remesh 对话框，设置 **Sizing** 为 **size-field**，单击 **Remesh** 按钮重划分网格，如图 2-143 所示。

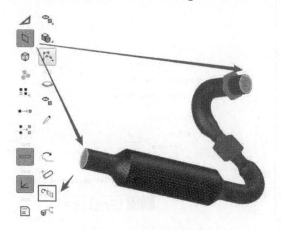

图 2-142 重划分进出口封闭面

图 2-143 区域重构对话框

09 抽取流体域

（1）右击模型树节点 **Volumetric Regions**，在弹出的快捷菜单中选择 **Compute** 命令，提取流体域，如图 2-144 所示。

（2）在弹出的 Compute Regions 对话框中选择 **fluid**，单击 **OK** 按钮提取计算区域，如图 2-145 所示。

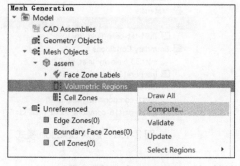

图 2-144 提取流体域

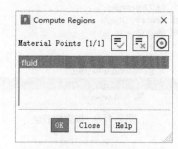

图 2-145 选择材料点

（3）右击 **fluid**，在弹出的快捷菜单中选择 **Draw** 命令，显示计算域网格，如图 2-146 所示。计算域面网格如图 2-147 所示。

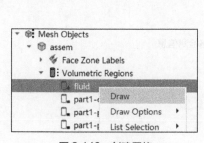

图 2-146 创建网格

图 2-147 生成的计算域面网格

10 生成体网格

（1）右击 **fluid** 节点，在弹出的快捷菜单中选择 **Auto Fill Volume** 命令，如图 2-148 所示。

（2）在弹出的 Auto Fill Volume 对话框中采用默认参数，单击 **Mesh** 按钮生成体网格，如图 2-149 所示。

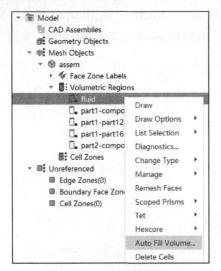

图 2-148　填充体网格

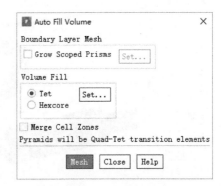

图 2-149　设置体网格参数

（3）模型树节点如图 2-150 所示，确保 **Cell Zones** 节点下有子节点。

（4）单击功能区中的 **Switch to Solution** 按钮进入 Fluent 求解器模式，图 2-151 所示为 Fluent Solution 模式中的边界条件，可以看到边界信息齐全。网格检测信息如图 2-152 所示，表示网格导入成功。

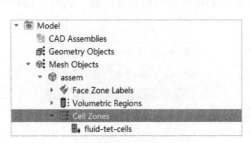

图 2-150　模型树节点

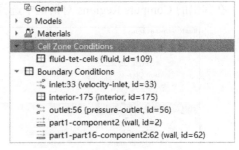

图 2-151　进入 Solution 模式

```
Domain Extents:
    x-coordinate: min (m) = -2.961166e+02, max (m) = 3.143221e+02
    y-coordinate: min (m) = -5.665341e+02, max (m) = -1.489407e+02
    z-coordinate: min (m) = -3.588813e+02, max (m) = -9.225494e+01
Volume statistics:
    minimum volume (m3): 3.288975e-02
    maximum volume (m3): 5.050683e+02
      total volume (m3): 5.842374e+06
Face area statistics:
    minimum face area (m2): 1.706363e-01
    maximum face area (m2): 1.378839e+02
Checking mesh.........................
Done.
```

图 2-152　Fluent 中的网格检测信息

第 3 章 流体流动模拟

本章以实例形式描述如何利用 Fluent 解决流体流动问题。流体流动中常见的计算有层流与湍流计算、流动阻力与升力计算、变物性参数流动计算等。

【实例 1】管内泊肃叶流动计算

本实例利用 Fluent 计算并验证管道内部泊肃叶流动产生的层流压降。实例示意图如图 3-1 所示。

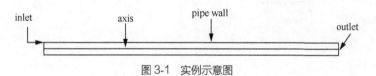

图 3-1 实例示意图

管道半径 0.00125m，长度 0.1m，内部介质密度 1kg/m^3，黏度 1×10^{-5}kg/(m·s)。

管内入口流动为充分发展层流：

$$v = 2v_m \left(1 - \frac{r^2}{R^2} \right)$$

其中平均速度 v_m=2m/s。

本实例雷诺数为

$$Re = \frac{\rho v d}{\mu} = \frac{1 \times 2 \times 0.0025}{1 \times 10^{-5}} = 500$$

泊肃叶流动摩擦系数为

$$f = \frac{64}{Re} = \frac{64}{500} = 0.128$$

可得压降

$$\Delta p = \rho f \frac{l}{d} \frac{v^2}{2} = 1 \times 0.128 \times \frac{0.1}{0.0025} \times \frac{2^2}{2} = 10.24 (\text{Pa})$$

采用 2D 轴对称模型进行计算，采用 ICEM CFD 生成计算网格，局部网格如图 3-2 所示。

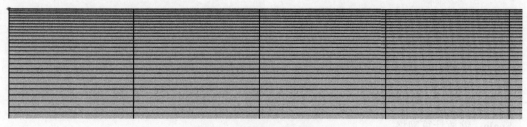

图 3-2 计算网格（局部放大）

01 启动 Fluent

（1）从"开始"菜单启动 Fluent，弹出 Fluent Launcher 2019 R1 窗口，如图 3-3 所示。

（2）选择 **Dimension** 为 **2D**。

（3）设置 **Options** 为 **Double Precision**。

（4）设置 **Working Directory** 为任意英文路径。

（5）单击 **OK** 按钮进入 Fluent。

 提示：---

本实例也可使用单精度求解器。通常双精度求解器用于求解变量梯度相对于主流变量非常小的情况。

02 读取并检查网格

（1）执行 **File→Read→Mesh** 命令，如图 3-4 所示。在弹出的对话框中选择网格文件 EX1.msh。

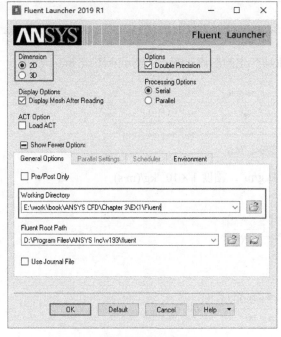

图 3-3 启动 Fluent

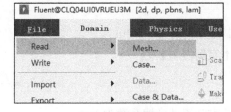

图 3-4 读取网格

（2）选择模型树节点 **General**，如图 3-5 所示。

（3）通过右侧面板 **Mesh** 工具组中的相应按钮检查计算网格，如图 3-6 所示。

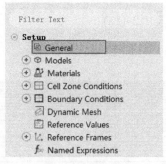

图 3-5 模型树节点

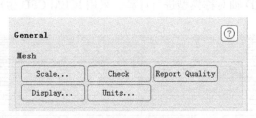

图 3-6 Mesh 工具组按钮

Scale：缩放计算网格。

Check：检查计算网格。

Report Quality：输出网格质量。

Display：显示计算网格。

Units：设置单位系统。

（4）单击 **Check** 按钮，图形窗口中输出计算区域信息，如图 3-7 所示，确认计算域尺寸信息及最小网格体积。

03　常规参数设置

选择模型树节点 **General**，在右侧面板的 **2D Space** 选项组中选择 **Axisymmetric** 选项，如图 3-8 所示。

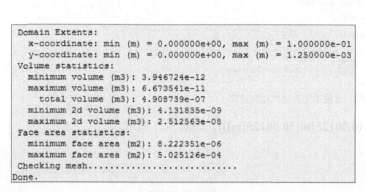

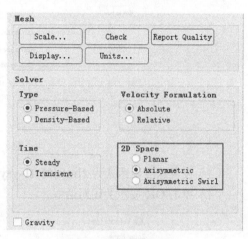

图 3-7　网格信息　　　　　　　　　　图 3-8　选择轴对称模型

 注意：

> **Axisymmetric** 模型无法考虑旋转效应，**Axisymmetric Swirl** 可以考虑旋转效应。

04　模型设置

本实例采用层流计算，不考虑传热及其他物理效应，Models 节点保持默认设置。

05　材料属性设置

（1）双击模型树节点 **Materials→Fluid→air**，弹出 Create/Edit Materials 对话框。

（2）设置 **Density** 为 1kg/m³，设置 **Viscosity** 为 1×10^{-5}kg/(m·s)，如图 3-9 所示。

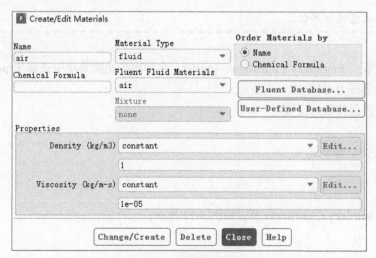

图 3-9　设置材料属性

06 边界条件设置

本实例需设置入口边界 inlet、出口边界 outlet，并确保 axis 边界类型为 axis。

1. inlet 边界设置

（1）双击模型树节点 **Boundary Conditions→inlet**，弹出 Velocity Inlet 对话框。

（2）设置 **Velocity Magnitude** 为 **expression**，如图 3-10 所示。

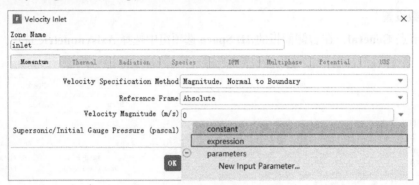

图 3-10 设置采用表达式指定速度

（3）设置速度表达式为 **2[m/s]*2*(1-y*y/(0.00125[m]*0.00125[m]))**，如图 3-11 所示。

（4）单击 **OK** 按钮关闭对话框。

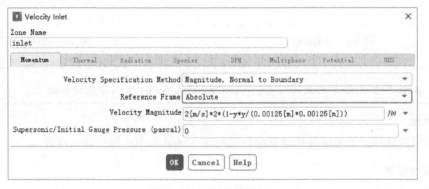

图 3-11 设置速度表达式

 提示：
> 设置表达式时注意统一单位。

2. outlet 设置

（1）右击模型树节点 **Boundary Conditions→outlet**，在弹出的快捷菜单中选择 **Type→pressure-outlet** 命令，将边界类型修改为压力出口。

（2）其他边界条件保持默认设置。

3. axis 设置

确认边界 aixs 的类型为 axis。

4. wall 设置

保持默认设置。

设置完毕后的 **Boundary Conditions** 节点如图 3-12 所示。

07 初始化

（1）选择模型树节点 **Initialization**，在右侧面板中选择 **Hybrid Initialization** 选项。

（2）单击 **Initialize** 按钮进行初始化，如图 3-13 所示。

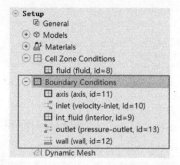

图 3-12　Boundary Conditions 节点

图 3-13　初始化计算

08　开始计算

（1）选择模型树节点 **Run Calculation**。

（2）在右侧面板中设置 **Number of Iterations** 为 **500**，单击 **Calculate** 按钮开始计算，如图 3-14 所示。经过 21 步迭代，计算达到收敛，迭代计算信息如图 3-15 所示。

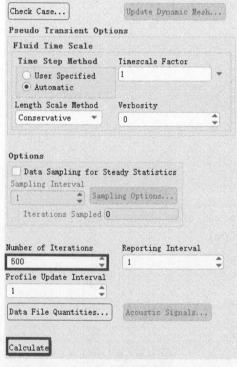

图 3-14　设置计算参数

```
 iter  continuity  x-velocity  y-velocity       time/iter
  12   1.6866e-02  2.5710e-04  2.2901e-06   0:02:05   488
  13   1.1484e-02  2.2035e-04  1.7335e-06   0:01:40   487
  14   7.7765e-03  1.9061e-04  1.3537e-06   0:01:20   486
  15   5.3614e-03  1.6519e-04  1.0870e-06   0:01:04   485
  16   3.8031e-03  1.4324e-04  8.9625e-07   0:02:28   484
  17   2.6924e-03  1.2450e-04  7.4588e-07   0:01:58   483
  18   1.9993e-03  1.0810e-04  6.4029e-07   0:01:34   482
  19   1.4875e-03  9.3828e-05  5.4828e-07   0:01:15   481
  20   1.1970e-03  8.1518e-05  4.8593e-07   0:01:00   480
!  21 solution is converged
  21   9.7259e-04  7.0859e-05  4.2770e-07   0:00:48   479

Calculation complete.
```

图 3-15　计算信息

09　分析计算结果

1. 查看入口速度分布

前面采用表达式定义入口速度，在后处理中可以查看入口速度是否满足要求。

双击模型树节点 **Results→Plots→XY Plot**，弹出图 3-16 所示的 Solution XY Plot 对话框。速度分布满足发展流动的抛物线分布规律，如图 3-17 所示。

2. 压降分析

统计入口和出口总压，计算流体流经管道所产生的压降。

（1）双击模型树节点 **Results→Reports→Surface Integrals**，弹出 Surface Integrals 对话框。

（2）设置 **Report Type** 为 **Area-Weighted Average**，**Field Variable** 为 **Pressure** 及 **Total Pressure**，指定 **Surfaces** 为 **inlet** 和 **outlet**，单击 **Compute** 按钮进行计算，如图 3-18 所示。

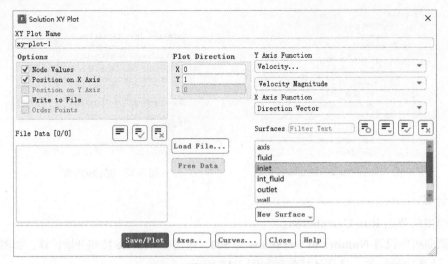

图 3-16　设置显示入口速度分布

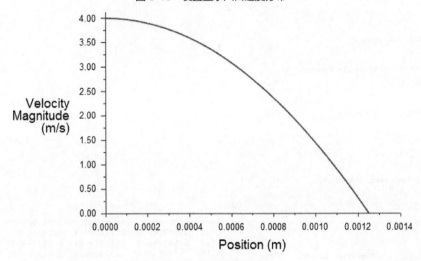

图 3-17　入口速度分布

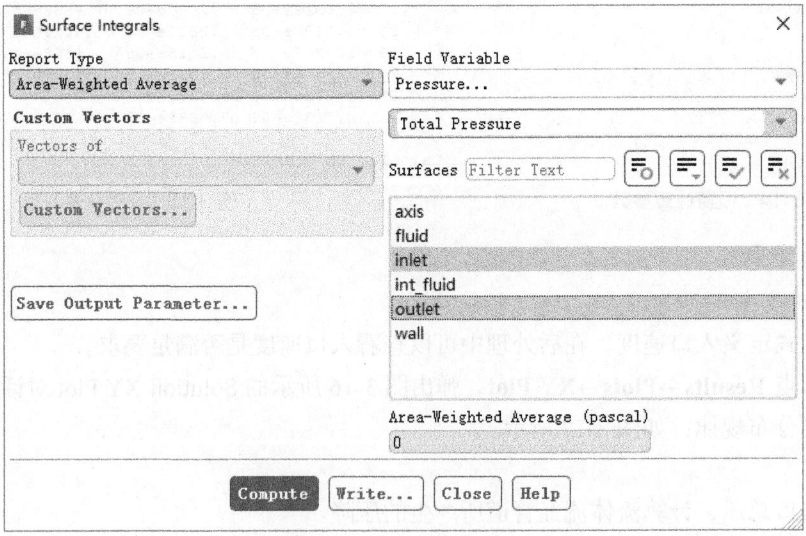

图 3-18　参数设置对话框

　　计算结果如图 3-19 所示，入口总压为 12.999554Pa，出口总压为 2.6629612Pa，故可得出系统压降为
10.3365928Pa。

解析解得到的压降为 10.24Pa，数值计算结果与解析解的相对误差约为 0.94%。

本实例计算采用的是默认残差 0.001，若想要获得精度更高的计算结果，可改变残差继续计算。

Area-Weighted Average Total Pressure	(pascal)
inlet	12.999554
outlet	2.6629612
Net	7.8312577

图 3-19　输出结果

10　修改计算残差继续计算

（1）双击模型树节点 **Solution→Monitors→Residual**，弹出 Residual Monitors 对话框，修改所有变量残差标准为 0.000001，如图 3-20 所示。

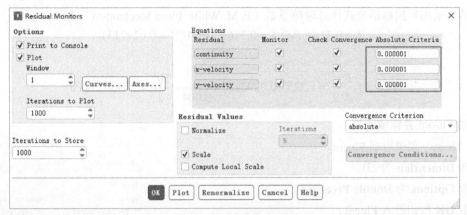

图 3-20　设置残差标准

（2）选择模型树节点 **Run Calculation**，在右侧面板中设置 **Number of Iterations** 为 5000，单击 **Calculate** 按钮开始计算。

计算残差如图 3-21 所示，迭代 65 步后计算残差收敛至 1×10^{-6}。

查看进出口总压，此时总压降为 10.1935436Pa，相对误差约为 0.4537%，如图 3-22 所示。

```
iter  continuity  x-velocity  y-velocity    time/iter
54    4.9635e-06  4.5626e-07  5.9283e-09  0:07:14 4967
55    4.4473e-06  3.8147e-07  5.1527e-09  0:22:20 4966
56    3.9958e-06  3.1816e-07  4.4709e-09  0:17:52 4965
57    3.5742e-06  2.6472e-07  3.8692e-09  0:14:17 4964
58    3.1778e-06  2.1972e-07  3.3376e-09  0:11:26 4963
59    2.8106e-06  1.8193e-07  2.8715e-09  0:09:09 4962
60    2.4756e-06  1.5028e-07  2.4628e-09  0:07:19 4961
61    2.1682e-06  1.2383e-07  2.1073e-09  0:22:23 4960
62    1.4762e-06  1.0184e-07  1.7730e-09  0:17:54 4959
63    1.2144e-06  8.3666e-08  1.5033e-09  0:14:19 4958
64    1.1000e-06  6.8465e-08  1.2778e-09  0:11:27 4957

iter  continuity  x-velocity  y-velocity    time/iter
65    1.0161e-06  5.5786e-08  1.0851e-09  0:09:10 4956
!  66 solution is converged
66    8.2611e-07  4.5294e-08  9.0454e-10  0:07:20 4955
```

图 3-21　计算残差

Area-Weighted Average Total Pressure	(pascal)
inlet	12.887995
outlet	2.6944514
Net	7.7912234

图 3-22　进出口总压

【实例 2】管道湍流流动计算

本实例利用 Fluent 计算管道中湍流流动压降。空气流经光滑的水平管道，管道长度 2m，半径 0.002m，空气密度 $1.225kg/m^3$，黏度 $1.7894 \times 10^{-5}kg/(m·s)$，管道入口速度 50m/s，出口压力 0Pa，计算管道的压降。管道示意图如图 3-23 所示。

采用轴对称模型。入口采用速度边界，速度设置为 50m/s；出口为压力出口，静压为 0Pa；采用稳态求解。湍流模型采用 SST k-omega 模型，为保证 $Y+=1$，采用 $Y+$ 计算器可得第一层网格高度约为 $5 \times 10^{-6}m$，径向采用 32 层网格节点，轴向网格尺寸约为 0.0005m。

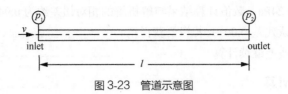

图 3-23　管道示意图

流经管道的雷诺数

$$Re = \frac{\rho vd}{\mu} = \frac{1.225 \times 50 \times 0.004}{1.7894 \times 10^{-5}} = 13691$$

湍流流动，采用布拉修斯公式计算摩擦系数（F. M. White, Fluid Mechanics(7nd). 366 页）

$$f = 0.316 \times Re^{-1/4} = 0.316 \times 13691^{-1/4} = 0.0292131$$

则压降

$$\Delta p = \rho f \frac{l}{d} \frac{v^2}{2} = 1.225 \times 0.0292131 \times \frac{2}{0.004} \times \frac{50^2}{2} = 22366.28(\text{Pa})$$

01　启动 Fluent 并读取网格

（1）从"开始"菜单启动 Fluent。

（2）选择 **Dimension** 为 **2D**。

（3）设置 **Options** 为 **Double Precision**。

（4）单击 **OK** 按钮进入 Fluent。

（5）执行 **File→Read→Mesh** 命令，在弹出的文件对话框中
选择网格文件 EX2.msh，将其打开。

02　常规参数设置

本实例计算采用轴对称模型，因此需要设置计算模型为轴对称。

选择模型树节点 **General**，在右侧面板中选择 **Axisymmetric**
选项，如图 3-24 所示。

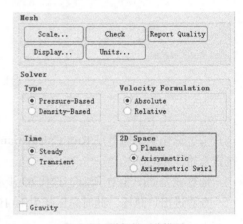

图 3-24　选择轴对称模型

03　模型设置

本实例采用 SST k-omega 湍流模型。

（1）双击模型树节点 **Models→Viscous**，弹出 Viscous Model 对话框。

（2）选择 **k-omega** 模型。

（3）选择 **SST** 选项，以启用 SST k-omega 湍流模型。

（4）保持其他参数为默认设置，如图 3-25 所示。

> 🌐 提示：
> SST k-omega 模型适合考虑壁面黏性对流动的影响的场合。该模型为低雷诺数模型，需要满足 $Y+$ 接近于 1。

04　材料属性设置

材料属性采用默认设置。若不指定材料属性，则流体域默认采用的材料为 air，其密度为 1.225kg/m^3，黏度为 $1.7894 \times 10^{-5}\text{kg/(m·s)}$。

05　边界条件设置

本实例需设置入口边界 inlet、出口边界 outlet，并确保 axis 边界类型为 axis。

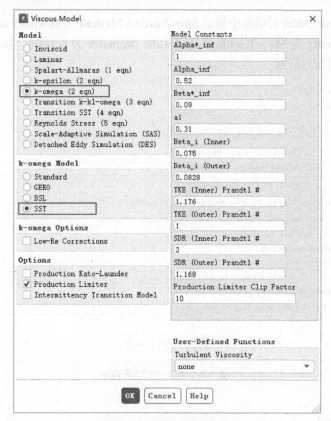

图 3-25　湍流模型设置对话框

1. inlet 设置

（1）双击模型树节点 **Boundary Conditions**→**inlet**，弹出图 3-26 所示的 Velocity Inlet 对话框。

（2）设置 **Velocity Magnitude** 为 **50m/s**。

（3）指定 **Specification Method**（湍流方法）为 **Intensity and Hydraulic Diameter**，**Turbulent Intensity**（湍流强度）为 **5%**，**Hydraulic Diameter**（水力直径）为 **0.004m**。

（4）单击 **OK** 按钮关闭对话框。

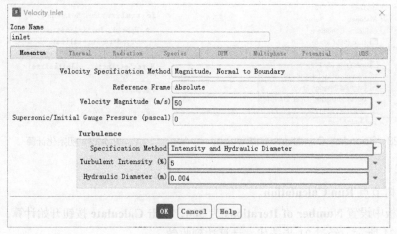

图 3-26　设置入口速度

2. outlet 设置

（1）右击模型树节点 **Boundary Conditions**→**outlet**，在弹出的快捷菜单中选择 **Type**→**pressure-outlet** 命令。

（2）在弹出的 Pressure Outlet 对话框中指定 **Specification Method** 为 **Intensity and Hydraulic Diameter**，**Backflow Turbulent Intensity** 为 **5%**，**Backflow Hydraulic Diameter** 为 **0.004m**，如图 3-27 所示。

（3）单击 **OK** 按钮关闭对话框。

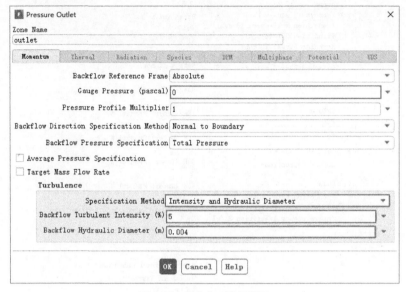

图 3-27　压力出口边界设置

3．axis

确认边界 axis 的类型为 axis。

4．wall

保持默认设置。设置完毕后，**Boundary Conditions** 节点如图 3-28 所示。

06　初始化

（1）选择模型树节点 **Initialization**，在右侧面板中选择 **Hybrid Initialization** 选项。

（2）单击 **Initialize** 按钮进行初始化，如图 3-29 所示。

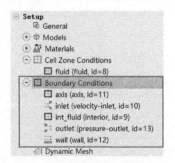

图 3-28　Boundary Conditions 节点

图 3-29　初始化计算

07　开始计算

（1）选择模型树节点 **Run Calculation**。

（2）在右侧面板中设置 **Number of Iterations** 为 **500**，单击 **Calculate** 按钮开始计算，如图 3-30 所示。迭代计算信息如图 3-31 所示，经过 21 步迭代，计算达到收敛。

08　计算结果分析

1．查看速度分布

双击模型树节点 **Results→Graphics→Contours**，弹出 Contours 对话框，按图 3-32 所示的参数进行设置，

单击 **Save/Display** 按钮显示速度云图。入口附近速度分布如图 3-33 所示。

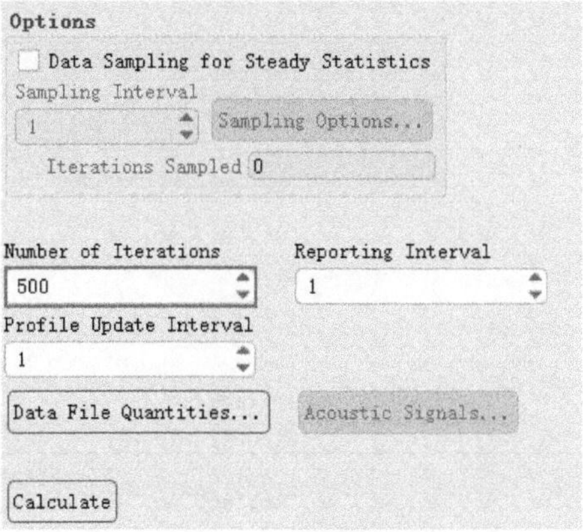

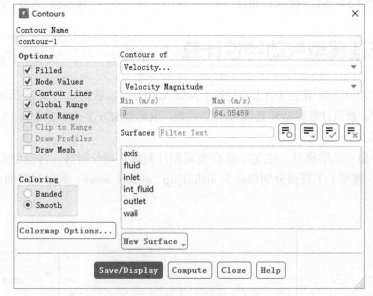

图 3-30 设置计算参数 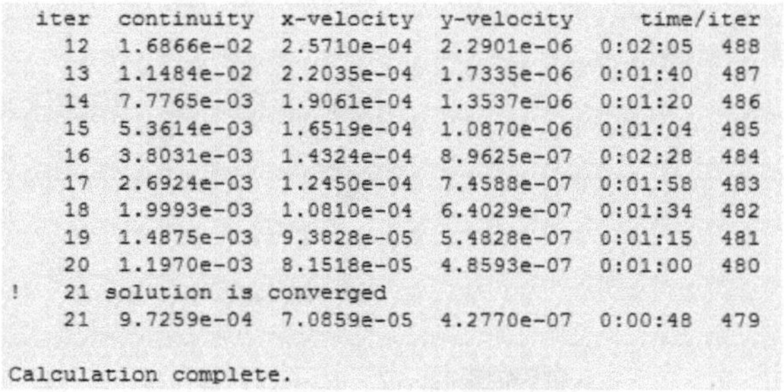　　　　　　　　　　　　　　　　图 3-31 计算信息

图 3-32 设置参数

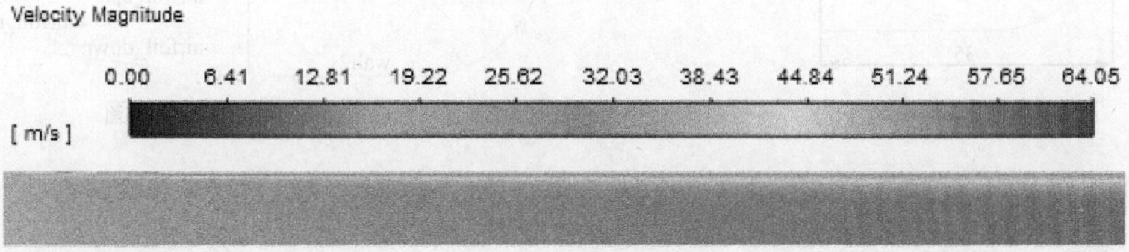

图 3-33 速度分布（起始段）

2. 压降分析

统计入口和出口总压，计算流体流经管道所产生的压降。

双击模型树节点 **Results→Reports→Surface Integrals**，弹出 Surface Integrals 对话框。设置 **Report Type** 为 **Area-Weighted Average**，**Field Variable** 为 **Pressure** 及 **Total Pressure**，**Surfaces** 为 **inlet** 及 **outlet**，单击 **Compute** 按钮进行计算，如图 3-34 所示。

计算结果如图 3-35 所示，入口总压为 23923.507Pa，出口总压为 1621.5989Pa，故可得出系统压降 22301.9081Pa。根据布拉修斯公式计算得到压降为 22366.28Pa，数值计算结果与解析结果的相对误差约为 0.29%。

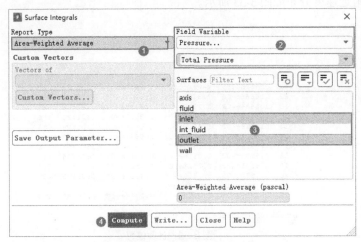

图 3-34　设置参数入口、出口

```
Area-Weighted Average
  Total Pressure                (pascal)
--------------------------------------------------
                    inlet     23923.507
                   outlet     1621.5989
--------------------------------------------------
                      Net     12772.553
```

图 3-35　入口、出口总压计算结果

【实例 3】低速翼型气动特性计算

　　本实例计算 NACA0012 翼型空气动力学特性。NACA0012 的示意图如图 3-36 所示。翼型弦长 1m，来流速度 1m/s，攻角 4°。数值计算翼型外流域为二维 C 型，取翼型前方半径和宽度为 15 倍翼型弦长，翼型后方长度为 20 倍翼型弦长。

　　在 ICEM CFD 中建立二维模型，建立二维 C 型翼型外流域并划分网格。将模型边界分别命名为 inlet、outlet、wall1、wall2，翼型上下翼面分别命名为 airfoil_up、airfoil_down，翼形尾部面命名为 airfoil-rig，如图 3-37 所示。

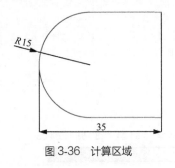

图 3-36　计算区域

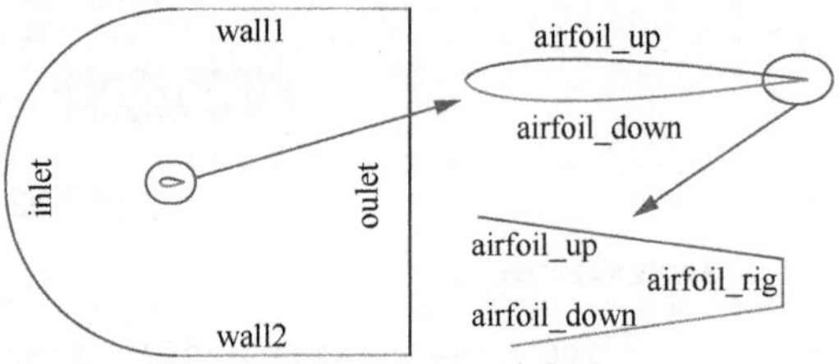

图 3-37　模型命名示意图

　　计算域网格如图 3-38 所示。

01　启动 Fluent 并读取网格

（1）从"开始"菜单启动 Fluent。

（2）选择 **Dimension** 为 **2D**。

（3）设置 **Options** 为 **Double Precision**。

（4）单击 **OK** 按钮进入 Fluent。

（5）执行 **File→Read→Mesh** 命令，在弹出的文件对话框中选择网格文件 EX3.msh，将其打开。

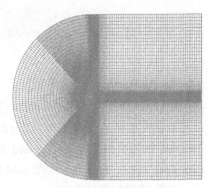

图 3-38　计算域网格

02　常规参数设置

选择模型树节点 **General**，保持默认设置。

03 模型设置

实例采用 SST k-omega 湍流模型。

（1）双击模型树节点 **Models→Viscous**，弹出 Viscous Model 对话框，如图 3-39 所示。

（2）选择 **k-omega** 模型。

（3）选择 **SST** 选项，以启用 SST k-omega 湍流模型。

（4）其他参数保持默认设置。

04 材料属性设置

材料属性采用默认设置。若不指定材料属性，则流体域默认采用的材料为 air，其密度为 1.225kg/m^3，黏度为 $1.7894 \times 10^{-5}\text{kg/(m·s)}$。

05 边界条件设置

本实例需设置入口 inlet、出口 outlet，并确保 axis 边界类型为 axis。

1. inlet 设置

（1）双击模型树节点 **Boundary Conditions→inlet**，弹出 Velocity Inlet 对话框，如图 3-40 所示。

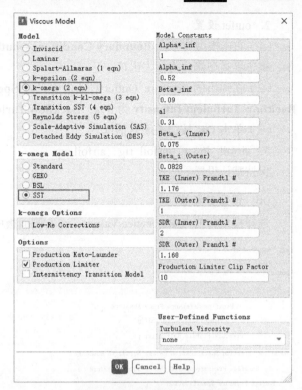

图 3-39 湍流模型设置对话框

（2）设置 **Velocity Specification Method** 为 **Magnitude and Direction**。

（3）设置 **Velocity Magnitude** 为 **1m/s**，**X-Component of Flow Direction** 为 **0.99756**，**Y-Component of Flow Direction** 为 **0.06975**。

（4）单击 **OK** 按钮关闭对话框。

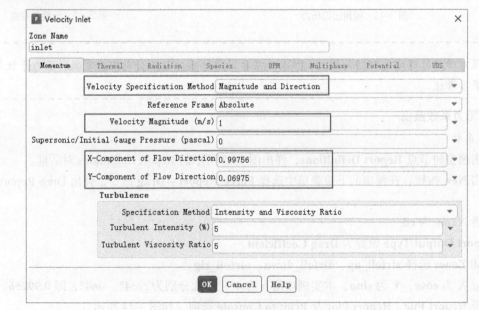

图 3-40 设置入口速度

> 🔴 **注意:**
> --
> 这里 X 分量与 Y 分量是根据攻角计算得到的。X 分量为 $\cos 4°$，Y 分量为 $\sin 4°$。

2．outlet 设置

（1）右击模型树节点 **Boundary Conditions→outlet**，在弹出的快捷菜单中选择 **Type→pressure-outlet** 命令，将边界类型修改为压力出口。

（2）在弹出的 Pressure Outlet 对话框中设置 **Specification Method** 为 **Intensity and Viscosity Ratio**，**Backflow Turbulent Intensity** 为 **5%**，**Backflow Turbulent Viscosity Ratio** 为 **5**，如图 3-41 所示。

（3）单击 **OK** 按钮关闭对话框。

3．airfoil_down、airfoil_rig、airfoil_up

保持默认设置。

06 设置参考值

选择模型树节点 **Reference Values**，在右侧面板中设置 **Compute from** 为 **inlet**，如图 3-42 所示。

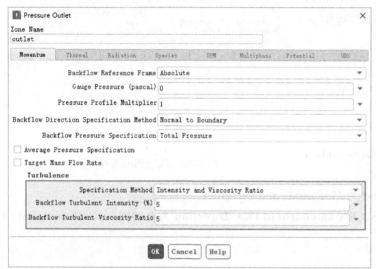

图 3-41　设置出口压力

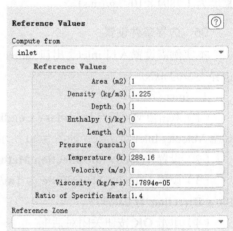

图 3-42　设置参考值

 注意：

　　参考值对于计算过程没有任何影响，然而如果要计算一些系数（如升阻力系数、压力系数等），则需要正确设置参考值。

07 升/阻力系数监视

1．阻力系数

（1）双击模型树节点 **Report Definitions**，弹出图 3-43 所示的 Report Definitions 对话框。

（2）单击 **New** 按钮，在弹出的下拉菜单中选择 **Force Report→Drag** 命令，弹出 Drag Report Definition 对话框。

（3）设置 **Name** 为 **cd**。

（4）**Report Output Type** 设置为 **Drag Coefficient**。

（5）**Wall Zones** 选择 **airfoil_up**、**airfoil_down**、**airfoil_rig**。

（6）设置 **X** 为 **cosα**，**Y** 为 **sinα**，本实例攻角 α 为 4°，因此分别为 cos4°、sin4°，即 **0.99756**、**0.06976**。

（7）选择 **Report File**、**Report Plot** 及 **Print to Console** 选项，如图 3-44 所示。

（8）单击 **OK** 按钮完成定义。

2．升力系数

升力系数与阻力系数采用相同的方式进行定义。

（1）双击模型树节点 **Report Definitions**，弹出 Report Definitions 对话框。

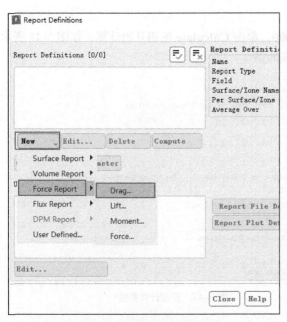

图 3-43 报告定义对话框

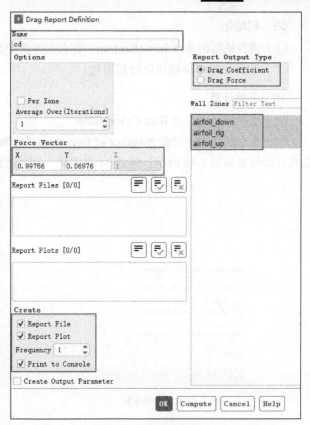

图 3-44 阻力系数定义

（2）单击 **New** 按钮，在下拉菜单中选择 **Force Report→Lift** 命令，弹出升力系数定义对话框。

（3）设置 **Name** 为 **cl**。

（4）**Report Output Type** 设置为 **Lift Coefficient**。

（5）**Wall Zones** 选择 **airfoil_up**、**airfoil_down**、**airfoil-rig**。

（6）设置 **X** 为 **-sinα**，**Y** 为 **cosα**，以 4°攻角为例，即 **−0.06976**、**0.99756**。

（7）选择 **Report File**、**Report Plot** 及 **Print to Console** 选项。

（8）单击 **OK** 按钮完成定义。

08 设置计算残差

双击模型树节点 **Solution→Monitors→Residual**，弹出 Residual Monitors 对话框，修改 continuity 变量残差标准为 0.00001，如图 3-45 所示。

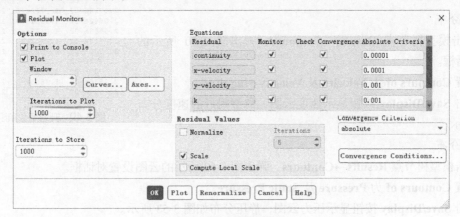

图 3-45 设置残差标准

09 初始化

（1）选择模型树节点 **Initialization**，在右侧面板中选择 **Hybrid Initialization** 选项，如图 3-46 所示。

（2）单击 **Initialize** 按钮进行初始化。

10 开始计算

（1）选择模型树节点 **Run Calculation**。

（2）在右侧面板中设置 **Number of Iterations** 为 **50000**，单击 **Calculate** 按钮开始计算，如图 3-47 所示。迭代计算信息如图 3-48 所示，经过 54 步迭代，计算达到收敛。

图 3-46 初始化计算

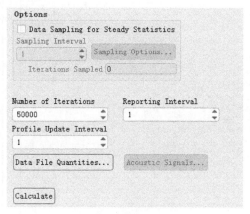

图 3-47 设置计算参数

```
iter  continuity  x-velocity  y-velocity         k     omega        cd         cl   time/iter
  45   2.9395e-05  1.3327e-06  3.3935e-07  3.9516e-05  3.6903e-07  2.0719e-02  3.9722e-01  25:03:39  49955
  46   2.4943e-05  1.1962e-06  2.6938e-07  2.8612e-05  2.4399e-07  2.0642e-02  4.0031e-01  25:35:55  49954
  47   2.2052e-05  1.0625e-06  2.0108e-07  2.2025e-05  2.5329e-07  2.0583e-02  4.0172e-01  23:15:13  49953
  48   1.9441e-05  9.5056e-07  1.4638e-07  1.7517e-05  2.1523e-07  2.0525e-02  4.0202e-01  24:09:10  49952
  49   1.7119e-05  8.5437e-07  1.0239e-07  1.4161e-05  2.1889e-07  2.0501e-02  4.0150e-01  22:05:49  49951
  50   1.5230e-05  7.6632e-07  7.2980e-08  1.1658e-05  1.9409e-07  2.0492e-02  4.0054e-01  23:13:38  49950
  51   1.3257e-05  6.9709e-07  5.5979e-08  9.7425e-06  1.8230e-07  2.0507e-02  3.9937e-01  21:21:23  49949
  52   1.1800e-05  6.4217e-07  4.7752e-08  8.2384e-06  1.6943e-07  2.0536e-02  3.9813e-01  22:38:04  49948
  53   1.0543e-05  5.9271e-07  4.5660e-08  7.0415e-06  1.5832e-07  2.0574e-02  3.9691e-01  20:52:55  49947
! 54 solution is converged
  54   9.5240e-06  5.5242e-07  4.4361e-08  6.0717e-06  1.4652e-07  2.0617e-02  3.9577e-01  22:15:18  49946
```

图 3-48 计算信息

11 计算结果分析

1. 升力系数及阻力系数

计算得到的升阻力系数可以通过迭代信息查看，阻力系数为 0.020574，升力系数为 0.39691，如图 3-49 所示。

2. 速度分布

（1）双击模型树节点 **Results→Contours**，弹出图 3-50 所示的 Contours 对话框。

（2）设置 **Contours of** 为 **Velocity** 及 **Velocity Magnitude**。

（3）单击 **Save/Display** 按钮显示速度云图，翼型附近的速度分布如图 3-51 所示。

```
        cd          cl   time/iter
2.0719e-02  3.9722e-01  25:03:39  49955
2.0642e-02  4.0031e-01  25:35:55  49954
2.0583e-02  4.0172e-01  23:15:13  49953
2.0525e-02  4.0202e-01  24:09:10  49952
2.0501e-02  4.0150e-01  22:05:49  49951
2.0492e-02  4.0054e-01  23:13:38  49950
2.0507e-02  3.9937e-01  21:21:23  49949
2.0536e-02  3.9813e-01  22:38:04  49948
2.0574e-02  3.9691e-01  20:52:55  49947
```

图 3-49 升力系数和阻力系数信息

3. 压力分布

（1）双击模型树节点 **Results→Contours**，弹出图 3-52 所示的云图设置对话框。

（2）设置 **Contours of** 为 **Pressure** 及 **Static Pressure**。

（3）单击 **Save/Display** 按钮显示压力云图，静压分布如图 3-53 所示。

图 3-50　云图显示设置

图 3-51　速度云图

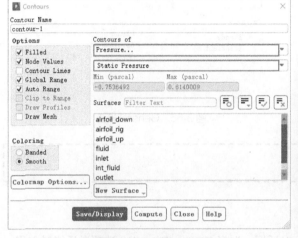

图 3-52　云图显示设置

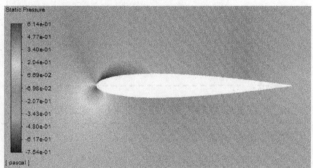

图 3-53　压力分布云图

【实例 4】导弹超声速流动计算

本实例演示利用 Fluent 计算超声速的基本流程。

弹体几何模型如图 3-54 所示。实例的来流条件为 $Ma=2.0$，雷诺数 $Re=5.57×10^8$，攻角 $\alpha=4°$，计算中考虑流体的可压缩性，采用理想气体状态方程描述材料密度。

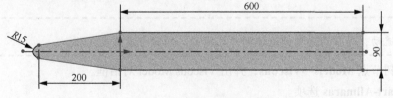

图 3-54　弹体几何模型尺寸

采用 C 型计算域，创建 2D 几何模型，模型尺寸如图 3-55 所示。

01　启动 Fluent 并读取网格

（1）从"开始"菜单启动 Fluent。

（2）选择 Dimension 为 2D。

（3）设置 Options 为 Double Precision。

（4）单击 **OK** 按钮进入 Fluent。

（5）执行 **File→Read→Mesh** 命令，在弹出的文件对话框中选择网格文件 **EX4.msh**，将其打开。

02　常规参数设置

（1）选择模型树节点 **General**，在右侧面板中选择 **Density-Based** 选项。

（2）其他选项保持默认设置，如图 3-56 所示。

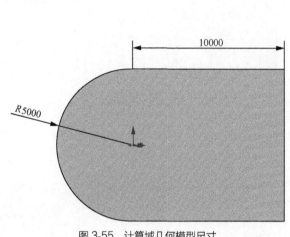

图 3-55　计算域几何模型尺寸

图 3-56　General 设置

💡 提示：

　　密度基求解器特别适合计算超声速流动。

03　模型设置

本实例采用 Spalart-Allmaras 湍流模型。

（1）双击模型树节点 **Models→Energy**，弹出 Energy 对话框，选择 **Energy Equation** 选项激活能量方程，如图 3-57 所示。

图 3-57　激活能量方程

💡 提示：

　　对于超声速流动，通常需要考虑流体的可压缩性，同时考虑温度变化。

（2）双击模型树节点 **Models→Viscous**，弹出 Viscous Model 对话框。

（3）选择 **Spalart-Allmaras** 选项。

（4）其他参数保持默认设置，如图 3-58 所示。

04　材料属性设置

（1）双击模型树节点 **Materials→Fluid→air**，弹出 Create/Edit Materials 对话框，如图 3-59 所示。

（2）设置 **Density** 为 ideal-gas。

（3）设置 **Viscosity** 为 **sutherland**，弹出对话框保持默认设置。

（4）单击 **Change/Create** 按钮完成材料属性编辑，单击 **Close** 按钮关闭对话框。

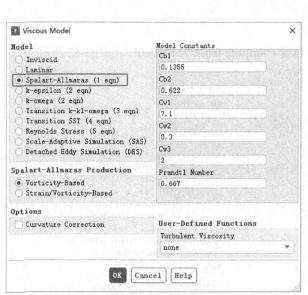

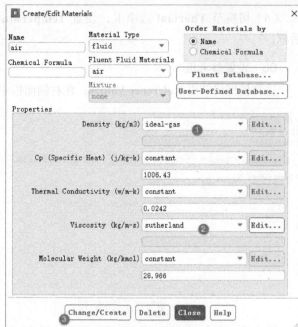

图 3-58 湍流模型设置对话框   图 3-59 材料参数

05 边界条件设置

本实例需设置 farfield。

（1）右击模型树节点 **Boundary Conditions**→**farfield**，在弹出的快捷菜单中选择 **Type**→**Pressure-far-field** 命令，弹出 Pressure Far-Field 对话框，如图 3-60 所示。

（2）设置 **Gauge Pressure** 为 **47170Pa**。

（3）设置 **Mach Number** 为 2。

（4）设置 **X-Component of Flow Direction** 为 **0.997564**，**Y-Component of Flow Direction** 为 **0.069756**。

（5）其他参数保持默认设置。

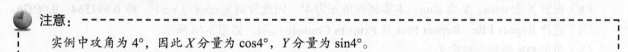

注意:

实例中攻角为 4°，因此 X 分量为 cos4°，Y 分量为 sin4°。

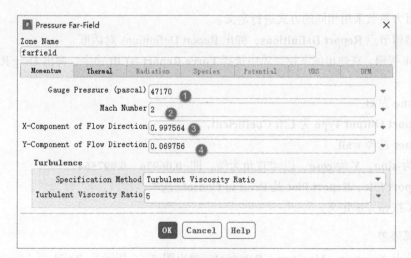

图 3-60 设置边界条件

（6）切换至 **Thermal** 选项卡，设置 **Temperature** 为 **253K**，如图 3-61 所示。单击 **OK** 按钮关闭对话框。

06 设置参考值

选择模型树节点 **Reference Values**，在右侧面板中设置 **Compute from** 为 **farfield**，如图 3-62 所示。

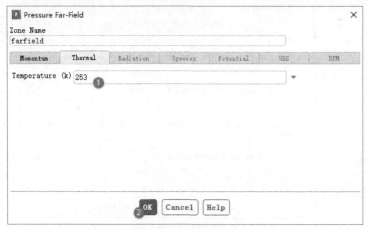

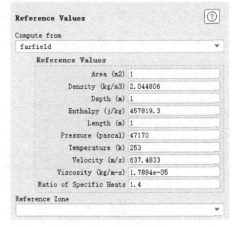

图 3-61 设置温度条件 图 3-62 设定参考值

07 阻力系数和升力系数监视

1. 阻力系数

（1）双击模型树节点 **Report Definitions**，弹出图 3-63 所示的 Report Definitions 对话框。

（2）单击 **New** 按钮，在弹出的下拉菜单中选择 **Force Report→Drag** 命令，弹出 Drag Report Definition 对话框。

（3）设置 **Name** 为 **cd**。

（4）设置 **Report Output Type** 为 **Drag Coefficient**。

（5）**Wall Zones** 选择 **wall**。

（6）设置 **X** 为 **cosα**，**Y** 为 **sinα**，本实例攻角 α 为 4°，因此分别为 cos4°、sin4°，即 **0.997564**、**0.06976**。

（7）选择 **Report File**、**Report Plot** 及 **Print to Console** 选项，如图 3-64 所示。

（8）单击 **OK** 按钮完成定义。

2. 升力系数

升力系数与阻力系数采用相同的方式进行定义。

（1）双击模型树节点 **Report Definitions**，弹出 Report Definitions 对话框。

（2）单击 **New** 按钮，在弹出的下拉菜单中选择 **Force Report→Lift** 命令，弹出 Drag Report Definition 对话框。

（3）设置 **Name** 为 **cl**。

（4）设置 **Report Output Type** 为 **Lift Coefficient**。

（5）**Wall Zones** 选择 **wall**。

（6）设置 **X** 为 **-sinα**，**Y** 为 **cosα**，以 4°攻角为例，即 **-0.06976**、**0.997564**。

（7）选择 **Report File**、**Report Plot** 及 **Print to Console** 选项。

（8）单击 **OK** 按钮完成定义。

08 设置计算残差

双击模型树节点 **Solution→Monitors→Residual**，弹出图 3-65 所示的 Residual Monitors 对话框，修改 continuity 残差标准为 0.00001。

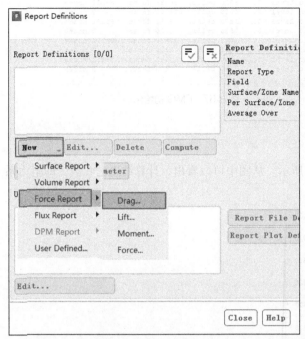

图 3-63　报告定义对话框

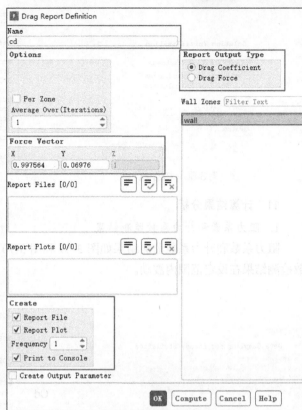

图 3-64　阻力系数定义

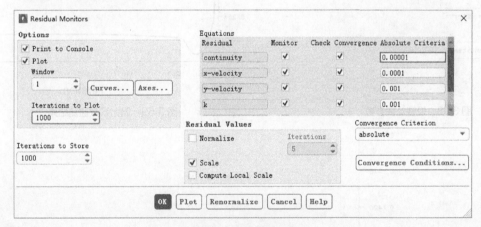

图 3-65　设置残差标准

09　初始化

（1）选择模型树节点 **Initialization**，在右侧面板中选择 **Hybrid Initialization** 选项，如图 3-66 所示。

（2）单击 **Initialize** 按钮进行初始化。

（3）在 TUI 窗口中输入命令 **solve/initialize/fmg-initialization**，进行 FMG 初始化，如图 3-67 所示。

 提示：

　　对于复杂流场计算，可采用 FMG 初始化以提高收敛性。

10　开始计算

（1）选择模型树节点 **Run Calculation**。

（2）在右侧面板中设置 **Number of Iterations** 为 **50000**，单击 **Calculate** 按钮开始计算，如图 3-68 所示。

```
> solve/initialize/fmg-initialization
Enable FMG initialization? [no] yes

Creating multigrid levels...
  Grid Level  0: 67704 cells, 135936 faces,  68232 nodes
  Grid Level  1: 17094 cells,  68582 faces,  68232 nodes
  Grid Level  1: 17094 cells,  36017 faces,      0 nodes
  Grid Level  2:  5620 cells,  40488 faces,  68232 nodes
  Grid Level  2:  5620 cells,  14805 faces,      0 nodes
  Grid Level  3:  1830 cells,  25311 faces,  68232 nodes
  Grid Level  3:  1830 cells,   5226 faces,      0 nodes
  Grid Level  4:   611 cells,  16586 faces,  68232 nodes
  Grid Level  4:   611 cells,   1802 faces,      0 nodes
  Grid Level  5:   210 cells,  11191 faces,  68232 nodes
  Grid Level  5:   210 cells,    631 faces,      0 nodes
Done.
```

图 3-66　初始化计算　　　　　　　　　　　　图 3-67　FMG 初始化

11　计算结果分析

1.　阻力系数和升力系数监测结果

阻力系数和升力系数监测结果如图 3-69 和图 3-70 所示。从图中可以看出，计算结果已收敛，即阻力系数检测结果在设定范围内波动。

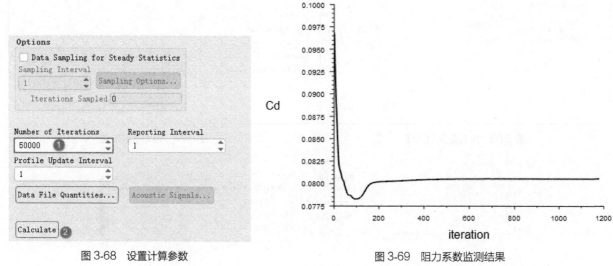

图 3-68　设置计算参数　　　　　　　　　　　图 3-69　阻力系数监测结果

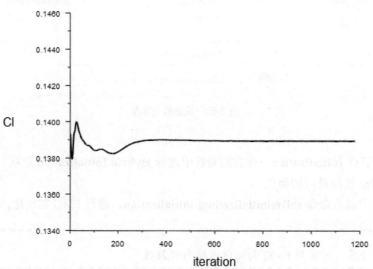

图 3-70　升力系数监测结果

2.　马赫数分布

双击模型树节点 **Results**→**Contours**，弹出 Contours 对话框，如图 3-71 所示。设置 **Contours of** 为 **Velocity**

及 **Mach Number**，单击 **Save/Display** 按钮显示马赫数分布云图。马赫数分布情况如图 3-72 所示。

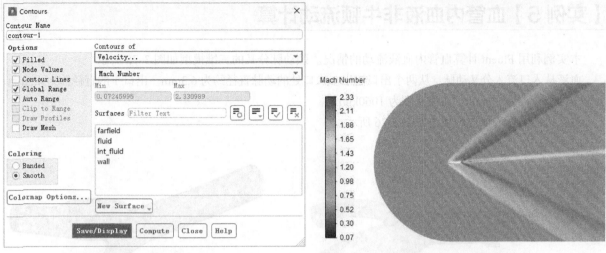

图 3-71 云图设置对话框   图 3-72 马赫数分布

3. 静压分布

静压分布如图 3-73 所示。

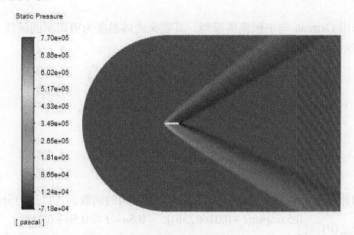

图 3-73 静压分布

4. 温度分布

温度分布如图 3-74 所示。

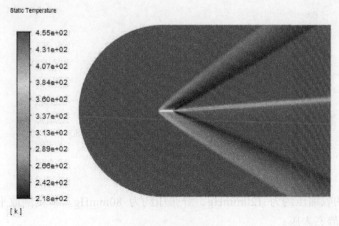

图 3-74 温度分布

【实例5】血管内血液非牛顿流动计算

本实例利用 Fluent 计算血管内血液流动的情况。颈动脉分叉的三维模型如图 3-75 所示。

血液从入口流入分叉动脉，从两个出口流出。入口处的动脉直径约为 6.3mm。出口 1 的直径约为 4.5mm，出口 2 的直径约为 3.0mm。血液密度为 1060kg/m³。

计算模型采用四面体网格，如图 3-76 所示。

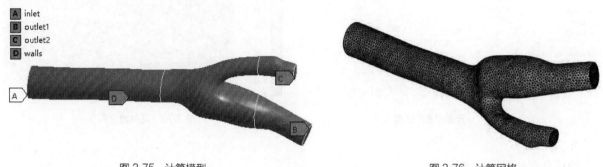

图 3-75 计算模型　　　　　　　　　　　　　　图 3-76 计算网格

实例中血液黏度采用 Carreau 非牛顿流体模型，其定义流体黏度为剪切率的函数。当剪切率增加时，血液黏度减小。该模型表示为

$$\mu_{\text{eff}}(\dot{\gamma}) = \mu_{\text{inf}} + (\mu_0 - \mu_{\text{inf}})(1 + \lambda\dot{\gamma}^2)^{\frac{n-1}{2}}$$

式中，

$$\mu_0 = 0.056 \text{kg}/(\text{m}\cdot\text{s})$$
$$\mu_{\text{inf}} = 0.0035 \text{kg}/(\text{m}\cdot\text{s})$$
$$\lambda = 3.313 \text{s}$$
$$n = 0.3568$$

考虑到血液循环的脉动性，实例设置血管入口处速度为时间的函数，入口压力分布规律为

$$v_{\text{inlet}}(\theta) = \begin{cases} 0.5\sin[4\pi(t+0.0160236)], & 0.5n < t \leqslant 0.5n + 0.218, \\ 0.1, & 0.5n + 0.218 < t \leqslant 0.5(n+1). \end{cases}$$

式中，n 为周期数，$n=0,1,2,\cdots$。

速度随时间变化的曲线如图 3-77 所示。

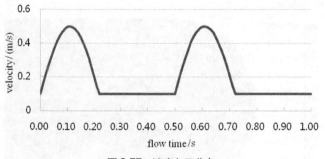

图 3-77 速度入口分布

出口边界：健康人的收缩压约为 120mmHg，舒张压约为 80mmHg。本实例取平均压力 100mmHg（约 13332Pa）作为出口处的静态表压。

01　启动 Fluent 并导入网格

（1）从"开始"菜单启动 Fluent。

（2）选择 **Dimension** 为 **3D**。

（3）设置 **Options** 为 **Double Precision**。

（4）选择 **Parallel（Local Machine）** 选项，设置 **Processes** 为 **8**。

⚫ 注意：

这里根据 CPU 核心数量进行设置，对于网格数量较多的计算模型，常开启并行计算。

（5）单击 **OK** 按钮进入 Fluent。

（6）执行 **File→Read→Mesh** 命令，在弹出的对话框中选择网格文件 **EX5.msh**，打开文件。

02　常规参数设置

选择模型树节点 **General**，在右侧面板中选择 **Transient** 选项，如图 3-78 所示。

03　材料属性设置

（1）双击模型树节点 **Materials→Fluid→air**，弹出 Create/Edit Materials 对话框，如图 3-79 所示。

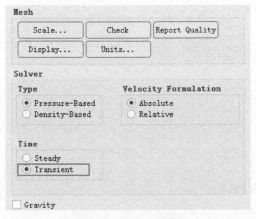

图 3-78　General 设置

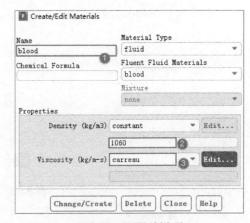

图 3-79　设置材料参数

（2）修改 **Name** 为 **blood**，设置 **Density** 为 **1060kg/m³**，设置 **Viscosity** 为 **carreau**，弹出 Carreau Model 对话框。

（3）在 Carreau Model 对话框中，按图 3-80 所示设置模型参数。

（4）单击 **OK** 按钮关闭对话框，随即弹出询问对话框，单击 **Yes** 按钮覆盖 air 材料参数。

04　创建表达式

（1）右击模型树节点 **Named Expressions**，在弹出的快捷菜单中选择 **New** 命令，新建表达式。

（2）定义表达式 **v_static** 为 **0.1[m/s]**，如图 3-81 所示。

（3）用相同的方式定义表达式 **v_variable= 0.5[m/s]*sin(4*PI/1[s]*(Time+0.0160236[s]))**，如图 3-82 所示。

（4）定义表达式 **vin**，如图 3-83 所示。

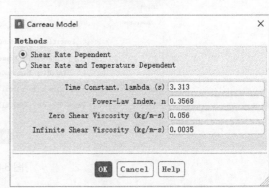

图 3-80　设置非牛顿流体参数

05　边界条件设置

（1）双击模型树节点 **Boundary Conditions→inlet**，弹出 Velocity Inlet 对话框，如图 3-84 所示。

（2）设置 **Velocity Magnitude** 为 **expression**，并输入 **vin**，单击 **OK** 按钮关闭对话框。

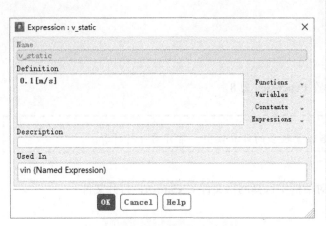

图 3-81　定义表达式 v_static

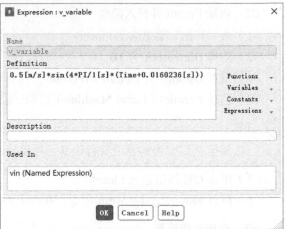

图 3-82　定义表达式 v_variable

图 3-83　定义表达式 vin

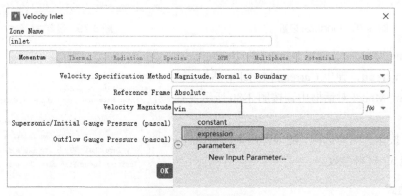

图 3-84　设置入口边界

（3）双击模型树节点 **Boundary Conditions→outlet1**，弹出 Pressure Outlet 对话框，如图 3-85 所示。

（4）设置 **Gauge Pressure** 为 **13332Pa**，单击 **OK** 按钮关闭对话框。

（5）用相同的参数设置边界 **outlet2**，设置 **Gauge Pressure** 为 **13332Pa**。

 小技巧：

　　Fluent 提供了多种将边界复制到另一边界的方式，如右击边界节点，在弹出的快捷菜单中选择 Copy 命令，在弹出的对话框中将边界参数复制给另一边界；也可以通过拖动模型树节点的方式，将已设置好参数的节点拖动至未设置参数的节点上，以完成参数复制。

06 设置参考值

选择模型树节点 **Reference Values**，在右侧面板中按图 3-86 所示设置参考值。

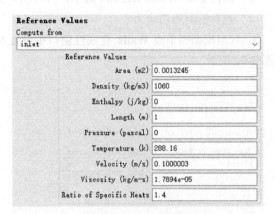

图 3-85 设置出口边界 　　　　　　　　　　　　图 3-86 设置参考值

07 初始化

右击 **Initialization** 节点，在弹出的快捷菜单中选择 **Initialize** 命令，进行初始化，如图 3-87 所示。

08 设置自动保存

（1）双击模型树节点 **Calculation Activities→Autosave**，在 Autosave 对话框中设置 **Save Data File Every** 为 1，如图 3-88 所示。

（2）其他参数保持默认设置，单击 **OK** 按钮关闭对话框。

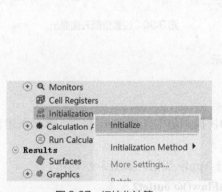

图 3-87 初始化计算

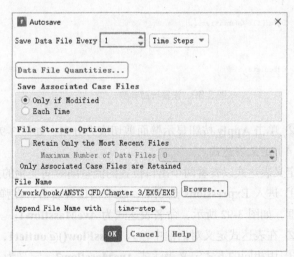

图 3-88 设置自动保存

09 计算

（1）选择模型树节点 **Run Calculation**。

（2）在右侧面板中设置 **Time Step Size** 为 **0.01s**，设置 **Number of Time Steps** 为 **100**，设置 **Max Iterations/ Time Step** 为 **40**，如图 3-89 所示。

（3）单击 **Calculate** 按钮进行计算。

10 计算后处理

对于瞬态计算结果，利用 CFD-Post 进行后处理会比较方便。本实例后处理工作在 CFD-Post 中完成。

（1）从"开始"菜单启动 CFD-Post。

（2）执行 **File→Load Results** 命令，打开结果文件 **EX5.cas**。

（3）查看壁面剪切应力。

① 双击模型树节点 **Walls**，在属性窗口中设置 **Mode** 为 **Variable**，**Variable** 为 **Wall Shear**，**Range** 为 **Local**，如图 3-90 所示。

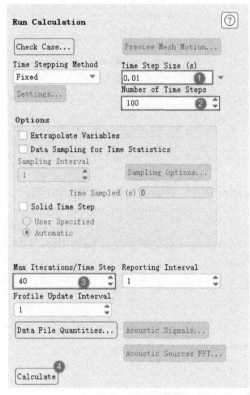

图 3-89 设置计算参数

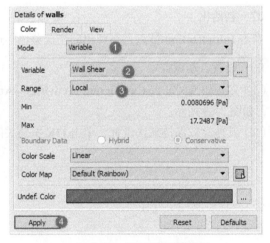

图 3-90 设置壁面云图显示

② 单击 **Apply** 按钮显示壁面剪切应力分布，如图 3-91 所示。

（4）定义表达式。

定义表达式以查看两个出口位置的流量随时间变化的规律。

① 进入 **Expressions** 选项卡，在空白位置右击，在弹出的快捷菜单中选择 **New** 命令，弹出新建表达式对话框，如图 3-92 所示，命名表达式为 **AveMassflow1**。

② 在表达式定义对话框中输入 **massFlow()@outlet1**，单击 **Apply** 按钮，如图 3-93 所示。

③ 用相同的方式定义表达式 **AveMassflow2**，定义为 **massFlow()@outlet2**。

（5）曲线显示。

① 执行 **Insert→Chart** 命令，插入曲线图。

② 在属性窗口的 **General** 选项卡内，设置 **Type** 为 **XY-Transient or Sequence**，选择 **Display Title** 选项，设置 **Title** 为流量 **vs. Time**，如图 3-94 所示。

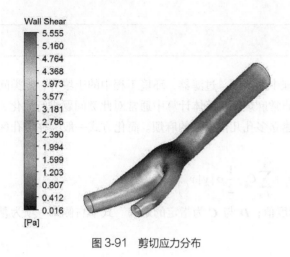

图 3-91　剪切应力分布

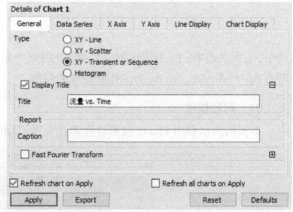

图 3-92　新建表达式

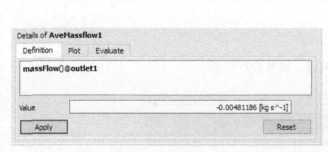

图 3-93　定义表达式

图 3-94　设置曲线属性

③ 切换至 **Data Series** 选项卡，创建两个数据系列，分别设置 Name 为 outlet 1、outlet2，分别设置 **Expression** 为 **AveMassflow1**、**AveMassflow2**，如图 3-95 所示。

④ 单击 **Apply** 按钮绘制曲线图。两个出口质量流量随时间变化的曲线如图 3-96 所示。

图 3-95　添加数据集

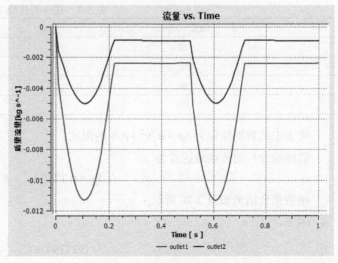

图 3-96　出口流量随时间变化曲线

【实例 6】多孔介质流动计算

现实生活中常会碰到多孔介质的问题，如水处理中的筛网、过滤器，环境工程中的土壤等，此类问题的特点在于几何模型孔隙非常多，建立真实几何模型非常麻烦。在流体计算中通常对此类问题进行简化，将多孔区域简化为增加了阻力源的流体区域，从而省去建立多孔几何模型的麻烦。简化方式一般为在多孔区域提供一个与速度相关的动量汇，其表达形式为

$$S_i = -\left(\sum_{j=1}^{3} D_{ij} \mu v_j + \sum_{j=1}^{3} C_{ij} \cdot \frac{1}{2} \rho |v| v_j \right)$$

式中，S_i 为第 $i(x,y,z)$ 方向的动量方程源项；$|v|$ 为速度值；$\boldsymbol{D}$ 与 $\boldsymbol{C}$ 为指定的矩阵。式中右侧第一项为黏性损失项，第二项为惯性损失项。

对于均匀多孔介质，则可改写为

$$S_i = -\left(\frac{\mu}{\alpha} v_i + C_2 \cdot \frac{1}{2} |v| v_i \right)$$

式中，α 为渗透率；C_2 为惯性阻力系数。此时阻力系数 D 为 $1/\alpha$。动量汇作用于流体产生压力梯度，$\nabla p = S_i$，即有 $\Delta p = -S_i \cdot \Delta n$，而 Δn 为多孔介质域的厚度。

01 问题描述

本实例演示利用 Fluent 模拟计算多孔介质流动问题，如图 3-97 所示。

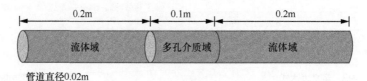

图 3-97 实例示意图

流体介质为空气，其密度为 1.225kg/m^3，动力黏度为 $1.7854 \times 10^{-5}\text{Pa·s}$，实验测定气体通过多孔介质区域后的速度与压降见表 3-1。

表 3-1 速度与压降之间关系

速度 v/(m/s)	压降 Δp/Pa
20	197.8
50	948.1
80	2102.5
110	3832.9

将表中的数据拟合为 $\Delta p = a \cdot v^2 + b \cdot v$ 的形式。

数据拟合后的函数表达式为

$$\Delta p = 0.27194 v^2 + 4.85211 v$$

函数拟合结果如图 3-98 所示。

因此，

$$0.27194 = C_2 \cdot \frac{1}{2} \rho \Delta n$$

而密度 $\rho = 1.225\text{kg/m}^3$，$\Delta n = 0.1\text{m}$，可得到惯性阻力系数 $C_2 = 4.439$。再由

$$4.85211 = \frac{\mu}{\alpha}\Delta n$$

动力黏度 $\mu = 1.7854 \times 10^{-5}$，换算得到黏性阻力系数 $D = \frac{1}{\alpha} = 2.7177 \times 10^{6}$。

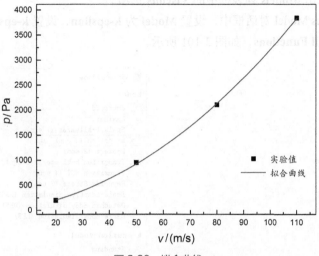

图 3-98 拟合曲线

02 启动 Fluent

（1）启动 Fluent，并加载网格。

（2）以 3D 模式启动 Fluent。

（3）执行 **File→Read→Mesh** 命令，打开网格文件 **EX6.msh**。

（4）导入计算网格并显示在图形窗口中。

03 检查网格

包括计算域尺寸检查及负体积检查。

（1）选择模型树节点 **General**。

（2）单击右侧面板中的 **Scale** 按钮，弹出 Scale Mesh 对话框。

查看 Domain Extents 下的计算域尺寸，确保计算域尺寸与实际要求一致，否则需要对计算域进行缩放。本实例尺寸保持一致，无须进行额外操作。单击 **Close** 按钮关闭对话框，如图 3-99 所示。

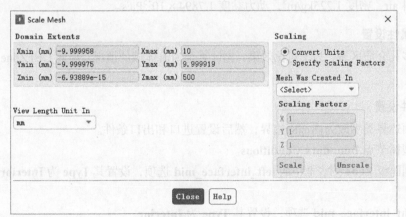

图 3-99 计算域尺寸

（3）单击 **General** 设置面板中的 **Check** 按钮，查看 TUI 窗口中的文本信息，确保 **minimum volume** 的值为正值，如图 3-100 所示。

04　模型设置

（1）设置物理模型。本实例采用 **Realizable k-epsilon** 湍流模型。

（2）选择模型树节点 **Models**。

（3）在右侧面板中双击 **Models** 列表框中的 **Viscous** 选项。

（4）在弹出的 Viscous Model 对话框中，设置 **Model** 为 **k-epsilon**，设置 **k-epsilon Model** 为 **Realizable**，采用默认的 **Standard Wall Functions**，如图 3-101 所示。

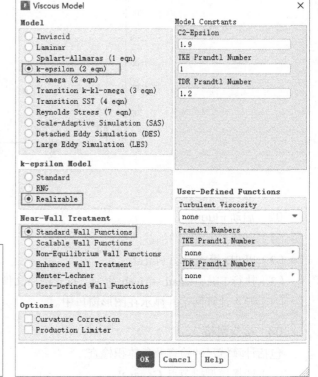

```
Domain Extents:
    x-coordinate: min (m) = -9.999958e-03, max (m) = 1.000000e-02
    y-coordinate: min (m) = -9.999975e-03, max (m) = 9.999919e-03
    z-coordinate: min (m) = -6.938894e-18, max (m) = 5.000000e-01
Volume statistics:
    minimum volume (m3): 1.437011e-11
    maximum volume (m3): 1.409358e-09
      total volume (m3): 1.562759e-04
Face area statistics:
    minimum face area (m2): 5.273246e-08
    maximum face area (m2): 3.415215e-06
Checking mesh.......................
Done.
```

图 3-100　检查网格　　　　　　　　　　图 3-101　设置湍流模型

05　材料属性设置

采用默认材料 air，密度 1.225kg/m³，动力黏度 1.7894×10^{-5} Pa·s。

06　计算域属性设置

本实例计算多孔介质区域，为了对比效果，先计算全为流体域的情况。因此 Cell Zone Conditions 保持默认设置。

07　边界条件设置

首先将重合面边界类型改为内部面边界，然后设置进口和出口条件。

（1）选择模型树节点 **Boundary Conditions**。

（2）选择右侧面板 Zone 列表框中的 **left_interface_mid** 选项，设置其 **Type** 为 **Interior**，设置完毕后影子面自动消失。

（3）选择 **right_interface_mid** 选项，设置其 **Type** 为 **Interior**。

（4）选择 **Velocity inlet** 选项，设置其 **Type** 为 **velocity-inlet**，**Velocity Magnitude** 为 10m/s，**Specification Method** 为 **Intensity and Hydraulic Diameter**，**Turbulent Intensity** 为 **5%**，**Hydraulic Diameter** 为 **20mm**，如图 3-102 所示。

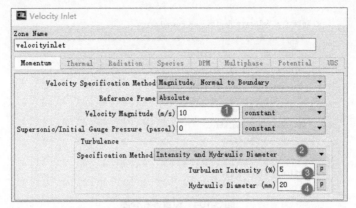

图 3-102　设置入口边界

（5）单击 **OK** 按钮关闭对话框。

（6）选择 **Pressureoutlet** 选项，设置 **Type** 为 **pressure-outlet**，**Specification Method** 为 **Intensity and Hydraulic Diameter**，**Turbulent Intensity** 为 **5%**，**Hydraulic Diameter** 为 **20mm**，其他参数保持默认。

（7）单击 **OK** 按钮关闭对话框。

08　求解方法设置

设置求解方法。

（1）选择模型树节点 **Solution Methods**。

（2）在右侧面板中设置 **Pressure-Velocity Coupling Scheme** 为 **Coupled**。

（3）选择 **Wraped-Face Gradient Correction** 选项。

（4）其他参数保持默认设置。

09　求解初始化

Solution Initialization 采用默认设置，利用 **Hybrid Initialization** 方法进行初始化。

10　计算

进行迭代计算。

（1）选择模型树节点 **Run Calculation**。

（2）在右侧面板中设置 **Number of Iterations** 为 **300**。

（3）单击 **Calculate** 按钮进行计算。

计算完毕后，执行 **File→Write→Case & Data** 命令，保存工程文件 pipe_noPorous.cas 和 pipe_noPorous.dat。

11　计算域属性设置

设置多孔介质属性。

（1）选择模型树节点 **Cell Zone Conditons**。

（2）双击右侧面板 **Zone** 列表框中的 **mid_domain** 选项。

（3）在弹出的 Fluid 对话框中选择 **Porous Zone** 选项，如图 3-103 所示。

（4）在 **Porous Zone** 选项卡中设置 Direction-3 的 **Viscous Resistance** 为 **2717700**，**Inertial Resistance** 为 **4.439**，其他方向的参数设置为 Direction-3 数值的 10 倍，如图 3-104 所示。

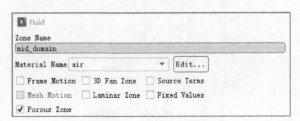

图 3-103　激活多孔介质选项

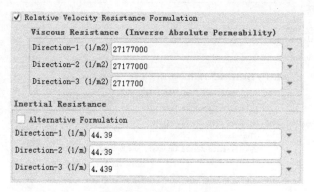

图 3-104　设置多孔介质

注意: -
　　本实例主流方向为 Z 方向，因此可以给 X 及 Y 方向指定一个较大的阻力参数。本实例指定 X 和 Y 方向的阻力参数为 Z 方向的 10 倍。

12　计算

重新计算 300 步。

计算完毕后保存工程文件 pipe_porous.cas 及 pipe_porous.dat。

13　计算后处理

1.　启动 CFD-POST

采用 CFD-POST 进行后处理，比较轴心线上速度的变化。

（1）启动 CFD-POST。

（2）执行 **File→Load Results** 命令，加载 pipe_noPorous.cas 及 pipe_porous.cas 文件。

文件加载后，软件自动将几何模型显示在图形窗口中。

2.　创建 Line

（1）创建轴心线，以观察速度沿轴心线的变化。

（2）执行 **Insert→Location→Line** 命令，创建线，按图 3-105 所示设置参数。

3.　创建 Chart

利用 Chart 显示速度沿轴心线的变化曲线。

（1）执行 **Insert→Chart** 命令，采用默认的 Chart 名称。

（2）在 **Data Series** 选项卡中设置 **Data Source** 下的 **Location** 为 **Line 1**，如图 3-106 所示。

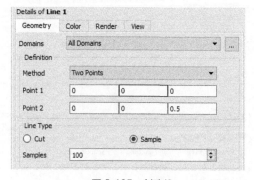

图 3-105　创建线

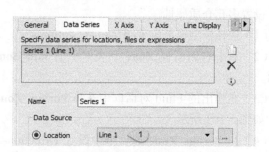

图 3-106　选择 Location

- 切换至 **X Axis** 选项卡，设置 **Variable** 为 **Z**，如图 3-107 所示。
- 切换至 **Y Axis** 选项卡，设置 **Variable** 为 **Velocity**，如图 3-108 所示。

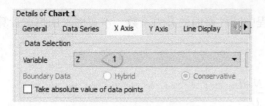

图 3-107　设置 X 轴变量

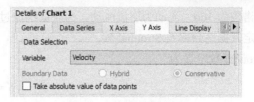

图 3-108　设置 Y 轴变量

图 3-109 所示为速度沿轴心线的分布曲线，从图中可以看出，在 0 ~ 0.2m 范围内，两条曲线保持重合，在 0.2 ~ 0.3m 区域内速度有较大下降，这一区域正好是多孔介质区域。

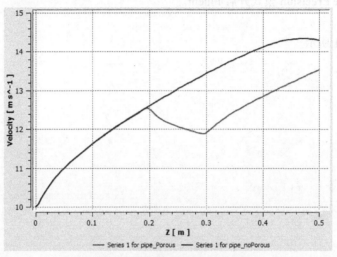

图 3-109　速度沿轴线分布曲线

> 🔵 **注意：**
> 轴心速度增大是因为入口边界未使用充分发展流动条件。

【实例 7】圆柱绕流瞬态计算

本实例利用 Fluent 计算层流圆柱绕流，并对计算结果进行验证。计算模型及尺寸如图 3-110 所示。

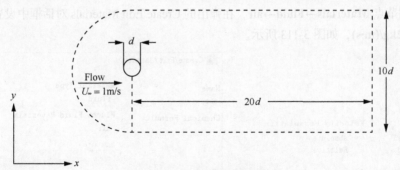

图 3-110　计算模型示意图

计算参数如表 3-2 所示。

表 3-2　计算参数

密度	黏度	圆柱直径 d	边界条件
1kg/m^3	0.02kg/(m·s)	2m	$U=1\text{m/s}$

雷诺数为 100，流动为层流流动。为获取绕流过程中圆柱壁面的升力系数，本实例采用瞬态计算。利用 FFT 确定其振荡频率及 Strouhal 数。

Strouhal 数定义为

$$S = \frac{N \cdot d}{U_\infty}$$

式中，N 为频率，d 为圆柱直径，U 为来流速度。

01 启动 Fluent 并读取网格

（1）以 **2D**、**Double Precision** 模式开启 Fluent。

（2）读取 case 文件。

计算网格如图 3-111 所示。

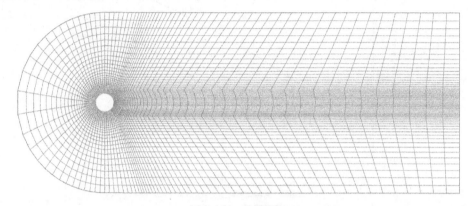

图 3-111 计算网格

02 常规参数设置

选择模型树节点 **General**，右侧面板中各参数采用默认设置，如图 3-112 所示。

> 🌐 注意：
>
> 本实例考虑的是圆柱发生绕流后的涡脱落频率，因此可以先计算稳态，然后在稳态计算基础上计算瞬态。

03 材料属性设置

双击模型树节点 **Materials→Fluid→air**，在弹出的 Create/Edit Materials 对话框中设置 **Density** 为 **1kg/m³**，**Viscosity** 为 **0.02kg/(m·s)**，如图 3-113 所示。

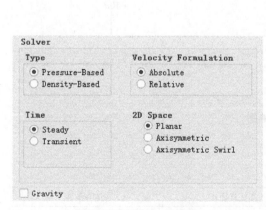

图 3-112 General 设置

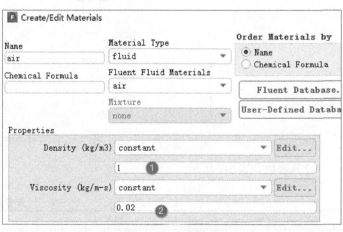

图 3-113 材料参数

04　边界条件设置

（1）双击模型树节点 **Boundary Conditions→inlet**，在弹出的 Velocity Inlet 对话框中设置 **Velocity Specification Method** 为 **Magnitude and Direction**，如图 3-114 所示。

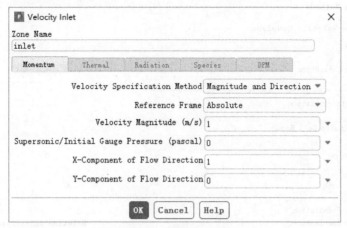

图 3-114　设置入口速度

（2）设置 **Velocity Magnitude** 为 **1m/s**，单击 **OK** 按钮关闭对话框。

（3）右击模型树节点 **Boundary Conditions→top**，在弹出的快捷菜单中选择 **Type→velocity-inlet** 命令，在弹出的对话框中按图 3-114 所示设置参数。

（4）右击模型树节点 **Boundary Conditions→bottom**，在弹出的快捷菜单中选择 **Type→velocity-inlet** 命令，在弹出的对话框中按图 3-114 所示设置参数。

（5）右击模型树节点 **Boundary Conditions→outlet**，在弹出的快捷菜单中选择 **Type→pressure-outlet** 命令，将边界类型修改为压力出口，在弹出的对话框中保持默认参数设置。

05　参考值设置

选择模型树节点 **Reference Values**，在右侧面板中设置 **Compute from** 为 **inlet**，如图 3-115 所示。

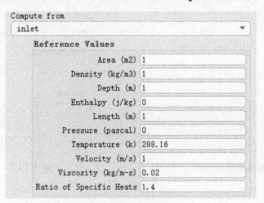

图 3-115　参考值

06　方法设置

（1）双击模型树节点 **Methods**，弹出 Solution Methods 对话框。

（2）设置 **Pressure-Velocity Coupling** 中的 **Scheme** 为 **PISO**。

（3）设置 **Pressure** 为 **Second Order**，设置 **Momentum** 为 **QUICK**。

（4）设置 **Transient Formulation** 为 **Second Order Implicit**。

（5）选择 **Non-Iterative Time Advancement** 及 **Warped-Face Gradient Correction** 选项，如图 3-116 所示。

07 初始化

选择模型树节点 **Initialization**，在右侧面板中单击 **Initialize** 按钮进行初始化，如图 3-117 所示。

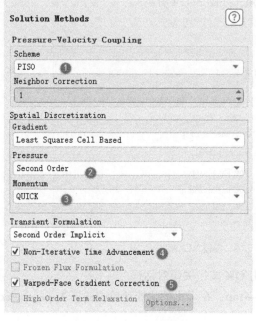

图 3-116　Method 设置

图 3-117　初始化设置

08 计算

选择模型树节点 **Run Calculation**，在右侧面板中设置 **Number of Iterations** 为 **500**，单击 **Calculate** 按钮开始计算，如图 3-118 所示。

09 常规参数设置

选择模型树节点 **General**，在右侧面板中选择 **Transient** 选项，采用瞬态计算，如图 3-119 所示。

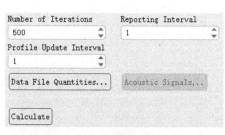

图 3-118　设置稳态迭代计算

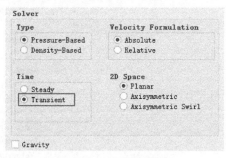

图 3-119　General 设置

10 输出设置

监控圆柱面上的升力系数。

（1）右击模型树节点 **Report Definitions**，在弹出的快捷菜单中选择 **New→Force Report→Lift** 命令，弹出 Lift Report Definition 对话框，如图 3-120 所示。

（2）设置 **Name** 为 **lift**。

（3）选择 **Wall Zones** 列表中的 **cylinder** 选项。

（4）选择 **Report File** 和 **Report Plot** 及 **Print to Console** 选项。

（5）单击 **OK** 按钮关闭对话框。

注意：
后面利用这里输出的监测文件来计算涡脱落频率。

11　输出形式设置

（1）双击模型树节点 **Monitors→Report Files→lift-rfile**，如图 3-121 所示。

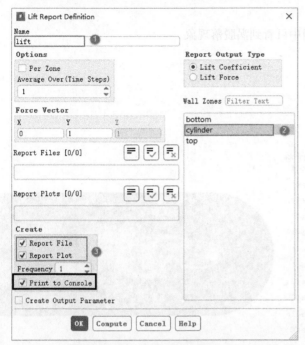

图 3-120　设置升力系数输出

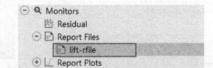

图 3-121　模型树节点

（2）在弹出的 Edit Report File 对话框中设置 **Get Data Every** 为 **flow-time**，如图 3-122 所示。

12　设置自动保存

（1）双击模型树节点 **Calculation Activities→Autosave**，弹出图 3-123 所示的 Autosave 对话框。

（2）设置 **Save Data File Every** 为 **100**。

（3）单击 **OK** 按钮关闭对话框。

图 3-122　修改输出形式

图 3-123　设置自动保存

13 设置计算参数

（1）选择模型树节点 **Run Calculation**，在右侧面板中设置 **Time Step Size** 为 **0.01s**，**Number of Time Steps** 为 **20000**，**Max Iterations/Time Step** 为 **50**，如图 3-124 所示。

（2）单击 **Calculate** 按钮进行初始化。

14 计算数据处理

图 3-125 所示为 183.9s 时的涡量分布，从图中可看到涡脱落现象。

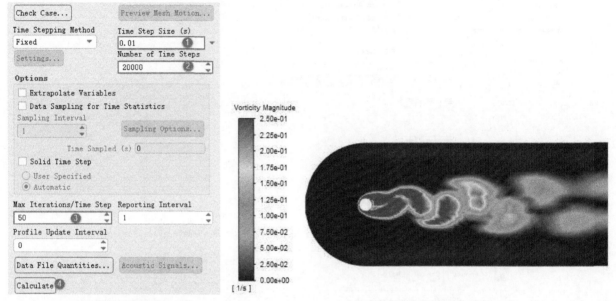

图 3-124　计算参数　　　　　　　　　　　图 3-125　涡量分布

利用 FFT 分析得到涡脱落频率及 Strouhal 数。

（1）双击模型树节点 **Results→Plots→FFT**，弹出 Fourier Transform 对话框，如图 3-126 所示。单击 **Load Input File** 按钮加载升力监控数据 **lift-rfile.out**，采用默认设置，单击 **Plot FFT** 按钮显示图形。

图 3-126　FFT 变换操作对话框

 注意：

可以将 lift-rfile.out 文件中涡脱落之前的数据去除，以减小数据处理工作量。

（2）单击 **Axes** 按钮弹出 Axes-Fourier Transform 对话框，取消选择 **Auto Range** 选项，设置 **Maximum** 为 **0.5**，单击 **Apply** 按钮，如图 3-127 所示。

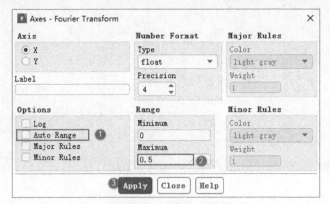

图 3-127 设置坐标参数

重新显示图形，如图 3-128 所示，可以看出频率约为 0.8Hz。

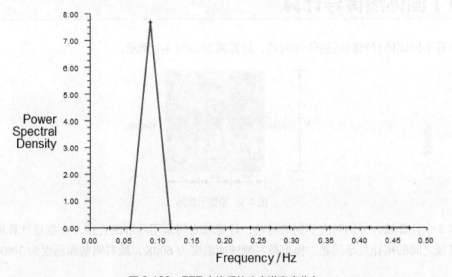

图 3-128 FFT 变换后的功率谱密度分布

（3）可设置 X 轴为 Strouhal Number，图形显示如图 3-129 所示。

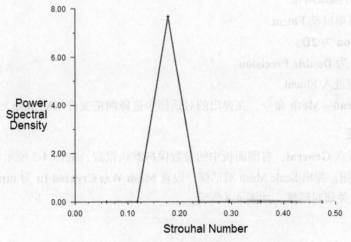

图 3-129 FFT 变换后的功率谱密度随 Strouhal 数分布

可看出 Strouhal 数约为 0.2，要获取精确的 Strouhal 数，可选择图 3-126 中的 **Write FFT to File** 选项输出计算结果，找出 Power Spectral Density 最大值对应的 Strouhal 数，其值为 0.178。

第4章 传热模拟

本章通过实例讲解利用 Fluent 求解常见的热传导、对流及热辐射三种传热方式的模拟过程。

【实例1】固体热传导计算

本实例计算不同固体材料间的热传导问题，计算模型如图 4-1 所示。

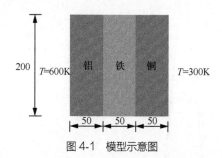

图 4-1　模型示意图

实例包含 3 个计算域，分别对应不同的材料，计算域之间采用内部面连接。在创建计算域几何模型时，需要注意计算域之间的拓扑共享问题。模型最左侧壁面温度为 600K，最右侧壁面温度为 300K，其他边界为绝热边界。

计算网格如图 4-2 所示。

01　启动 Fluent 并读取网格

（1）从"开始"菜单启动 Fluent。

（2）选择 **Dimension** 为 **2D**。

（3）设置 **Options** 为 **Double Precision**。

（4）单击 **OK** 按钮进入 Fluent。

（5）执行 **File→Read→Mesh** 命令，在弹出的对话框中选择网格文件 **EX1.msh**，将其打开。

02　常规参数设置

（1）选择模型树节点 **General**，右侧面板中的参数保持默认设置，如图 4-3 所示。

（2）单击 **Scale** 按钮，弹出 Scale Mesh 对话框，设置 **Mesh Was Created In** 为 **mm**，单击 **Scale** 按钮缩放网格，单击 **Close** 按钮关闭对话框，如图 4-4 所示。

03　模型设置

本实例采用 Spalart-Allmaras 湍流模型。

双击模型树节点 **Models→Energy**，弹出 Energy 对话框，选择 **Energy Equation** 选项以激活能量方程，如图 4-5 所示。

图 4-2　计算网格

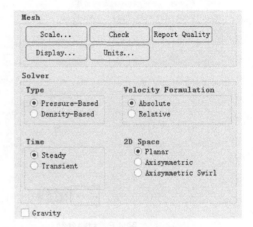

图 4-3　General 设置

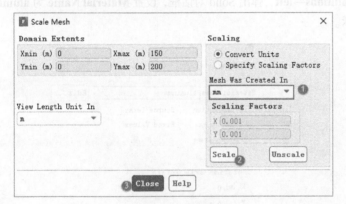

图 4-4　缩放网格

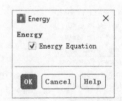

图 4-5　激活能量方程

 提示：

固体域中的传热仅能考虑热传导。

04　材料属性设置

默认情况下，Fluent 设置固体域材料为 aluminum。本实例需要添加材料铜和铁，可以从材料库中直接添加。

（1）双击模型树节点 **Materials→Solid→aluminum**，弹出 Create/Edit Materials 对话框。

（2）在 Create/Edit Materials 对话框中单击 **Fluent Database** 按钮，打开 Fluent Database Materials 对话框，如图 4-6 所示。设置 **Material Type** 为 solid，选择 **copper** 及 **steel**，单击 **Copy** 按钮添加材料。材料添加完毕后的模型树节点如图 4-7 所示。

05　计算域属性设置

指定计算域材料。

（1）选择模型树节点 **Cell Zone Conditions** 下的子节点 **left**、**mid** 及 **right** 并右击，在弹出的快捷菜单中选择 **Type→solid** 命令，将计算域类型设置为固体域，如图 4-8 所示。

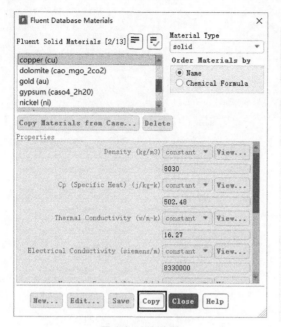

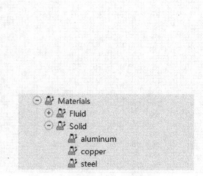

图 4-6　材料参数　　　　　　　　　　　图 4-7　添加材料后的模型树节点

（2）双击模型树节点 **Cell Zone Conditions→left**，弹出 Solid 对话框，设置 **Material Name** 为 **aluminum**，单击 **OK** 按钮关闭对话框，如图 4-9 所示。

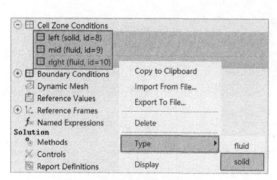

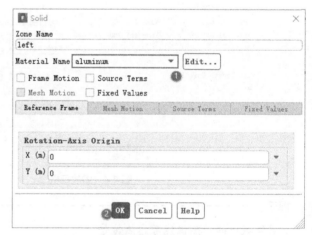

图 4-8　设置计算域类型为固体域　　　　　　　　图 4-9　设置材料

（3）双击模型树节点 **Cell Zone Conditions→mid**，弹出 Solid 对话框，设置 **Material Name** 为 **steel**，单击 **OK** 按钮关闭对话框。

（4）双击模型树节点 **Cell Zone Conditions→right**，弹出 Solid 对话框，设置 **Material Name** 为 **copper**，单击 **OK** 按钮关闭对话框。

06　边界条件设置

本实例涉及的边界较多，其中包含一些软件自动生成的边界。网格划分过程中实现了节点对齐，因此，可以将一些面修改为内部面。

（1）选择模型树节点 **geom:002** 及 **geom:004** 并右击，在弹出的快捷菜单中选择 **Type→interior** 命令，将边界类型设置为内部面，如图 4-10 所示。

（2）双击模型树节点 **Boundary Conditions→wall_left**，弹出 Wall 对话框，如图 4-11 所示，设置 **Thermal Conditions** 为 **Temperature**，设置 **Temperature** 为 **600K**，单击 OK 按钮。

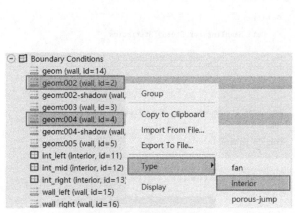

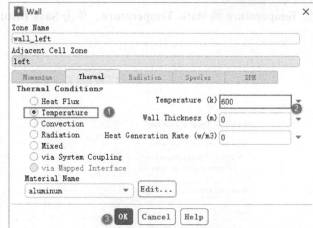

图 4-10 修改边界类型　　　　　　　　　　　图 4-11 设置左边边界条件

（3）双击模型树节点 Boundary Conditions→wall_right，弹出 Wall 对话框，设置 Thermal Conditions 为 Temperature，设置 Temperature 为 300K，如图 4-12 所示，单击 OK 按钮。

07　取消流动方程

选择模型树节点 Solution→Controls，在右侧面板中单击 Equations 按钮，弹出 Equations 对话框，如图 4-13 所示，取消选择 Flow 选项，然后单击 OK 按钮关闭对话框。

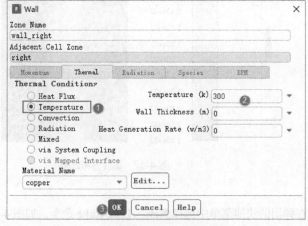

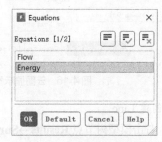

图 4-12 设置右边边界条件　　　　　　　　　图 4-13 设置求解方程

 提示：

本实例中仅计算热传导，不计算流体流动，因此可以取消 Flow 方程。

08　初始化

（1）选择模型树节点 Initialization，在右侧面板中选择 Hybrid Initialization 选项，如图 4-14 所示。

（2）单击 Initialize 按钮进行初始化。

09　开始计算

（1）选择模型树节点 Run Calculation。

（2）在右侧面板中设置 Number of Iterations 为 500，单击 Calculate 按钮开始计算，如图 4-15 所示。

10　计算结果

1. 温度云图

双击模型树节点 Results→Graphics→Contours，弹出图 4-16 所示的 Contours 对话框，选择 Contours of

为 **Temperature** 和 **Static Temperature**，单击 **Save/Display** 按钮显示云图。云图显示如图 4-17 所示。

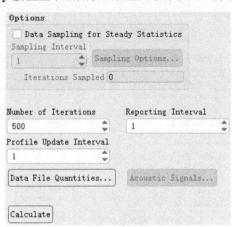

图 4-14　初始化计算

图 4-15　设置计算参数

图 4-16　云图显示参数

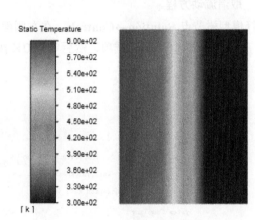

图 4-17　温度分布云图

2．创建 Line

（1）右击模型树节点 **Results→Surfaces**，在弹出的快捷菜单中选择 **New→Line/Rake** 命令，如图 4-18 所示。

（2）在打开的 Line/Rake Surface 对话框中，设置 **New Surface Name** 为 **y=0.1**，设置点坐标为（0，0.1）及（0.15，0.1），单击 **Create** 按钮创建线，如图 4-19 所示。

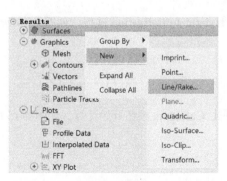

图 4-18　创建线

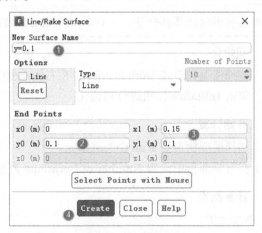

图 4-19　设置线参数

3. 创建温度分布曲线

双击模型树节点 **Results→Plots→XY Plot**，弹出 Solution XY Plot 对话框，按图 4-20 所示的参数进行设置。温度分布曲线如图 4-21 所示。

图 4-20　曲线绘制参数

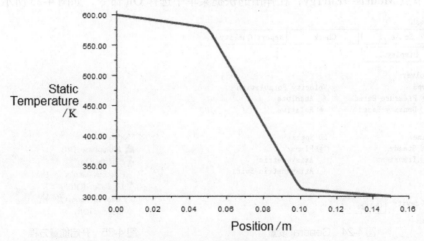

图 4-21　温度分布曲线

【实例 2】各向异性导热计算

本实例演示具有各相异性导热率的固体中的热传导现象。实例模型为边长 1m 的正方形，两侧壁面温度分别为 100K 和 200K，上表面及底部温度采用 UDF 进行指定，计算模型如图 4-22 所示。

上、下两表面温度分布为

$$T = \begin{cases} 100 + 100x, & y < 0.5, \\ 100 + 100x^2, & y \geqslant 0.5. \end{cases}$$

温度分布如图 4-23 所示，其中 bottom 为下表面，top 为上表面。

01　启动 Fluent 并读取网格

（1）以 **2D**、**Double Precision** 模式启动 Fluent。

（2）执行 **File→Read→Mesh** 命令，读取网格文件 **EX2.msh**。

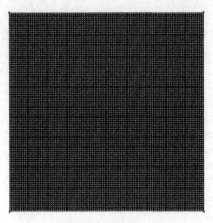

图 4-22　计算模型

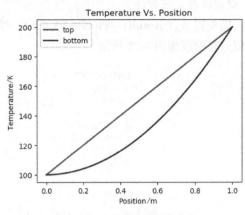

图 4-23　上下两表面温度分布

02　常规参数设置

General 保持默认设置即可，如图 4-24 所示。

03　模型设置

在 Models 节点中开启能量方程。

右击模型树节点 **Models→Energy**，在弹出的快捷菜单中选择 **On** 命令，如图 4-25 所示。

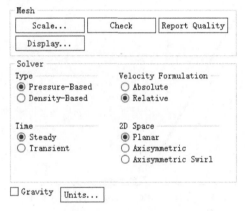

图 4-24　General 设置

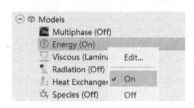

图 4-25　开启能量方程

04　材料属性设置

（1）右击模型树节点 **Materials→Solid→aluminum**，在弹出的快捷菜单中选择 **Edit** 命令，如图 4-26 所示，打开 Create/Edit Materials 对话框。

（2）在 Create/Edit Materials 对话框中设置 **Thermal Conductivity** 为 **anisotropic**，单击右侧的 **Edit** 按钮，如图 4-27 所示。

（3）在弹出的 Anisotropic Conductivity 对话框中输入各向异性分量，设置 **Conductivity** 为 **1W/(m·K)**，如图 4-28 所示。单击 **OK** 按钮关闭对话框，返回至 Create/Edit Materials 对话框。

（4）单击 **Change/Create** 按钮修改材料参数，单击 **Close** 按钮关闭对话框。

注意：--

　　这里利用张量矩阵来描述各向异性导热系数。二维模型中指定 4 个分量，三维模型中需指定 9 个分量。

05　计算域属性设置

双击模型树节点 **Cell Zone Conditions**，弹出 Solid 对话框，保持默认设置即可，如图 4-29 所示。

图 4-27 设置各向异性导热率

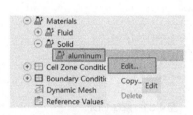

图 4-26 修改材料

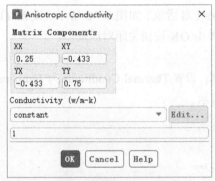

图 4-28 设置各向异性导热系数

图 4-29 设置计算区域

06 解释并读取 UDF

（1）编写 UDF 文件。

```c
#include "udf.h"
DEFINE_PROFILE(prof_aniso, t, i)
{
  real x[3], xc, yc;
  real sum;
  face_t f;
  begin_f_loop(f,t)
  {
    F_CENTROID(x,f,t);
    xc = x[0];
    yc = x[1];
    if(yc < 0.5)
        sum = xc;
    else
        sum = xc*xc;
    sum = 100.+sum*100.;
    F_PROFILE(f,t,i) = sum;
  }
  end_f_loop(f,t)
}
```

（2）右击模型树节点 **User Defined Functions**，在弹出的快捷菜单中选择 **Interpreted** 命令，如图 4-30 所示。

（3）在弹出的 Interpreted UDFs 对话框中选择 UDF 源文件，单击 **Interpret** 按钮解释 UDF，如图 4-31 所示。

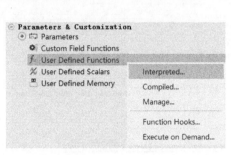

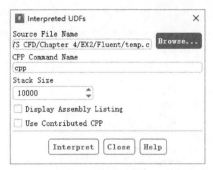

图 4-30 解释 UDF   图 4-31 解释 UDF

07 设置边界条件

1. bottom 边界设置

双击模型树节点 **Boundary Conditions→bottom**，弹出 Wall 对话框，如图 4-32 所示，设置 **Thermal Conditions** 为 **Temperature**，**Temperature** 为 **udf prof_aniso**，单击 **OK** 按钮关闭对话框。

2. left 边界设置

双击模型树节点 **Boundary Conditions→left**，弹出 Wall 对话框，设置 **Thermal Conditions** 为 **Temperature**，**Temperature** 为 **100K**，单击 **OK** 按钮关闭对话框，如图 4-33 所示。

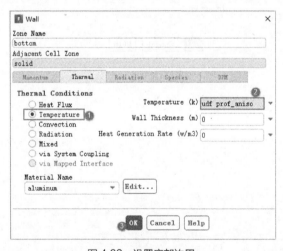

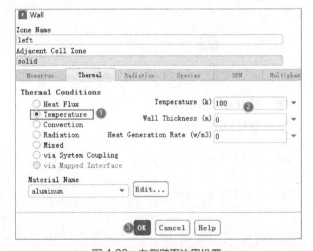

图 4-32 设置底部边界   图 4-33 左侧壁面边界设置

3. right 边界设置

双击模型树节点 **Boundary Conditions→right**，弹出 Wall 对话框，设置 **Thermal Conditions** 为 **Temperature**，**Temperature** 为 **200K**，单击 **OK** 按钮关闭对话框，如图 4-34 所示。

4. top 边界设置

双击模型树节点 **Boundary Conditions→top**，弹出 Wall 对话框，设置 **Thermal Conditions** 为 **Temperature**，**Temperature** 为 **udf prof_aniso**，单击 **OK** 按钮关闭对话框，如图 4-35 所示。

08 初始化

右击模型树节点 **Initialization**，在弹出的快捷菜单中选择 **Initialize** 命令，进行初始化，如图 4-36 所示。

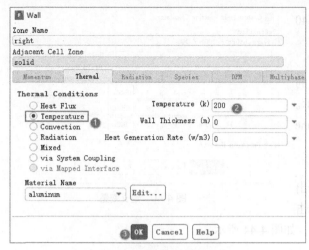

图 4-34　右侧壁面边界设置　　　　　　　图 4-35　顶部边界设置

09　计算参数设置

（1）选择模型树节点 **Run Calculation**，在右侧面板中设置 **Number of Iterations** 为 200，如图 4-37 所示。

（2）单击 **Calculate** 按钮开始计算。

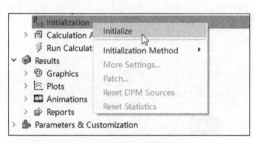

图 4-36　计算初始化

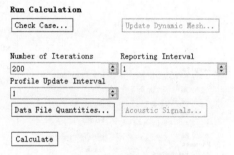

图 4-37　设置迭代参数

10　计算结果

1. 温度分布

双击模型树节点 **Results→Graphics→Contours**，在弹出的对话框中选择 **Temperature** 显示，温度分布如图 4-38 所示。

2. 定义变量

（1）右击节点 **Custom Field Functions**，在弹出的快捷菜单中选择 **New** 命令，新建变量，如图 4-39 所示。

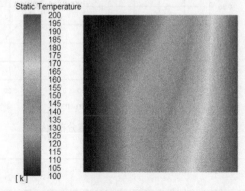

图 4-38　温度分布

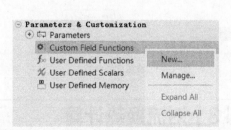

图 4-39　新建变量

（2）新建变量 t* = (temperature-100)/100，如图 4-40 所示。

3. 创建 Line

（1）右击模型树节点 **Results→Surfaces**，在弹出的快捷菜单中选择 **New→Line/Rake** 命令，如图 4-41 所示。

（2）在弹出的 Line/Rake Surface 对话框中设置 Line 参数，单击 **Save** 按钮创建 Line，如图 4-42 所示。

4. 显示物理量分布

双击模型树节点 **Results→Plots→XY Plot**，弹出 Solution XY Plot 对话框，按图 4-43 所示设置参数，单击 **Save/Plot** 按钮显示图形。生成温度随位置变化的曲线，如图 4-44 所示。

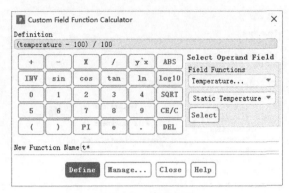

图 4-40　定义变量

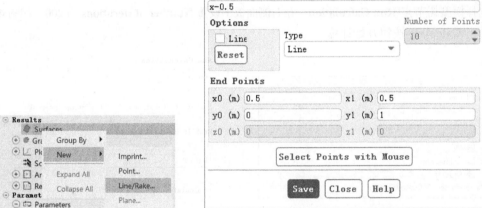

图 4-41　新建 Line

图 4-42　设置参数

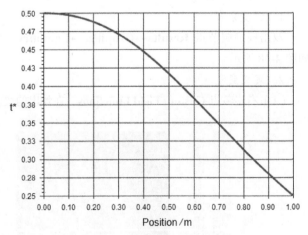

图 4-43　设置曲线参数

图 4-44　相对温度分布曲线

【实例 3】对流换热计算

本实例演示流体对流换热问题模拟流程。

实例计算模型的 T 型管包含两个入口，其流速与温度如图 4-45 所示，出口采用自由出流方式，计算获取温度及速度分布。

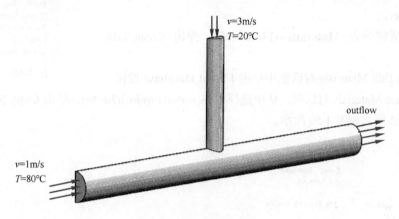

图 4-45　计算模型示意图

考虑到模型的对称性，本实例取模型的一半作为计算域。

01　读取计算网格

（1）以 **3D**、**Double Precision** 模式启动 Fluent。

（2）执行 **File→Read→Mesh** 命令，读取网格文件 **EX3.msh**，计算网格如图 4-46 所示。

02　修改单位

（1）双击模型树节点 **General**，单击 **Units** 按钮弹出 Set Units 对话框，如图 4-47 所示。

（2）设置 **temperature** 的单位为℃，单击 **Close** 按钮关闭对话框。

图 4-46　计算网格

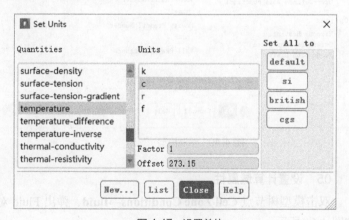

图 4-47　设置单位

> **注意:**
> 这里设置的单位只是方便后续的参数设置，并不会影响计算过程。

03　选择模型

实例涉及温度计算，需激活能量方程；流动为湍流流动，故需开启湍流模型。

（1）右击模型树节点 **Models→Energy**，在弹出的快捷菜单中选择 **On** 命令，开启能量方程，如图 4-48 所示。

（2）双击模型树节点 **Models→Viscous**，弹出 Viscous Model 对话框，选择 **k-epsilon** 和 **Realizable** 选项，

其他选项保持默认设置，单击 **OK** 按钮关闭对话框，如图 4-49 所示。

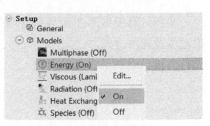

图 4-48　开启能量方程

04　设置材料属性

添加材料 water。

（1）双击模型树节点 **Materials→Fluid→air**，弹出 Create/Edit Materials 对话框。

（2）在 Create/Edit Materials 对话框中单击 **Fluent Database** 按钮，打开 Fluent Database Materials 对话框，从中选择材料 **water-liquid(h2o<l>)**，单击 **Copy** 按钮添加材料，单击 **Close** 按钮关闭对话框，如图 4-50 所示。

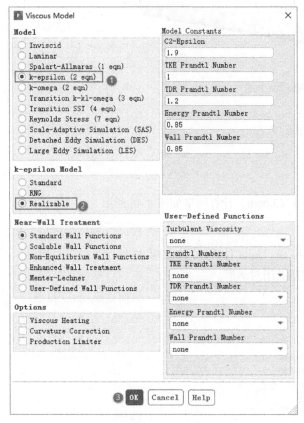

图 4-49　湍流模型

图 4-50　添加材料

05　设置计算域属性

双击模型树节点 **Cell Zone Conditions→fluid**，弹出 Fluid 对话框，设置 **Material Name** 为 **water-liquid**，如图 4-51 所示。

06　设置边界条件

1. inlet1 边界设置

（1）双击模型树节点 **Boundary Conditions→inlet1**，弹出 Velocity Inlet 对话框，指定速度为 **1m/s**，如图 4-52 所示。

（2）切换至 **Thermal** 选项卡，指定 **Temperature** 为 **80℃**，如图 4-53 所示。

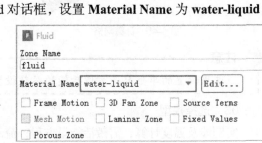

图 4-51　设置计算区域

2. inlet2 边界设置

（1）双击模型树节点 **Boundary Conditions→inlet2**，弹出 Velocity Inlet 对话框，设置 **Velocity Magnitude**

为 **3m/s**，如图 4-54 所示。

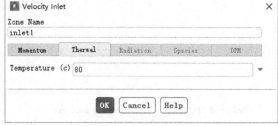

图 4-52　指定 inlet1 入口速度　　　　　　　图 4-53　指定 inlet1 入口温度

（2）切换至 **Thermal** 选项卡，指定 **Temperature** 为 **20℃**，如图 4-55 所示。

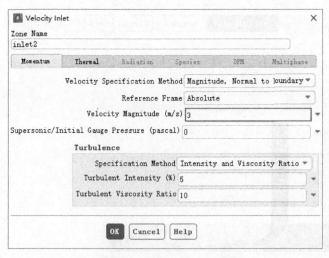

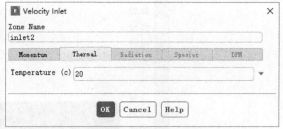

图 4-54　指定 inlet2 入口速度　　　　　　　图 4-55　指定 inlet2 入口温度

（3）确保 **outflow** 边界类型为 **outflow**，**symmetry** 边界类型为 **symmetry**。

> **注意：**
> 　　本实例涉及的其他边界包括 outflow 及 wall。其中 wall 边界采用默认光滑无滑移壁面，假设其为绝热边界；outflow 边界采用默认设置。

07　初始化

选择模型树节点 **Solution→Initialization**，在右侧面板中选择 **Hybrid Initialization** 选项，单击 **Initialize** 按钮开始初始化，如图 4-56 所示。

08　设置计算参数

选择模型树节点 **Solution→Run Calculation**，在右侧面板中设置 **Number of Iterations** 为 **500**，单击 **Calculate** 按钮开始计算，如图 4-57 所示。

图 4-56　初始化操作

09 计算结果

双击模型树节点 **Results→Graphics→Contours**，弹出 Contours 对话框，如图 4-58 所示。设置 **Contours of** 为 **Temperature** 及 **Static Temperature**，**Surfaces** 为 **symmetry**，单击 **Save/Display** 按钮显示温度。对称面上的温度分布如图 4-59 所示。

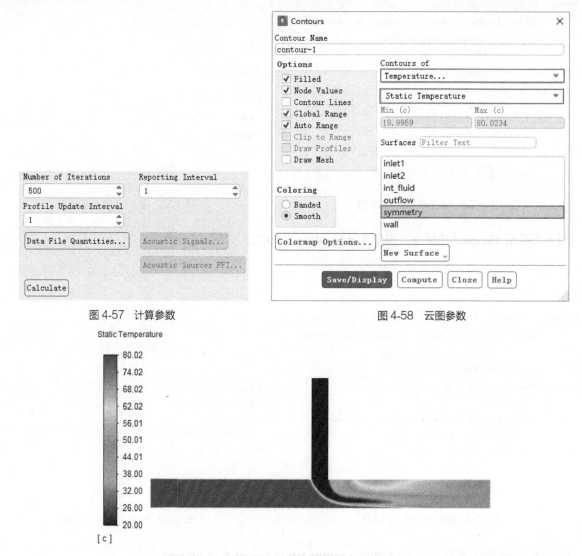

图 4-57 计算参数   图 4-58 云图参数

图 4-59 对称面上温度分布

【实例 4】自然对流计算

本实例演示利用 Fluent 计算自然对流换热问题的模拟流程。

实例几何模型示意图如图 4-60 所示。两个同心圆管，其中内管半径 17.8mm、温度 373K，外管半径 46.25mm、温度 327K。

管道间环形空间内的介质黏度为 2.081×10^{-5} kg/(m·s)，比热容为 1008J/(kg·K)，热传导率 0.02967W/(m·K)，气体为不可压缩理想气体。研究管道竖直轴线上的速度分布（图中的对称顶面和对称底面）。

01 启动 Fluent

（1）以 **2D**、**Double Precision** 模式启动 Fluent。

（2）执行 **File→Read→Mesh** 命令，读取网格文件。

02 常规参数设置

（1）选择模型树节点 **General**，在右侧面板中选择 **Gravity** 选项激活重力加速度。

（2）设置重力加速度为 **Y** 方向**−9.81m/s²**，如图 4-61 所示。

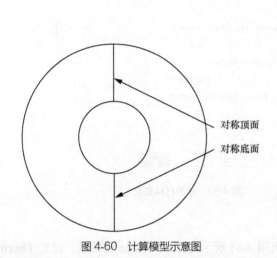

图 4-60 计算模型示意图

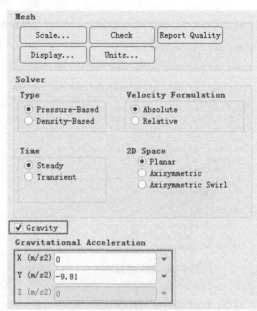

图 4-61 设置重力加速度

 注意：

> 计算自然对流问题，必须考虑重力加速度。

03 模型设置

右击模型树节点 **Models→Energy**，在弹出的快捷菜单中选择 **On** 命令，激活能量方程，如图 4-62 所示。

 注意：

> 自然对流问题必须考虑能量方程。

04 材料属性设置

（1）双击模型树节点 **Materials→Fluid→air**，弹出 Create/Edit Materials 对话框，如图 4-63 所示。

（2）设置 **Density** 为 **incompressible-ideal-gas**。

（3）设置 **Cp** 为 **1008J/(kg·K)**。

（4）设置 **Thermal Conductivity** 为 **0.02967W/(m·K)**。

（5）设置 **Viscosity** 为 **2.081×10⁻⁵kg/(m·s)**。

（6）单击 **Change/Create** 按钮修改参数。

（7）单击 **Close** 按钮关闭对话框。

05 设置边界条件

1. bot_symm 及 top_symm

选择模型树节点 **Boundary Conditions** 下的子节点 **bot_symm** 及 **top_symm** 并右击，在弹出的快捷菜单中选择 **Type→symmetry** 命令，将其边界类型设置为对称边界，如图 4-64 所示。

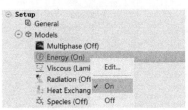

图 4-62　激活能量方程　　　　　　　　　图 4-63　修改材料参数

2. 设置 inner 边界

双击模型树节点 **Boundary Conditions→inner**，弹出图 4-65 所示的 Zone Name 对话框，设置 **Thermal Conditions** 为 **Temperature**，**Temperature** 为 **373K**，单击 **OK** 按钮关闭对话框。

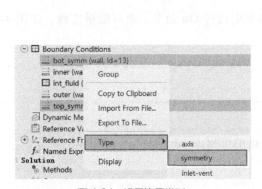

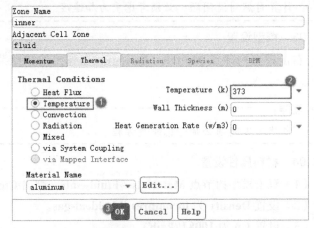

图 4-64　设置边界类型　　　　　　　　　图 4-65　设置 inner 边界

3. 设置 outer 边界

双击模型树节点 **Boundary Conditions→outer**，弹出 Wall 对话框，设置 **Thermal Conditions** 为 **Temperature**，**Temperature** 为 **327K**，单击 **OK** 按钮关闭对话框，如图 4-66 所示。

06　初始化

右击模型树节点 **Initialization**，在弹出的快捷菜单中选择 **Initialize** 命令，进行初始化，如图 4-67 所示。

07　计算

（1）选择模型树节点 **Run Calculation**，在右侧面板中设置 **Number of Iterations** 为 **300**，如图 4-68 所示。

（2）单击 **Calculate** 按钮开始迭代计算。

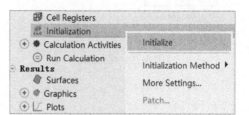

图 4-66 设置 outer 边界   图 4-67 初始化计算

08 验证结果

1. 温度云图分布

（1）双击模型树节点 **Results→Graphics→Contours**，弹出 Contours 对话框，设置 **Contours of** 为 **Temperature** 及 **Static Temperature**，单击 **Save/Display** 按钮显示温度，如图 4-69 所示。

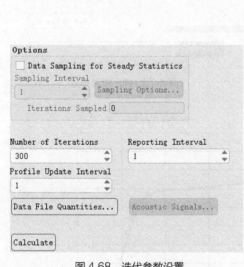

图 4-68 迭代参数设置

图 4-69 设置云图显示

（2）单击功能区 **View** 选项卡 **Display** 工具组中的 **Views** 按钮，如图 4-70 所示。

（3）弹出 Views 对话框，如图 4-71 所示，选中 **Mirror Planes** 列表框中的 **top_symm** 及 **bot_symm** 选项，单击 **Apply** 按钮显示镜像后的云图，温度分布云图如图 4-72 所示。

2. 顶部对称面温度分布验证

双击模型树节点 **Results→Plots→XY Plot**，弹出 Solution XY Plot 对话框，设置 **Plot Direction** 为 *Y* 方向，指定 **Y Axis Function** 为 **Temperature**，选中 **top_symm** 选项，单击 **Load File** 按钮加载实验数据 top.xy，单击 **Save/Plot** 按钮显示图形，如图 4-73 所示。显示的计算数据与实验测量值验证图形如图 4-74 所示。

图 4-70　视图按钮

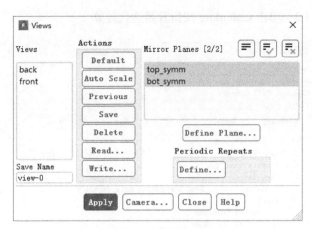

图 4-71　设置视图

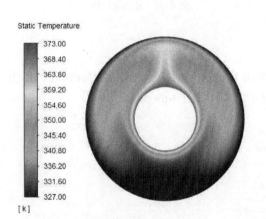

图 4-72　温度分布云图

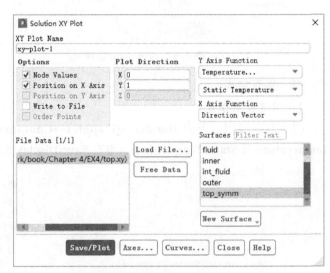

图 4-73　图形设置参数

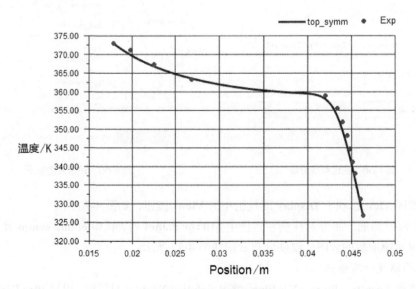

图 4-74　顶部对称面验证图形

3．底部对称面温度分布

与前面的步骤相同，底部对称面验证图形如图 4-75 所示。

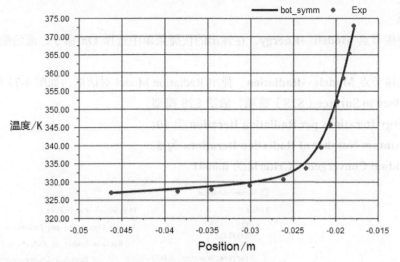

图 4-75　底部对称面验证图形

【实例 5】S2S 辐射换热计算

本实例演示利用 Fluent 中的 S2S 辐射模型，计算两同心圆柱壁面之间的换热问题。Fluent 中提供的 S2S 模型不考虑辐射面与接受面之间的介质对辐射的影响，其利用角系数方法计算辐射换热量，常用于真空热辐射、介质对辐射热影响较小条件下的辐射计算。

计算几何模型如图 4-76 所示。采用 S2S 计算存在温差的两固体壁面之间的热量传递。考虑模型的对称性，计算中只创建几何模型的一半即可。

计算条件包括：外壁半径 0.04625m，内壁半径 0.0178m，外壁面温度 300K，内壁面温度 700K。

实例不考虑流体流动。

01　Fluent 设置

（1）以 **2D**、**Double Precision** 模式启动 Fluent。

（2）执行 **File→Read→Mesh** 命令，读取网格文件 **EX5.msh**。

02　常规参数设置

选择模型树节点 **General**，右侧面板中的参数采用默认设置，如图 4-77 所示。

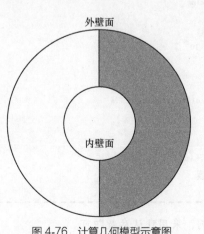

图 4-76　计算几何模型示意图

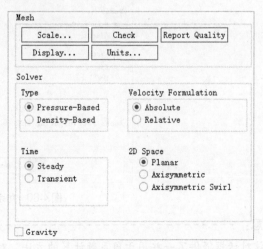

图 4-77　General 设置

03 模型设置

（1）右击模型树节点 **Models→Energy**，在弹出的快捷菜单中选择 **On** 命令，激活能量方程，如图 4-78 所示。

（2）双击模型树节点 **Models→Radiation**，弹出 Radiation Model 对话框，如图 4-79 所示。

（3）选择 **Surface to Surface**（**S2S**）选项，激活 S2S 模型。

（4）设置 **Energy Iterations per Radiation Iteration** 为 **10**。

（5）设置 **Maximum Number of Radiation Iterations** 为 **5**。

（6）设置 **Residual Convergence Criteria** 为 **0.0001**。

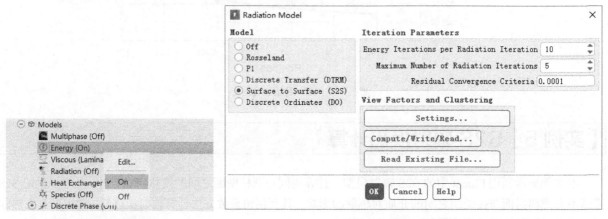

图 4-78　激活能量方程　　　　　　　　图 4-79　激活 S2S 模型

（7）单击 **Settings** 按钮进入 View Factors and Clustering 对话框，如图 4-80 所示，采用默认参数设置。

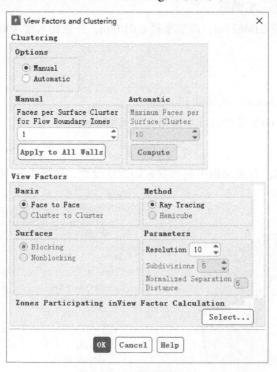

图 4-80　角系数参数设置

 注意:

　　该对话框提供了一些用于角系数计算的方法，对于本实例，采用默认参数即可。

（8）单击 **OK** 按钮关闭 View Factors and Clustering 对话框，返回至 Radiation Model 对话框，在 Radiation Model 对话框中单击 **Compute/Write/Read** 按钮，计算并保存角系数数据，如图 4-81 所示。

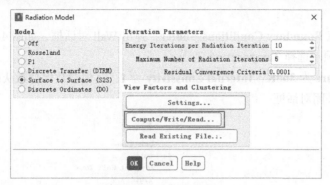

图 4-81　计算辐射参数

（9）单击 **OK** 按钮关闭 Radiation Model 对话框。

04　材料属性设置

（1）双击模型树节点 **Materials→Fluid→air**，弹出 Create/Edit Materials 对话框，如图 4-82 所示。

（2）设置 **Cp** 为 1008J/(kg·K)。

（3）设置 **Thermal Conductivity** 为 0.02967W/(m·K)。

（4）设置 **Viscosity** 为 2.081×10^{-5}kg/(m·s)。

（5）单击 **Change/Create** 按钮修改参数。

（6）单击 **Close** 按钮关闭对话框。

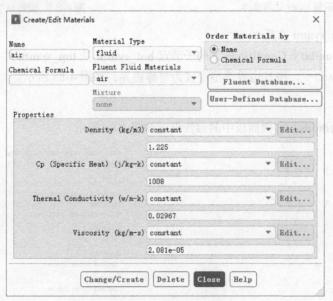

图 4-82　设置材料参数

注意：

S2S 模型并不会考虑材料对辐射的影响，材料参数中并不包含材料的热辐射参数。

05　边界条件设置

1. inner 边界设置

（1）双击模型树节点 **Boundary Conditions→inner**，弹出 Wall 对话框，如图 4-83 所示。

（2）在 **Thermal** 选项卡中选择 **Temperature** 选项。

（3）设置 **Temperature** 为 700K，**Internal Emissivity** 为 **1**，其他参数保持默认设置。

（4）单击 **OK** 按钮关闭对话框。

2. outer 边界设置

（1）双击模型树节点 **Boundary Conditions→outer**，弹出 Wall 对话框，如图 4-84 所示。

（2）在 **Thermal** 选项卡选择 **Temperature** 选项。

（3）设置 **Temperature** 为 300K，**Internal Emissivity** 为 **1**，其他参数保持默认设置。

（4）单击 **OK** 按钮关闭对话框。

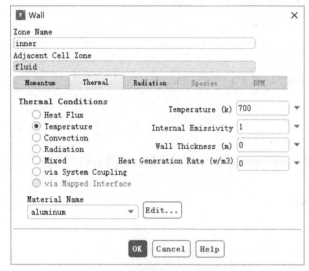

图 4-83　设置 inner 边界条件

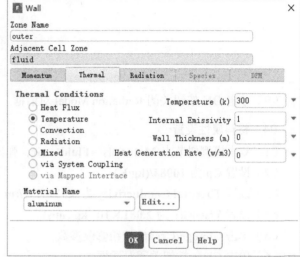

图 4-84　设置 outer 边界条件

3. bot_symm 及 top_symm 设置

选择模型树节点 **Boundary Conditions** 下的子节点 **bot_symm** 及 **top_symm** 并右击，在弹出的快捷菜单中选择 **Type→symmetry** 命令，将其边界类型设置为对称边界，如图 4-85 所示。

06　方法设置

选择模型树节点 **Methods**，右侧面板中的参数设置如图 4-86 所示。

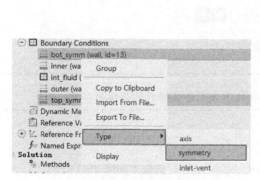

图 4-85　设置边界类型

图 4-86　设置计算方法

注意：
　　Coupled 方法的收敛性较好，但会占用较多的内存。

07　控制参数设置

（1）选择模型树节点 **Controls**，右侧面板中的参数设置如图 4-87 所示。

（2）单击 **Equations** 按钮，弹出 Equations 对话框，取消选择 **Flow** 选项，如图 4-88 所示。

图 4-87　控制参数　　　　　　　　　　　　　　　　图 4-88　选择计算方程

　注意：
　　取消 Flow 方程的选择，意味着不计算流体流动，但是仍然会考虑导热。

08　初始化

右击模型树节点 **Initialization**，在弹出的快捷菜单中选择 **Initialize** 命令，进行初始化，如图 4-89 所示。

09　设置迭代参数

（1）执行 **File→Read→View Factors** 命令，读入辐射模型保存的角系数文件。

（2）选择模型树节点 **Run Calculation**，在右侧面板中设置 **Number of Iterations** 为 **100**，如图 4-90 所示。

（3）单击 **Calculate** 按钮开始迭代计算。

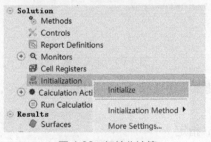

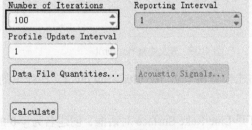

图 4-89　初始化计算　　　　　　　　　　　　　　　图 4-90　设置迭代参数

　注意：
　　本实例并未考虑流动计算。

10 计算结果

1. 温度分布

查看温度分布云图，如图 4-91 所示（图中进行了镜像显示）。

2. 半径方向上的温度验证

定义两个无量纲值：

$$\mathrm{nondimt} = \frac{T - T_i}{\Delta T} = \frac{T - 300}{400}$$

$$\mathrm{nondimr} = \frac{x - x_i}{\Delta x} = \frac{x - 0.0178}{0.02845}$$

（1）右击模型树节点 **Parameters & Customization→Custom Field Functions**，在弹出的快捷菜单中选择 **New** 命令，如图 4-92 所示。

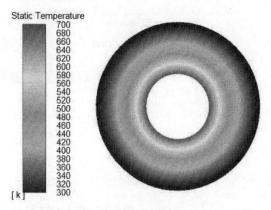

图 4-91 温度云图分布

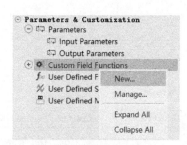

图 4-92 创建自定义变量

（2）在弹出的对话框中定义变量 **nondimt**，如图 4-93 所示。

（3）用相同的方式定义变量 nondimr，如图 4-94 所示。

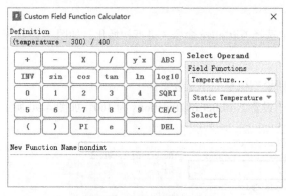

图 4-93 定义变量 nondimt

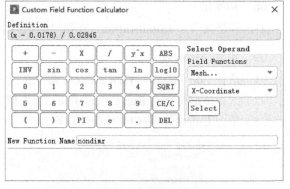

图 4-94 定义变量 nondimr

（4）右击模型树节点 **Results→Surfaces**，在弹出的快捷菜单中选择 **New→Line/Rake** 命令，如图 4-95 所示。

（5）打开 Line/Rake Surface 对话框，创建名为 **y-0** 的线，指定其坐标，单击 **Save** 按钮保存，然后单击 Close 按钮关闭对话框，如图 4-96 所示。

（6）双击模型树节点 **Results→Plots→XY Plot**，弹出 Solution XY Plot 对话框，如图 4-97 所示。

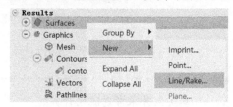

图 4-95 创建 Line

（7）取消选择 **Position on Y Axis** 选项。

（8）设置 **Y Axis Function** 为 **Custom Field Functions** 及 **nondimt**。

（9）设置 **X Axis Function** 为 **Custom Field Functions** 及 **nondimr**。

（10）选中 **Surfaces** 列表框中的 **y-0** 选项。

（11）单击 **Load File** 按钮加载实验数据 **Exp.xy**[①]。

（12）单击 **Save/Plot** 按钮。

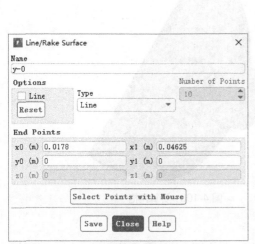

图 4-96 创建线

图 4-97 设置图形显示

半径方向上温度的验证结果如图 4-98 所示。

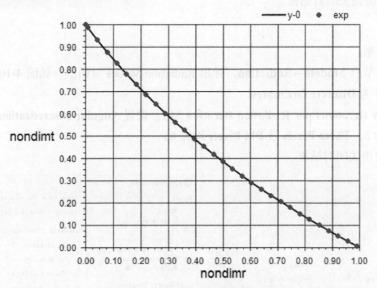

图 4-98 半径方向上的温度验证结果

【实例 6】车灯热辐射计算

本实例利用 Fluent 中的 DO 辐射模型计算汽车前大灯内的辐射及自然对流现象。

---

① 实验数据来源：Incropera F P, Dewitt D P. Fundamentals of Heat and Mass Transfer[M]. 4th ed. New York: John Wiley & Sons, Inc., 1996.

图 4-99 所示为汽车前大灯结构。其中灯泡功率为 40W，通过辐射及自然对流与外界交换热量。灯泡由玻璃制成，透镜、外壳和反光镜则由聚碳酸酯制成。

01　启动 Fluent 并读取网格

（1）以 **3D**、**Double Precision** 模式启动 Fluent。

（2）执行 **File→Read→Mesh** 命令，读取网格文件 **head-lamp.msh.gz**，网格如图 4-100 所示。

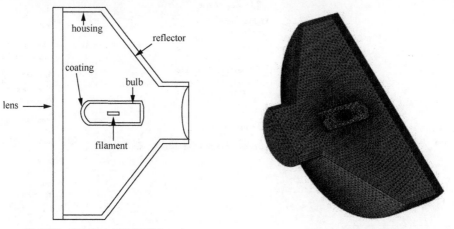

图 4-99　汽车前大灯几何模型　　　　　　　　图 4-100　计算网格

02　缩放网格

（1）选择模型树节点 **General**，单击右侧面板中的 **Scale** 按钮，弹出图 4-101 所示的 Scale Mesh 对话框。

（2）设置 **Mesh Was Created In** 为 **mm**，单击 **Scale** 按钮进行网格缩放。

（3）单击 **Close** 按钮关闭对话框。

03　模型设置

启动 DO 辐射模型。

（1）双击模型树节点 **Models→Radiation**，弹出 Radiation Model 对话框，如图 4-102 所示。

（2）设置 **Model** 为 **Discrete Ordinates**。

（3）设置 **Energy Iterations per Radiation Iteration** 为 **1**。设置 **Angular Discretization** 下的 **Theta Divisions** 及 **Phi Divisions** 均为 **3**，**Theta Pixels** 及 **Phi Pixels** 均为 **6**。

（4）单击 **OK** 按钮关闭对话框。

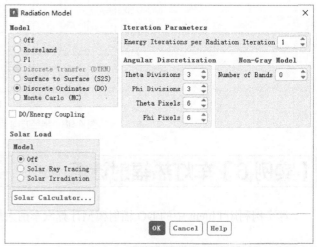

图 4-101　缩放网格　　　　　　　　　　　图 4-102　设置辐射模型

注意：
对于存在半透明介质的辐射问题，通常设置 **Theta Divisions** 及 **Phi Divisions** 不小于3，但该参数值越大，计算量越大。

04 材料属性设置

（1）右击模型树节点 **Materials**→**Solid**，在弹出的快捷菜单中选择 **New** 命令，新建材料，如图 4-103 所示。

（2）在弹出的 Create/Edit Materials 对话框中定义材料 **glass** 的各项属性，如图 4-104 所示。

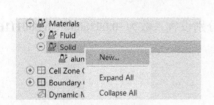

图 4-103　新建材料

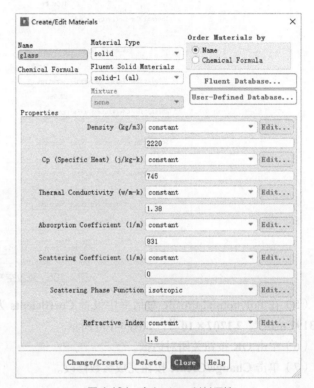

图 4-104　定义 glass 材料属性

用相同的方式定义其他材料，见表 4-1。

表 4-1　固体材料参数

名称 参数	polycarbonate	coating	socket
Density(kg/m³)	1200	2000	2719
Cp(J/kg · K)	1250	400	871
Thermal Conductivity(W/m · K)	0.3	0.5	0.7
Absorption Coefficient(1/m)	930	0	0
Scattering Coefficient(1/m)	0	0	0
Refractive Index	1.57	1	1

（3）双击模型树节点 **Materials**→**Fluid**→**air**，弹出 Create/Edit Materials 对话框，如图 4-105 所示。

（4）修改 **Density** 为 **incompressible-ideal-gas**，设置 **Thermal Conductivity** 为 **polynomial**，单击后面的 **Edit** 按钮编辑参数。

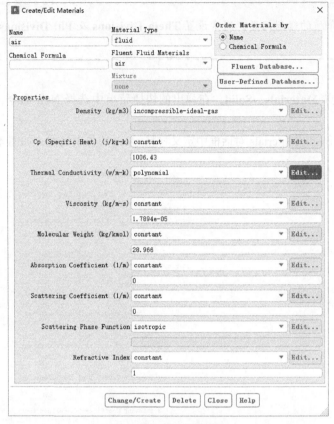

图 4-105　修改空气属性

（5）在 Polynomial Profile 对话框中设置 **Coefficients** 为 **4**，分别设置系数为 **−0.0020004**，**0.00011162**，**−6.3191 × 10⁻⁸**，**2.1207 × 10⁻¹¹**，如图 4-106 所示。

（6）单击 **OK** 按钮关闭对话框。

（7）单击 **Change/Create** 按钮完成参数修改。

> 注意：
>
> 由于计算域中温度范围为 350～2800K，在如此宽的温度范围内，空气的热传导率不应该是一个常数。这里将热传导率定义为温度的多项式函数。

05　计算域属性设置

为计算域指定材料。

（1）选择模型树节点 **Cell Zone Conditions**，右侧面板的列表框中显示了所有计算域，如图 4-107 所示。

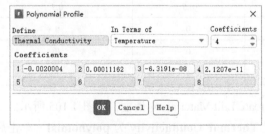

图 4-106　定义导热率

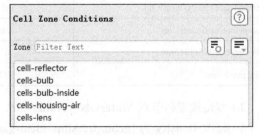

图 4-107　计算域列表

（2）双击 **cell-reflector** 选项，弹出 Solid 对话框，设置 **Material Name** 为 **polycarbonate**，选择 **Participates**

In Radiation 选项，单击 **OK** 按钮关闭对话框，如图 4-108 所示。

用相同的方式设置其他计算域材料，见表 4-2。

表 4-2　计算域材料

计算域	材料
cell-bulb	glass
cells-housing-air	air
cells-lens	polycarbonate
cells-bulb-inside	air

06　操作条件设置

（1）选择模型树节点 **Cells Zone Conditions**，单击右侧面板中的 **Operating Conditions** 按钮，弹出 Operating Conditions 对话框，如图 4-109 所示。

（2）选择 **Gravity** 选项，设置重力加速度为 Y 方向 -9.81m/s^2。

（3）单击 **OK** 按钮关闭对话框。

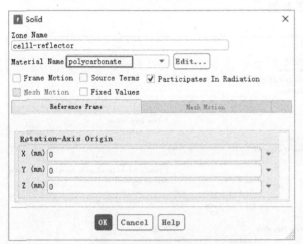

图 4-108　更改材料

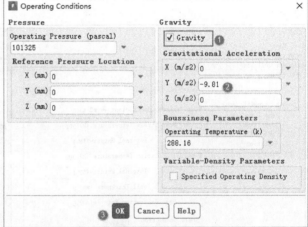

图 4-109　设置操作条件

> **注意：**
> 本实例流体材料密度定义为温度的函数（不可压缩理想气体），因此需要指定沿重力加速度方向体积力的参考密度。若不指定参考密度，系统会利用计算域平均密度作为参考密度。

07　边界条件设置

1. 设置边界 lens-inner

（1）选择模型树节点 **Boundary Conditions**，双击右侧面板中的边界选项 **lens-inner**，弹出 Wall 对话框，如图 4-110 所示。

（2）切换至 **Radiation** 选项卡，设置 **BC Type** 为 **semi-transparent**，**Diffuse Fraction** 为 **0.05**，单击 **OK** 按钮关闭对话框。

2. 设置边界 lens-inner-shadow

用相同的方式设置边界 **lens-inner-shadow** 的 **BC Type** 为 **semi-transparent**，**Diffuse Fraction** 为 **0.05**，如图 4-111 所示。

3. 设置边界 lens-outer

（1）设置边界 **lens-outer**，其 **Thermal** 选项卡的参数设置如图 4-112 所示。

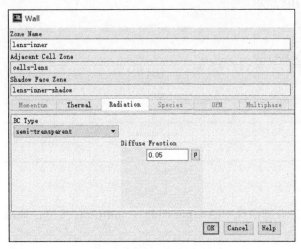

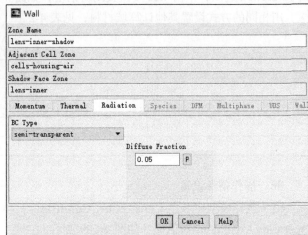

图 4-110　设置辐射条件　　　　　　　　　　　图 4-111　设置辐射条件

（2）切换至 **Radiation** 选项卡，按图 4-113 所示设置参数。

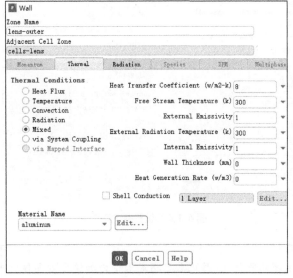

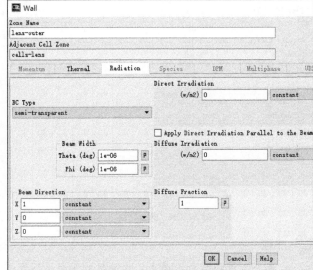

图 4-112　设置边界温度条件　　　　　　　　　图 4-113　设置辐射条件

4. 设置边界

边界 bulb-outer、bulb-outer-shadow、bulb-inner、bulb-inner-shadow 设置同边界 lens-inner-shadow，即设置 **BC Type** 为 **semi-transparent**，设置 **Diffuse Fraction** 为 **0.05**。

5. 设置边界 bulb-coatings

（1）双击 **bulb-coatings** 选项，弹出 Wall 对话框，切换至 **Thermal** 选项卡，如图 4-114 所示。

（2）设置 **Material Name** 为 **coating**。

（3）设置 **Wall Thickness** 为 **0.1mm**。

（4）单击 **OK** 按钮关闭对话框。

6. 设置边界 reflector-outer

（1）双击 **Reflector-outer** 选项，在弹出的 Wall 对话框中切换至 **Thermal** 选项卡，如图 4-115 所示。

（2）设置 **Thermal Conditions** 为 **Mixed**。

（3）设置 **Heat Transfer Coefficient** 为 **7W/(m^2·K)**。

（4）设置 **Free Stream Temperature** 为 **300K**。

（5）设置 **External Emissivity** 为 **0.95**。

（6）设置 **External Radiation Temperature** 为 **300K**。

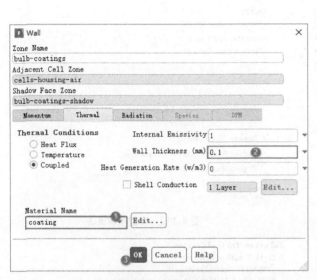

图 4-114 设置边界条件

图 4-115 设置边界条件

7. 设置边界 reflector-inner

（1）设置 **Thermal** 选项卡中的参数 **Internal Emissivity** 为 **0.2**。

（2）设置 **Radiation** 选项卡中的参数 **Diffuse Fraction** 为 **0.3**。

8. 设置边界 Reflector-inner-shadow

（1）设置 **Thermal** 选项卡中的参数 **Internal Emissivity** 为 **0.2**。

（2）设置 **Radiation** 选项卡中的参数 **Diffuse Fraction** 为 **0.3**。

9. 设置边界 filament

假设灯泡的功率为 40W，灯泡表面积 $6.9413 \times 10^{-6} \text{m}^2$，可计算得到热通量为 $\dot{q} = \dfrac{40}{6.9413 \times 10^{-6}} \approx 5760000 \text{ W/m}^2$。

Thermal 选项卡中的 Heat Flux 参数设置为 5760000W/m^2，如图 4-116 所示。

08 算法设置

（1）选择模型树节点 **Methods**，在右侧面板中设置 **Scheme** 为 **Coupled**，如图 4-117 所示。

（2）设置 **Pressure** 为 **Body Force Weighted**。

（3）选择 **Pseudo Transient** 选项。

09 控制参数设置

选择模型树节点 **Solution→Controls**，在右侧面板中按图 4-118 所示设置参数。

10 初始化

（1）选择模型树节点 **Initialization**，在右侧面板中选择 **Standard Initialization** 选项，如图 4-119 所示。

（2）设置 **Compute from** 为 **all-zones**，单击 **Initialize** 按钮进行初始化。

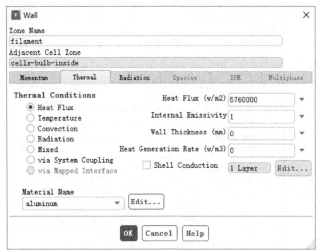

图 4-116 设置热通量

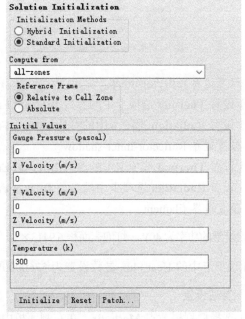

图 4-117 设置求解算法

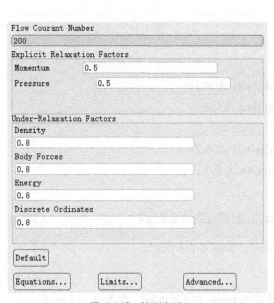

图 4-118 控制参数

图 4-119 初始化计算

（3）单击 **Patch** 按钮，弹出 Patch 对话框，如图 4-120 所示。

（4）选择 **Variable** 为 **Temperature**，选择 **Zones to Patch** 为 **cells-bulb-inside**，设置 **Value** 为 **500K**，单击 **Patch** 按钮对区域 cells-bulb-inside 进行初始化。

11 设置迭代参数

（1）选择模型树节点 **Run Calculation**。

（2）在右侧面板中设置 **Number of Iterations** 为 **500**。

（3）单击 **Calculate** 按钮进行计算，如图 4-121 所示。

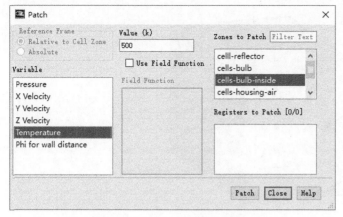

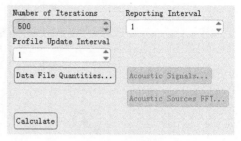

图 4-120　Patch 区域温度初始化　　　　　　　　　图 4-121　迭代参数

12　计算结果

双击模型树节点 **Results→Contours**，在弹出的 Contours 对话框中选择对称面，如图 4-122 所示。对称面上的温度分布云图如图 4-123 所示。

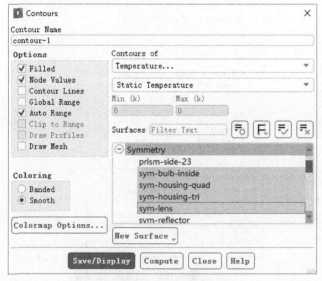

图 4-122　查看温度分布

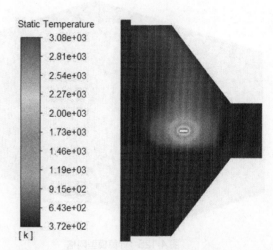

图 4-123　对称面上的温度分布云图

【实例 7】房间太阳辐射计算

本实例计算房间在太阳辐射下的采暖通风问题。计算模型如图 4-124 所示，房间尺寸 3m×3m×5m，侧面有空调进风口，出风口设置在窗户下方。窗户朝向为正东方向，计算冬日晴天条件下室内的温度分布。

利用 ICEM CFD 创建全六面体网格，网格如图 4-125 所示。

01　启动 Fluent

（1）以 **3D**、**Double Precision** 模式启动 Fluent。

（2）执行 **File→Read→Mesh** 命令，读取网格文件 **EX7.msh**。

02　设置重力加速度

（1）选择模型树节点 **General**，在右侧面板中选择 **Gravity** 选项。

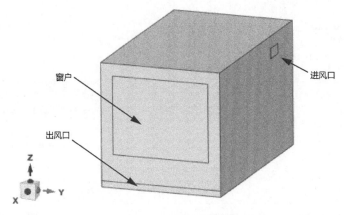

窗户

进风口

出风口

Z

X Y

图 4-124　计算模型示意图

（2）设置重力加速度为 **Z** 方向**−9.81m/s²**，如图 4-126 所示。

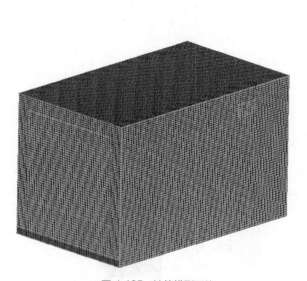

图 4-125　计算模型网格

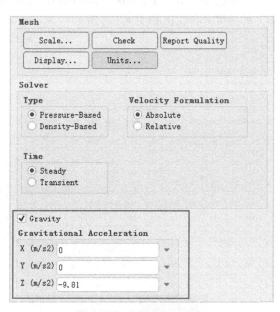

图 4-126　设置重力加速度

03　模型设置

（1）右击模型树节点 **Models→Energy**，在弹出的快捷菜单中选择 **On** 命令，激活能量方程，如图 4-127 所示。

（2）双击模型树节点 **Models→Viscous**，弹出 Viscous Model 对话框，选择 **k-epsilon**、**Realizable**、**Full Buoyancy Effects** 选项。

（3）单击 **OK** 按钮关闭对话框，如图 4-128 所示。

（4）双击模型树节点 **Models→Radiation**，弹出 Radiation Model 对话框，选择 **Solar Ray Tracing** 模型，其他参数按图 4-129 所示设置。

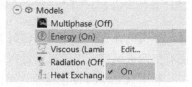

图 4-127　激活能量方程

（5）单击图 4-129 所示对话框中的 **Solar Calculator** 按钮，激活太阳角度计算器，按图 4-130 所示设置参数。

（6）单击 **Apply** 按钮计算太阳辐射数据。TUI 窗口中显示软件计算得到的太阳辐射量及辐射角度，如图 4-131 所示。

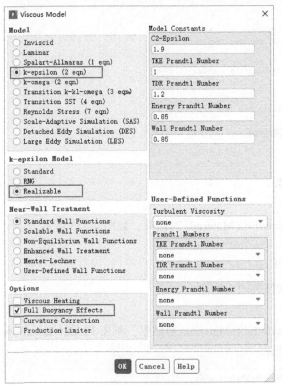

图 4-128　设置湍流模型

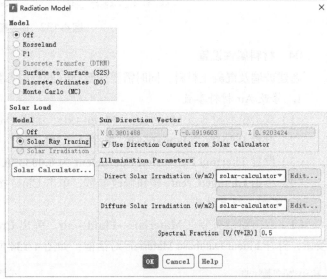

图 4-129　设置辐射模型

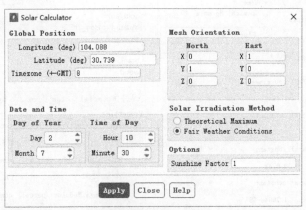

图 4-130　太阳计算器

```
Fair Weather Conditions:
  Sun Direction Vector: X: 0.583992, Y: -0.0270415, Z: 0.811309
  Sunshine Fraction: 1
  Direct Normal Solar Irradiation (at Earth's surface) [W/m^2]: 843.452
  Diffuse Solar Irradiation - vertical surface: [W/m^2]: 103.692
  Diffuse Solar Irradiation - horizontal surface [W/m^2]: 113.641
  Ground Reflected Solar Irradiation - vertical surface [W/m^2]: 79.7941
```

图 4-131　输出的辐射数据

🌐 **注意:** -

太阳计算器仅用于计算太阳辐射角度,需要输入经纬度、方位坐标、时间及天气状况等信息。注意,经纬度北纬东经为正,南纬西经为负,时区以东区为正,西区为负。如成都地区经纬度为北纬 N30°43′17.60″,东经 E104°06′23.32″,则在对话框中输入 Longitude 为 104.088,Latitude 为 30.739,成都时区为东 8 区。实例计算的时间为 7 月 2 日上午 10:30,当前天气晴朗,设置 Sunshine Factor 为 1。

(7)利用 TUI 命令指定太阳辐射参数,如图 4-132 所示,指定 **Ground Reflectivity** 为 **0.2**,**Scattering**

Fraction 为 0.75，sol-adjacent-fluidcells 为 yes。

```
> define/models/radiation/solar-parameters/ground-reflectivity
Ground Reflectivity [0.2]

> define/models/radiation/solar-parameters/scattering-fraction
Scattering Fraction [1] 0.75

> define/models/radiation/solar-parameters/sol-adjacent-fluidcells
Apply Solar Load on  adjacent Fluid Cells? [no] yes
```

图 4-132　指定辐射参数

04　材料属性设置

新建玻璃及混凝土材料，同时需要设置空气的辐射参数。

1. 修改 Air 材料参数

（1）双击模型树节点 **Materials→Fluid→air**，弹出 Create/Edit Materials 对话框，如图 4-133 所示。

（2）设置 **Density** 为 **boussinesq**，数值为 **1.18kg/m³**。

（3）设置 **Thermal Expansion Coefficient** 为 **0.00335K⁻¹**。

（4）单击 **Change/Create** 按钮修改参数，单击 Close 按钮关闭对话框。

2. 添加混凝土材料

（1）双击模型树节点 **Materials→Fluid→air**，弹出 Create/Edit Materials 对话框，单击 **Fluent Database** 按钮，打开 Fluent Database Materials 对话框，如图 4-134 所示。

图 4-133　修改材料参数

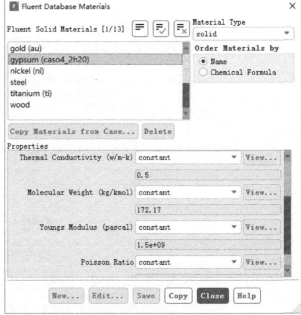

图 4-134　材料数据库

（2）选择材料 **gypsum(CaSO₄·2H₂O)**，单击 **Copy** 按钮添加材料。

（3）单击 **Close** 按钮关闭对话框。

3. 创建玻璃材料

（1）右击模型树节点 **Materials→Solid**，在弹出的快捷菜单中选择 **New** 命令，新建材料，如图 4-135 所示。

（2）定义材料 **glass** 的各项属性，如图 4-136 所示。

05　边界条件设置

1. walls 边界设置

（1）双击模型树节点 **Boundary Conditions→walls**，弹出 Wall 对话框，如图 4-137 所示。

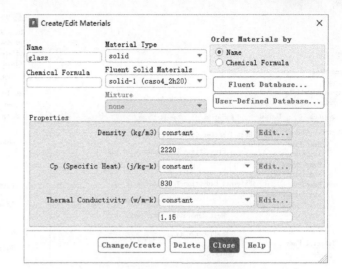

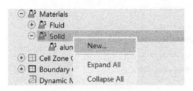

图 4-135　新建材料　　　　　　　　　图 4-136　glass 材料属性

（2）设置 **Thermal Conditions** 为 **Convection**。

（3）设置 **Heat Transfer Coefficient** 为 **4W/(m²·K)**。

（4）设置 **Free Stream Temperature** 为 **293K**。

（5）设置 **Wall Thickness** 为 **0.1m**。

（6）设置 **Material Name** 为 **gypsum**。

（7）切换至 **Radiation** 选项卡，选择 **Participates in Solar Ray Tracing** 选项，设置 **Direct Visible** 为 **0.26**，**Direct IR** 为 **0.9**，如图 4-138 所示。

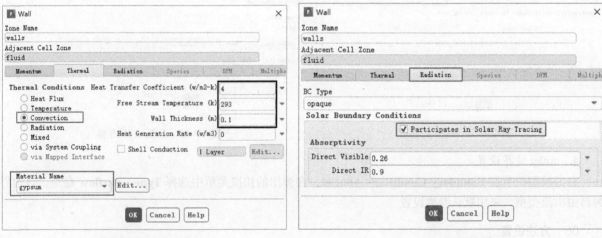

图 4-137　壁面热条件　　　　　　　　　图 4-138　设置辐射条件

（8）单击 **OK** 按钮关闭对话框。

2．window 边界设置

（1）双击模型树节点 **Boundary Conditions→window**，弹出 Wall 对话框，在 **Thermal** 选项卡中按图 4-139 所示设置参数。

（2）切换至 **Radiation** 选项卡，设置 **BC Type** 为 **semi-transparent**，其他参数设置如图 4-140 所示。

3．inlet 边界设置

（1）双击模型树节点 **Boundary Conditions→inlet**，弹出 Velocity Inlet 对话框，设置 **Velocity Magnitude** 为 **1m/s**，如图 4-141 所示。

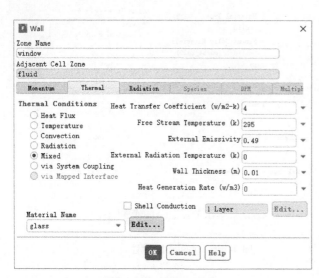

图 4-139　边界对话框

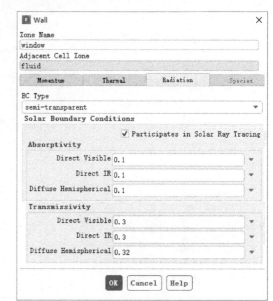

图 4-140　设置辐射参数

（2）切换至 **Thermal** 选项卡，设置 **Temperature** 为 **288K**，其他参数保持默认设置，如图 4-142 所示。

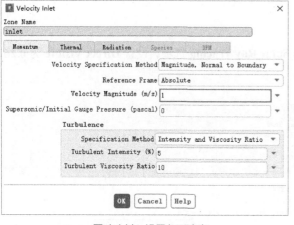

图 4-141　设置入口速度

图 4-142　设置入口热条件

4. outlet 边界设置

右击模型树节点 **Boundary Conditions→outlet**，在弹出的快捷菜单中选择 **Type→outflow** 命令，该边界为自由出流类型，采用默认参数设置。

06　方法设置

选择模型树节点 **Solution→Method**，在右侧面板中设置 **Pressure** 为 **Body Force Weighted**，其他参数按图 4-143 所示进行设置。

07　控制参数设置

选择模型树节点 **Solution→Controls**，在右侧面板中按图 4-144 所示设置亚松弛因子。

08　初始化

右击模型树节点 **Initialization**，在弹出的快捷菜单中选择 **Initialize** 命令，进行初始化，如图 4-145 所示。

09　迭代参数设置

（1）选择模型树节点 **Run Calculation**，在右侧面板中设置 **Number of Iterations** 为 **500**，如图 4-146 所示。

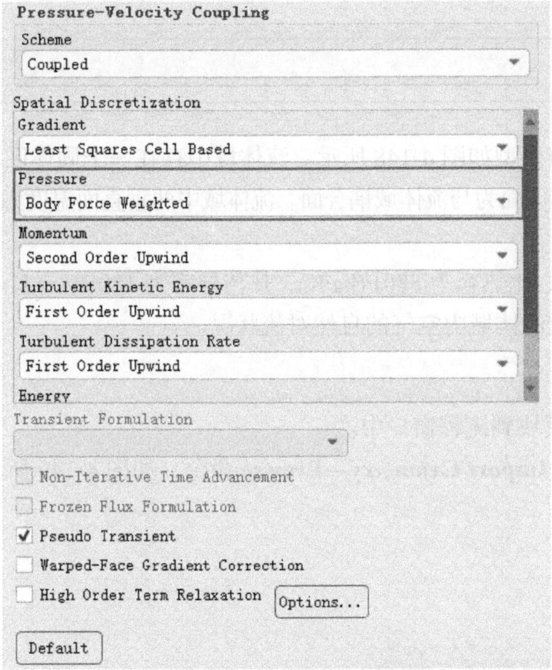

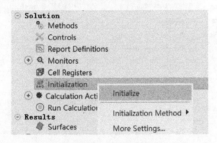

图 4-143 设置求解方法

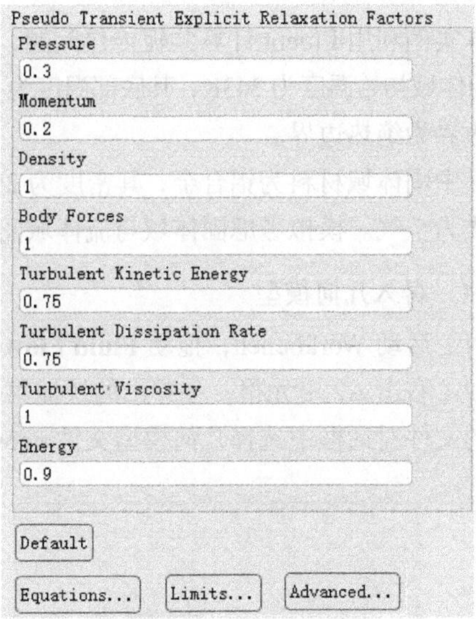

图 4-144 设置亚松弛因子

（2）单击 **Calculate** 按钮开始迭代计算。

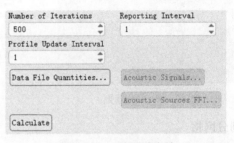

图 4-145 初始化计算

图 4-146 设置迭代参数

10 计算结果

地板上的温度分布云图如图 4-147 所示。

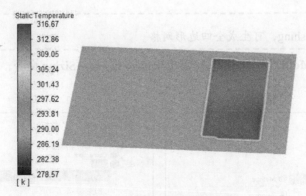

图 4-147 地板上的温度分布云图

注意：

读者可尝试激活辐射模型，考虑辐射对室内温度的影响。本实例未考虑辐射的影响，仅将太阳辐射作为热源处理，室内传热过程仅考虑了对流与传导。

【实例 8】共轭传热计算

本实例利用 Fluent 计算共轭传热问题，实例几何模型如图 4-148 所示。流体域中存在一个固体区域，其中，固体域初始温度为 343K，其底部温度为 343K，其他面为与流体域耦合面。流体域中两垂直面温度为 293K，其他边界为绝热边界。

其中固体域材料为铝合金，其密度为 2800kg/m³，比热容为 880J/(kg·K)，热传导率为 180W/(m·K)，流体域介质为空气。模拟考虑固体域与流体域间的换热及流体域内空气的自然对流状况。

01　导入几何模型

（1）启动 Workbench，拖动 **Fluid Flow(Fluent)** 模块到流程窗口中。

（2）右击 A2 单元格，在弹出的快捷菜单中选择 **Import Geometry→Browse** 命令，如图 4-149 所示，在弹出的文件对话框中选择几何模型文件 **geom.agdb**。

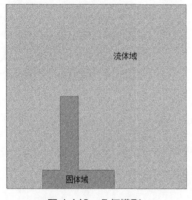

图 4-148　几何模型

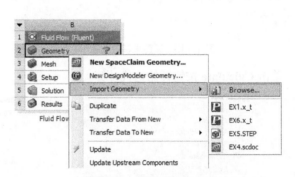

图 4-149　导入几何模型文件

02　划分网格

（1）双击 **A3** 单元格进入 Mesh 模块。

（2）右击模型树节点 **Mesh**，在弹出的快捷菜单中选择 **Insert→Face Meshing** 命令，如图 4-150 所示，在属性窗口中选择所有的面。

 说明：
　　将面指定为 Face Meshing，可生成全四边形网格。

（3）右击模型树节点 **Mesh**，在弹出的快捷菜单中选择 **Insert→Sizing** 命令，插入网格尺寸，如图 4-151 所示。

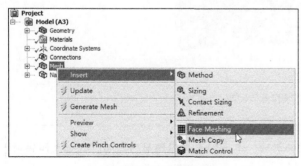

图 4-150　指定网格方法

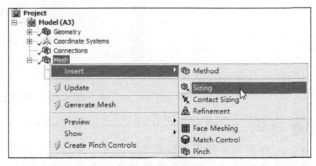

图 4-151　插入网格尺寸

（4）在属性窗口中设置 **Geometry** 为图形窗口中的两个几何面，设置 **Element Size** 为 **0.5mm**，如图 4-152 所示。

（5）右击模型树节点 **Mesh**，在弹出的快捷菜单中选择 **Generate Mesh** 命令，生成计算网格。

（6）为边界命名，如图 4-153 所示。

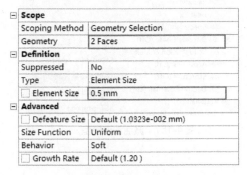

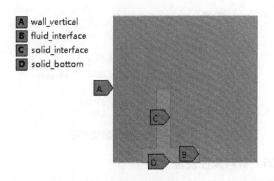

图 4-152　指定网格尺寸　　　　　　　　　　　　图 4-153　指定边界名称

💡 提示：

　在命名流体域与固体域交界面时，由于几何模型重叠不方便选择（如图 4-153 中的 B、C、D 边界），此时可先隐藏另一区域，再选择所需界面。

（7）关闭 Mesh 模块，返回至 Workbench 工作界面。

（8）右击 **A3** 单元格，在弹出的快捷菜单中选择 **Update** 命令，更新网格数据，如图 4-154 所示。

（9）双击 **A4** 单元格进入 Fluent 模块。

03　常规参数设置

选择模型树节点 **General**，在右侧面板中选择 **Gravity** 选项，并设置重力加速度为 Y 方向 -9.81m/s^2，如图 4-155 所示。

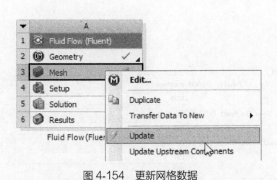

图 4-154　更新网格数据

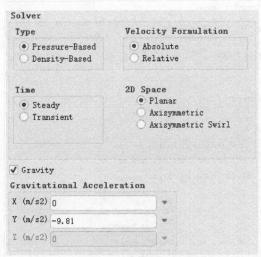

图 4-155　设置重力加速度

04　模型设置

激活能量方程与 Realizable k-epsilon 湍流模型。

（1）右击模型树节点 **Models→Energy**，在弹出的快捷菜单中选择 **On** 命令，激活能量方程，如图 4-156 所示。

（2）右击模型树节点 **Viscous**，在弹出的快捷菜单中选择 **Model→Realizable k-epsilon** 命令，以激活

Realizable k-epsilon 湍流模型，如图 4-157 所示。

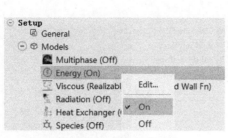

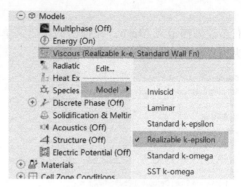

图 4-156　激活能量方程　　　　　　　　　图 4-157　激活湍流模型

05　材料属性设置

设置 air 为理想气体，并且修改固体材料热力学参数。

（1）双击模型树节点 **Materials→Fluid→air**，弹出 Create/Edit Materials 对话框，如图 4-158 所示。

（2）设置 **Density** 为 **ideal-gas**，其他参数保持默认设置。

（3）单击 **Close** 按钮关闭对话框。

 提示：

模拟自然对流时，常将流体密度设置为 ideal-gas，可以考虑流体的可压缩性及流体受温度的影响。

（4）双击模型树节点 **Materials→Fluid→aluminum**，弹出 Create/Edit Materials 对话框，设置 **Density** 为 **2800kg/m³**，**Cp** 为 **880J/(kg·K)**，**Thermal Conductivity** 为 **180W/(m·K)**，单击 **Change/Create** 按钮修改材料，如图 4-159 所示。

（5）单击 **Close** 按钮关闭对话框。

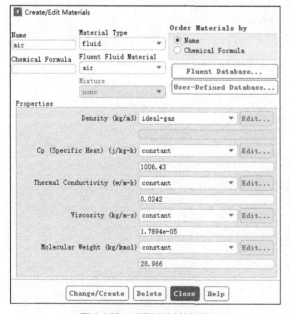

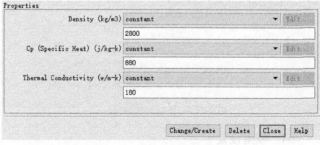

图 4-158　设置流体材料属性　　　　　　　　图 4-159　设置固体材料属性

06　计算域属性设置

确保两个区域对应的材料正确。流体区域 fluid 材料为 air，固体区域 solid 对应的材料为 aluminum。

（1）双击模型树节点 **Cell Zone Conditions→fluid**，弹出 Fluid 对话框，设置 **Material Name** 为 **air**，其

他参数保持默认设置，单击 **OK** 按钮关闭对话框，如图 4-160 所示。

（2）双击模型树节点 **Cell Zone Conditions→solid**，弹出 Solid 对话框，设置 **Material Name** 为 **aluminum**，其他参数保持默认设置，单击 **OK** 按钮关闭对话框，如图 4-161 所示。

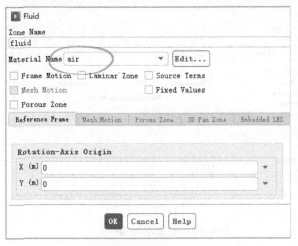

图 4-160　设置流体域材料

图 4-161　设置固体域材料

07　边界条件设置

边界条件中需要设置流体域的两条竖直边，以及固体域的底部边界。

（1）右击模型树节点 **Boundary Conditions→wall_vertical**，在弹出的快捷菜单中选择 **Edit** 命令，如图 4-162 所示，打开 Wall 对话框。

（2）切换至 **Thermal** 选项卡，设置 **Thermal Conditions** 为 **Temperature**，并设置 **Temperature** 为 **293K**，其他参数保持默认设置，单击 **OK** 按钮关闭对话框，如图 4-163 所示。

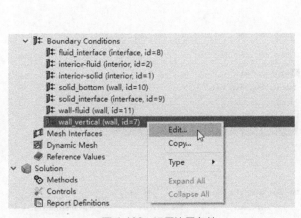

图 4-162　设置边界条件

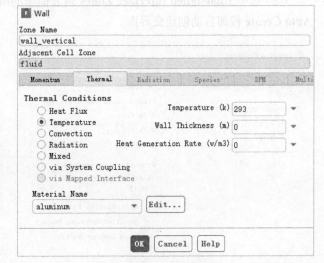

图 4-163　设置边界参数

（3）右击模型树节点 **Boundary Conditions→solid_bottom**，在弹出的快捷菜单中选择 **Edit** 命令，如图 4-164 所示，打开 Wall 对话框。

（4）切换至 **Thermal** 选项卡，设置 **Thermal Conditions** 为 **Temperature**，**Temperature** 为 **343K**，其他参数保持默认设置，单击 **OK** 按钮关闭对话框，如图 4-165 所示。

08　操作条件设置

（1）选择模型树节点 **Boundary Conditions**，单击右侧面板中的 **Operating Conditions** 按钮，打开 Operating

Conditions 对话框，如图 4-166 所示。

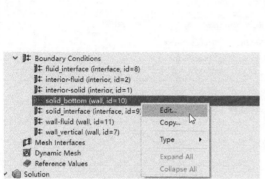

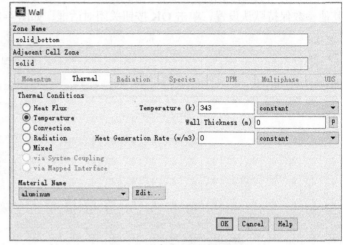

图 4-164　设置边界条件

图 4-165　设置边界参数

（2）选择 **Specified Operating Density** 选项。

（3）设置 **Operating Density** 为 **0kg/m³**。

（4）其他参数保持默认设置，单击 **OK** 按钮关闭对话框。

09　耦合面设置

在此设置流体域与固体域之间的耦合面。

（1）双击模型树节点 **Mesh Interfaces**，弹出 Mesh Interfaces 对话框，如图 4-167 所示。

（2）选中 **Unassigned Interface Zones** 列表框中的所有列表项，设置 **Interface Name Prefix** 为 **int**，单击 **Auto Create** 按钮自动创建交界面。

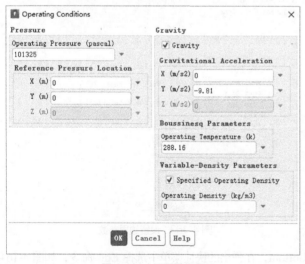

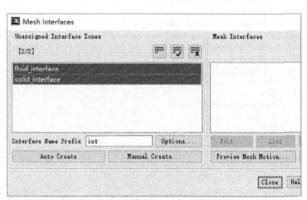

图 4-166　设置操作条件

图 4-167　创建耦合面

（3）选中列表框中创建的交界面 **int:01**，单击下方的 **Edit** 按钮，如图 4-168 所示。

（4）在弹出的 Edit Mesh Interfaces 对话框中，选择 **Coupled Wall** 选项，单击 **Apply** 按钮设置该交界面为耦合面，单击 **Close** 按钮关闭对话框，如图 4-169 所示。

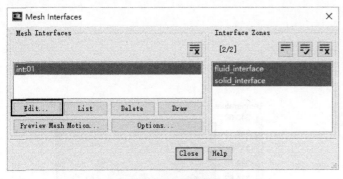

图 4-168 创建耦合面

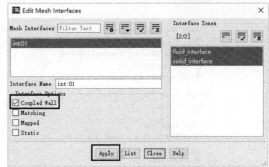

图 4-169 设置耦合面参数

 注意:

在共轭传热问题中,设置交界面为耦合面非常重要。

10 方法设置

选择模型树节点 **Methods**,在右侧面板中设置 **Scheme** 为 **Coupled**,选择 **Pseudo Transient**、**Warped-Face Gradient Correction**,其他参数保持默认设置,如图 4-170 所示。

11 初始化

右击模型树节点 **Initialization**,在弹出的快捷菜单中选择 **Initialize** 命令,进行初始化计算,如图 4-171 所示。

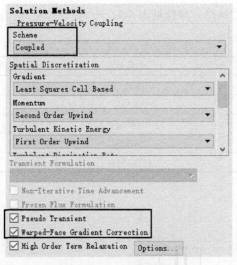

图 4-170 设置求解算法

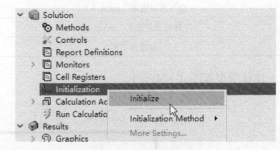

图 4-171 初始化计算

12 计算

(1)选择模型树节点 **Run Calculation**,在右侧面板中设置 **Number of Iterations** 为 **5000**,单击 **Calculate** 按钮进行计算,如图 4-172 所示。

计算约在 500 步收敛到 1×10^{-3},约 890 步收敛到 1×10^{-5}。

(2)关闭 Fluent,返回至 Workbench 工作界面。

13 计算后处理

双击 **A6** 单元格进入 CFD-Post 模块,在 CFD-Post 中查看温度分布云图,如图 4-173 所示。关于 CFD-Post 后处理过程这里不再赘述。

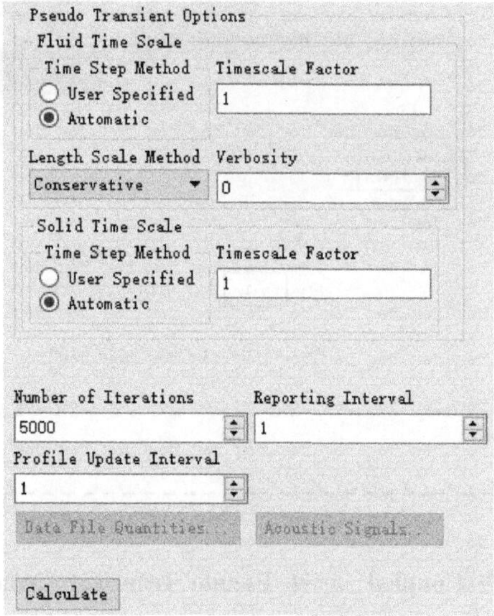

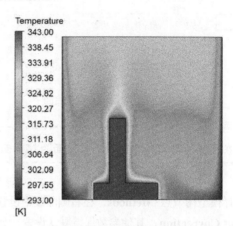

图 4-172　求解计算参数

图 4-173　温度分布云图

【实例 9】换热器计算

本实例演示利用 Fluent 中的 Heat Exchanger 模型模拟换热器换热。参数见表 4-3。

表 4-3　边界参数

边界参数	参数值
空气入口温度（Ta_in）	48.89℃
冷却液入口温度（Tc_in）	115.56℃
空气质量流量（mdot_a）	1.140kg/s
冷却液质量流量（mdot_c）	2.87kg/s
总散热功率	57345.96W

计算模型如图 4-174 所示。

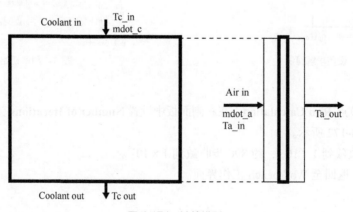

图 4-174　计算模型

利用输入边界条件计算得到总散热功率，并与 57345.96W 进行对比，以验证模型。

01 启动 Fluent 并读取网格

（1）启动 Fluent，选择 **Double Precision** 选项。

（2）选择 **3D** 模式，单击 **OK** 按钮启动 Fluent。

（3）执行 **File→Read→Mesh** 命令，打开文件选择对话框，选择网格文件 **EX9.msh**，将其打开。

计算模型网格如图 4-175 所示。

02 缩放网格

（1）选择模型树节点 **General**，单击右侧面板中的 **Scale** 按钮，弹出 Scale Mesh 对话框，如图 4-176 所示。

（2）设置 **Mesh Was Created In** 为 **mm**，单击 **Scale** 按钮缩放网格。

（3）单击 **Close** 按钮关闭对话框。

图 4-175　计算模型网格

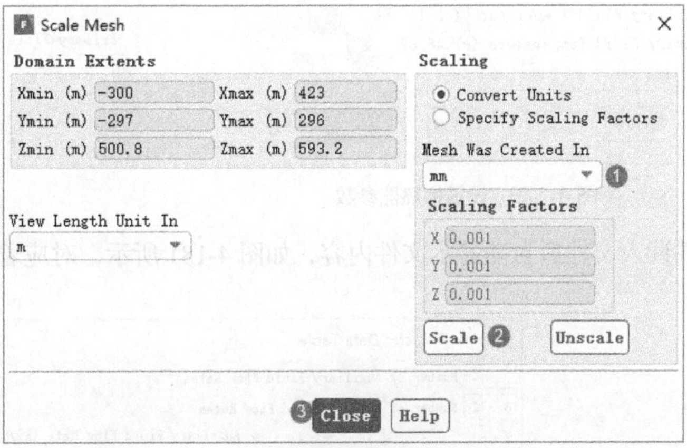

图 4-176　缩放网格

03 模型设置

（1）右击模型树节点 **Models→Energy**，在弹出的快捷菜单中选择 **On** 命令，激活能量方程，如图 4-177 所示。

（2）双击模型树节点 **Models→Heat Exchanger**，弹出 Heat Exchanger Model 对话框，选择 **Ungrouped Macro Model** 选项，如图 4-178 所示。

图 4-177　激活能量方程

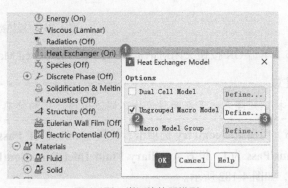

图 4-178　激活换热器模型

（3）单击 **Ungrouped Macro Model** 选项后面的 **Define** 按钮，弹出 Ungrouped Macro Heat Exchanger 对话框，打开 **Model Data** 选项卡，选择 **Fixed Inlet Temperature** 选项，设置 **Auxiliary Fluid Temperature** 为 **115.56℃**，设置 **Primary Fluid Temperature** 为 **48.89℃**，如图 4-179 所示。

（4）单击图 4-179 中的 **Heat Transfer Data** 按钮，弹出 Heat Transfer Data Table 对话框，单击 Read 按钮，

如图 4-180 所示，在弹出的文件选择对话框中选择 **rad.tab** 文件。

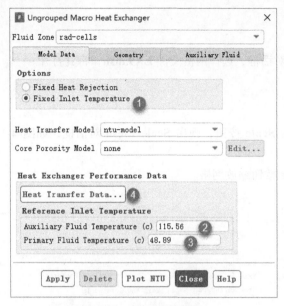

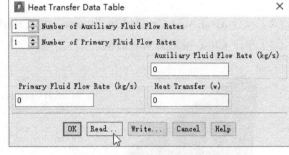

图 4-179　设置换热器参数　　　　　　　　　　图 4-180　换热数据表编辑对话框

软件读入文件后自动显示文件内容，如图 4-181 所示，对应着主流体及副流体质量流量条件下的换热量矩阵。

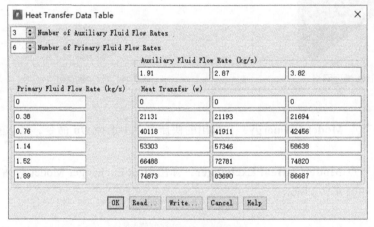

图 4-181　换热数据矩阵

（5）单击 OK 按钮关闭对话框，返回至 Ungrouped Macro Heat Exchanger 对话框。

　注意：

换热矩阵表达了在两种流体不同流量情况下的换热量，需要通过实验获取。

（6）切换至 **Geometry** 选项卡，设置 **Number of Passes** 为 **1**，**Number of Rows/Pass** 为 **1**，**Number of Columns/Pass** 为 **1**。设置 **Auxiliary Fluid Inlet Direction(height)** 为 **(0,−1,0)**，**Pass-to-Pass Direction(width)** 为 **(1,0,0)**，如图 4-182 所示。

（7）单击 **Apply** 按钮确认设置。

（8）切换到 **Auxiliary Fluid** 选项卡，如图 4-183 所示，设置 **Auxiliary Fluid Specific Heat** 为 **3559J/(kg·K)**。

（9）设置 **Auxiliary Fluid Flow Rate** 为 **2.87kg/s**。

（10）设置 **Inlet Temperature** 为 **115.56℃**。

（11）单击 **Apply** 按钮应用，并单击 **Close** 按钮关闭 Ungrouped Macro Heat Exchanger 对话框。

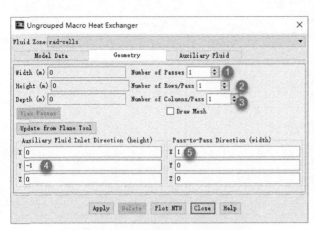

图 4-182　设置换热器几何模型结构　　　　　　图 4-183　设置热媒介质参数

04　边界条件设置

1. inlet 边界设置

（1）双击模型树节点 **Boundary Conditions→inlet**，弹出 Mass-Flow Inlet 对话框，如图 4-184 所示。

（2）设置 **Mass Flow Rate** 为 **1.14kg/s**，**Direction Specification Method** 为 **Normal to Boundary**。

（3）单击 **OK** 按钮关闭对话框。

> **注意：**
> 入口流体一般情况下按不可压缩流动计算，更多的是采用速度入口。

（4）切换至 **Thermal** 选项卡，设置 **Total Temperature** 为 **48.89℃**，单击 **OK** 按钮关闭对话框。

2. outlet 边界设置

双击模型树节点 **Boundary Conditions→outlet**，弹出 Pressure Outlet 对话框，如图 4-185 所示，切换至 **Thermal** 选项卡，设置 **Total Temperature** 为 **48.89℃**。

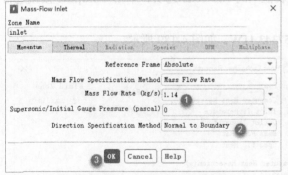

图 4-184　设置入口边界流量

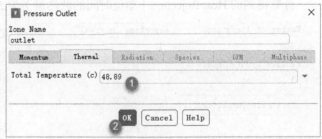

图 4-185　设置出口边界温度

05　方法设置

（1）选择模型树节点 **Solution→Methods**，在右侧面板中设置 **Scheme** 为 **Coupled**。

（2）选择 **Pseudo Transient** 选项。

（3）选择 **Warped-Face Gradient Correction** 和 **High Order Term Relaxation** 选项，如图 4-186 所示。

06　初始化

右击模型树节点 **Solution→Initialization**，在弹出的快捷菜单中选择 **Initialize** 命令，进行初始化，如

图 4-187 所示。

图 4-186 设置求解算法

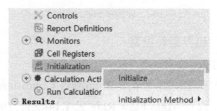

图 4-187 初始化

07 计算

选择模型树节点 **Run Calculation**，在右侧面板中设置 **Number of Iterations** 为 200，单击 **Calculate** 按钮进行计算，如图 4-188 所示。

08 计算后处理

1. 统计总散热量

双击模型树节点 **Results→Reports→Heat Exchanger**，弹出 Heat Exchanger Report 对话框，选择 **Options** 为 **Computed Heat Rejection**，选择 **Heat Exchanger** 列表框中的 **rad-cells** 选项，单击 **Compute** 按钮进行计算。

计算得到的 Heat Rejection（单位时间的散热量）为 **57343.11W**，如图 4-189 所示。

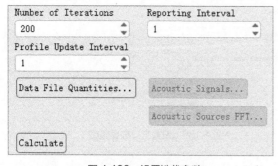

图 4-188 设置迭代参数

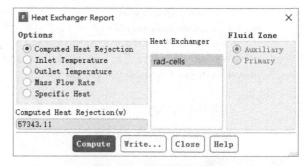

图 4-189 统计总散热功率

2. 计算出口平均温度

（1）双击模型树节点 **Results→Reports→Surface Integrals**，弹出 Surface Integrals 对话框。

（2）设置 **Report Type** 为 **Area-Weighted Average**，**Field Variable** 为 **Temperature**，选中 **Surfaces** 列表框中的 **outlet** 选项。

（3）单击 **Compute** 按钮进行计算，得到出口平均温度为 98.86956℃，如图 4-190 所示。

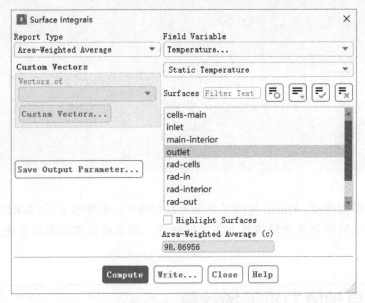

图 4-190　查看出口温度

09　修改模型

前面计算的换热器是单个换热单元，这里修改换热单元数量。

（1）双击模型树节点 **Models→Heat Exchanger**，打开 Heat Exchanger Model 对话框。

（2）单击 **Ungrouped Macro Model** 后面的 **Define** 按钮，打开 Ungrouped Macro Heat Exchanger 对话框，如图 4-191 所示。

（3）设置 **Number of Passes** 为 **60**，**Number of Column/Pass** 为 **70**。

（4）单击 **Apply** 按钮，并单击 **Close** 按钮关闭对话框。

（5）选择模型树节点 **Run Calculation**，在右侧面板中单击 **Calculate** 按钮进行计算。

计算完毕后，单位时间的统计散热量为 **58234W**，如图 4-192 所示。

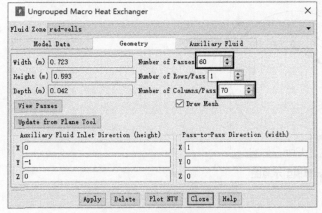

图 4-191　设置换热单元数量

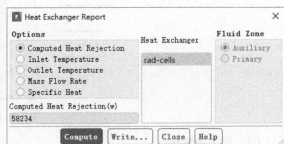

图 4-192　统计散热量

第 5 章 运动模拟

对于运动部件的模拟建模，Fluent 提供了单参考系（SRF）、多重参考系（MRF）、混合平面（MPM）、滑移网格（SMM）、动网格和重叠网格等方法进行处理。本章将以实例形式描述这些方法的具体使用流程。

【实例1】垂直轴风力机流场计算

本实例利用 Fluent 中的多重参考系（Multiple Reference Frame，MRF）模型计算垂直轴风力机流场。

垂直轴风力机计算模型如图 5-1 所示，其旋转直径 12cm，安装有 3 个等距叶片，每个叶片弦长 2cm，正常工作时叶片旋转速度为 40rpm（即 r/min，这里采用软件中显示的单位），假设空气流速 10m/s。

 注意：

　　本实例假设风力机匀速旋转，但实际情况并非如此。在实际工程中，风力机叶片转动是由空气流动引起，且旋转速度是非均匀的。若要计算风力机叶片因空气流动而旋转的情况，需要用到动网格及 Six DOF 模型，本例并不涉及此内容。

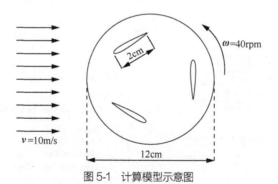

图 5-1　计算模型示意图

01　导入计算网格

本实例的几何模型与网格采用外部导入的方式加载。

（1）启动 Fluent，选择 **Double Precision** 选项。

（2）选择 **2D** 模式，单击 OK 按钮启动 Fluent。

（3）执行 **File→Read→Mesh** 命令，打开文件选择对话框，选择网格文件 **EX1.msh**，将其打开。

02　创建交界面

实例网格中包含 5 个区域，且区域之间的网格节点并不对应，因此需要创建交界面。

（1）选中模型树节点 **Boundary　Conditions→Wall→blade_bot_in/blade_bot_outer/blade_right_in/**

blade_right_outer/blade_top_in/blade_top_outer/hub_inner/hub_outer 并右击，在弹出的快捷菜单中选择 **Type→interface** 命令，修改边界类型为 interface，如图 5-2 所示。

　　修改完毕后，边界列表如图 5-3 所示。

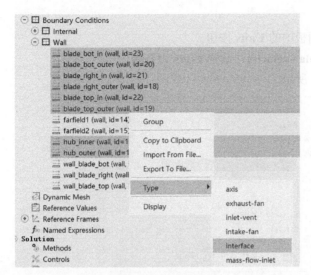

图 5-2　修改边界类型

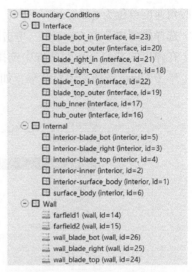

图 5-3　修改边界类型后的边界列表

（2）双击模型树节点 **Mesh Interfaces**，弹出 Mesh Interfaces 对话框，选择列表项 **blade_bot_in** 与 **blade_bot_outer**，设置 **Interface Name Prefix** 为 **blade_bot**，单击 **Auto Create** 按钮创建交界面，如图 5-4 所示。

　　用相同的方式创建另外 3 个交界面，如表 5-1 所示。创建的交界面如图 5-5 所示。

表 5-1　其他交界面

Interface Name Prefix	Interface Zones
blade_right	blade_right_in、blade_right_outer
blade_top	blade_top_in、blade_top_outer
hub	hub_inner、hub_outer

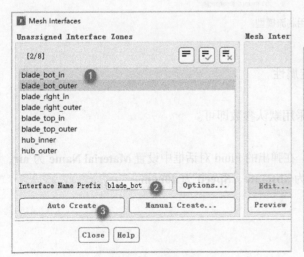

图 5-4　创建交界面

图 5-5　创建完毕后的交界面

> **注意：**
>
> 确保选择的配对边界无误。

03　常规参数设置

修改角速度单位为 rpm。

（1）选择模型树节点 **General**，单击右侧面板中的 **Units** 按钮。

（2）在弹出的 Set Units 对话框中选择 **angular-velocity**，设置 **Units** 为 **rpm**。

（3）单击 **Close** 按钮关闭对话框，如图 5-6 所示。

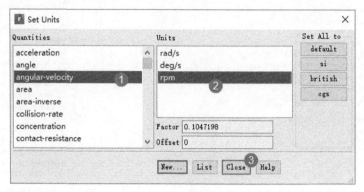

图 5-6　修改角速度单位

04　模型设置

右击模型树节点 **Models→Viscous**，在弹出的快捷菜单中选择 **Model→Realizable k-epsilon** 命令，启用湍流模型，如图 5-7 所示。

图 5-7　启用湍流模型

05　计算域属性设置

计算域中包含有 5 个子区域，需要为每个区域指定属性。

1．fluid-surface-body 区域

该区域为最外围区域，是静止区域，介质为 air，采用默认参数即可。

2．inner 区域

（1）双击模型树节点 **Cell Zone Conditions→inner**，在弹出的 Fluid 对话框中设置 **Material Name** 为 **air**，选择 **Frame Motion** 选项，设置 **Relative To Cell Zone** 为 **absolute**，**Speed** 为 **40rpm**。

（2）单击 **OK** 按钮关闭对话框，如图 5-8 所示。

3．blade_top 区域

（1）打开 blade_top 区域的 Fluid 对话框。

（2）选择 **Frame Motion** 选项，设置 **Relative To Cell Zone** 为 **inner**。

（3）设置 **Rotation-Axis Origin** 为（−0.02，0.034641）。

（4）设置 **Speed** 为 **0rpm**。

（5）单击 **OK** 按钮关闭对话框，如图 5-9 所示。

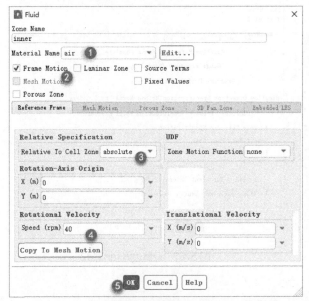

图 5-8　设置 inner 区域

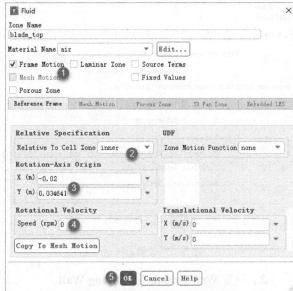

图 5-9　设置 blade_top 区域

（6）用相同的方式设置另外两个计算区域 **blade_bot** 和 **blade_right**，按表 5-2 中的参数进行设置。

表 5-2　计算区域设置

Zone name	Rotation-Axis Origin	Speed
blade_bot	$(-0.02, -0.034641)$	0
blade_right	$(0.04, 0)$	0

提示：

这里可以利用 Copy 功能进行区域参数复制。如果是手动设置，不要忘记设置相对区域为 inner。

06　Boundary Conditions 设置

1. farfield1 设置

（1）右击模型树节点 **Boundary Conditions→farfield1**，在弹出的快捷菜单中选择 **Type→velocity-inlet** 命令，弹出 Velocity Inlet 对话框。

（2）设置 **Velocity Specification Method** 为 **Components**，设置 **X-Velocity** 为 **10m/s**。

（3）设置 **Specification Method** 为 **Intensity and Length Scale**，设置 **Turbulent Intensity** 为 **5%**，设置 **Turbulent Length Scale** 为 **1m**。

（4）单击 **OK** 按钮关闭对话框，如图 5-10 所示。

2. farfield2 设置

（1）右击模型树节点 **Boundary Conditions→farfield2**，在弹出的快捷菜单中选择 **Type→pressure-outlet** 命令，弹出 Pressure Outlet 对话框。

（2）设置 **Specification Method** 为 **Intensity and Length Scale**。

（3）设置 **Backflow Turbulent Intensity** 为 **5%**，设置 **Backflow Turbulent Length Scale** 为 **1m**。

（4）单击 **OK** 按钮关闭对话框，如图 5-11 所示。

3. wall_blade_bot 设置

（1）右击模型树节点 **Boundary Conditions→wall_blade_bot**，在弹出的快捷菜单中选择 **Edit** 命令，弹

出 Wall 对话框。

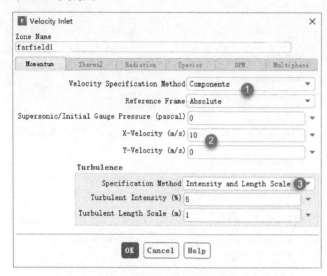

图 5-10　设置边界 farfield1

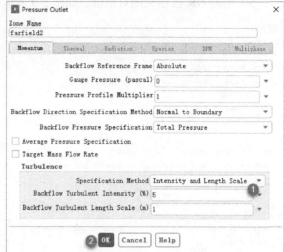

图 5-11　设置边界 farfield2

（2）设置 **Wall Motion** 为 **Moving Wall**。

（3）设置 **Motion** 为 **Rotational**、**Relative to Adjacent Cell Zone**。

（4）设置 **Speed** 为 **0rpm**。

（5）设置 **Rotation-Axis Origin** 为（−0.02,−0.034641）。

（6）单击 **OK** 按钮关闭对话框，如图 5-12 所示。

4．其他 Wall 设置

（1）选择模型树节点 **Boundary**，单击右侧面板中的 **Copy** 按钮，弹出 Copy Conditions 对话框。

（2）选择 **From Boundary Zone** 列表项 **wall_blade_bot**，选择 **To Boundary Zones** 列表项 **wall_blade_right** 和 **wall_blade_top**。

（3）单击 **Copy** 按钮复制边界信息，单击 **Close** 按钮关闭对话框，如图 5-13 所示。

图 5-12　设置壁面边界　　　　　　图 5-13　复制边界

（4）按表 5-3 所示的数据修改 **wall_blade_top** 及 **wall_blade_right** 边界的 **Rotation-Axis Origin** 参数。

表 5-3　修改中心参数

Boundary Zone	Rotation-Axis Origin
wall_blade_top	(−0.02, 0.034641)
wall_blade_right	(0.04, 0)

07　迭代残差设置

软件默认计算残差为 0.001，对于二维模型计算，可以将残差设置得更低一些，以提高计算精度。

（1）双击模型树节点 **Monitors→Residual**，弹出 Residual Monitors 对话框，如图 5-14 所示。

（2）设置所有方程的 **Absolute Criteria** 均为 1×10^{-6}。

（3）单击 **OK** 按钮关闭对话框。

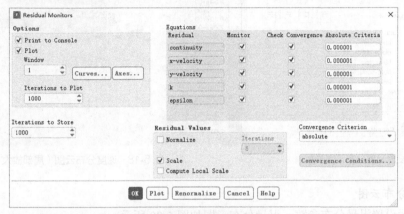

图 5-14　设置迭代残差

08　初始化设置

右击模型树节点 **Initialization**，在弹出的快捷菜单中选择 **Initialize** 命令进行初始化，如图 5-15 所示。

09　计算

选择模型树节点 **Run Calculation**，在右侧面板中设置 **Number of Iterations** 为 1000，单击 **Calculate** 按钮进行计算，如图 5-16 所示。

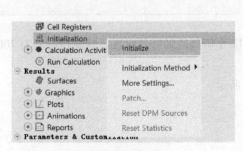

图 5-15　初始化

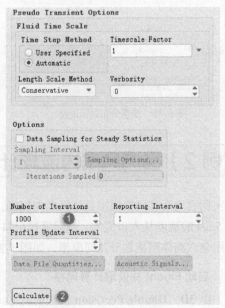

图 5-16　设置计算参数

10 计算后处理

1. 查看速度分布云图

双击模型树节点 **Results→Graphics→Contours**，弹出 Contours 对话框，按图 5-17 所示设置参数。速度分布云图如图 5-18 所示。

图 5-17 设置速度分布云图参数

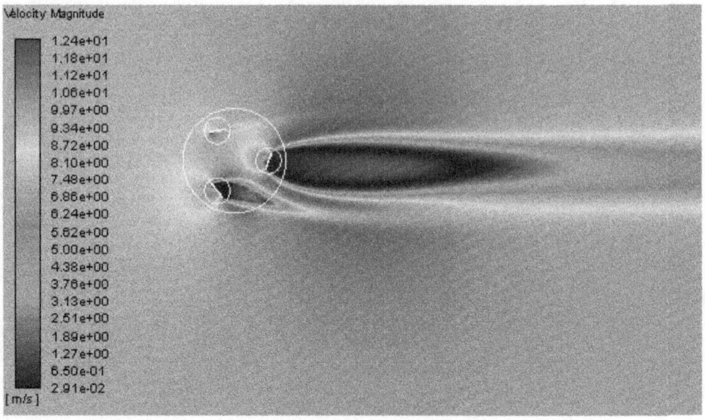

图 5-18 速度分布云图（局部放大）

2. 查看涡量分布云图

按图 5-19 所示设置涡量分布参数。涡量分布云图如图 5-20 所示。

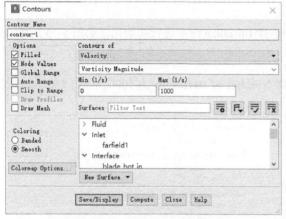

图 5-19 涡量分布显示设置

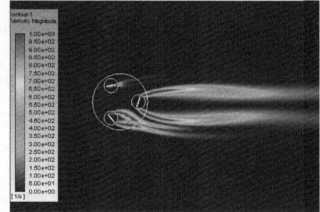

图 5-20 涡量分布云图

【实例 2】径流风扇内流场计算

本实例利用滑移网格模拟径流风扇内流场，该风扇由 12 个等间距的叶片组成，其旋转速度为 2000rpm，空气以 5m/s 的速度从入口流入，然后通过出口流出。

采用全六面体网格划分几何模型，如图 5-21、图 5-22 所示。

01 启动 Fluent 并读取计算网格

（1）以 **3D**、**Double Precision** 模式启动 Fluent。

（2）执行 **File→Import→Tecplot** 命令，打开文件选择对话框，选择网格文件 **EX2.plt**，将其打开。

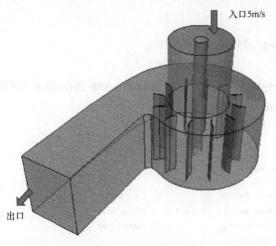

入口5m/s

出口

图 5-21　计算模型示意图

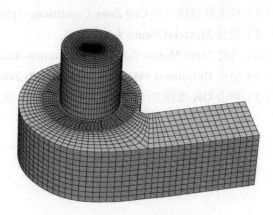

图 5-22　计算网格

02　常规参数设置

缩放计算网格并指定瞬态计算。

（1）选择模型树节点 **General**，右侧面板参数设置如图 5-23 所示。

（2）单击 **Scale** 按钮弹出 Scale Mesh 对话框，设置 **Mesh Was Created In** 为 **mm**，单击 **Scale** 按钮缩放计算网格，单击 **Close** 按钮关闭对话框，如图 5-24 所示。

（3）在图 5-23 所示的 **General** 面板中选择 **Transient** 选项，启用瞬态计算。

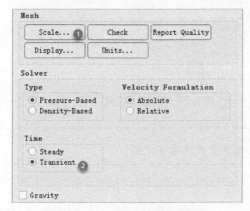

图 5-23　General 面板设置

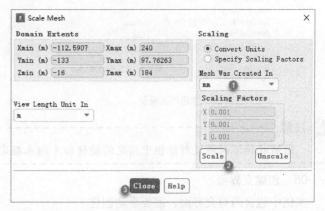

图 5-24　缩放网格

> **注意：**
> 滑移网格常用于瞬态计算中。

（4）单击图 5-23 中的 **Units** 按钮，在弹出 Set Units 对话框中选择 **angular-velocity**，设置 **Units** 为 **rpm**，单击 **Close** 按钮关闭对话框，如图 5-25 所示。

03　模型设置

右击模型树节点 **Models→Viscous**，在弹出的快捷菜单中选择 **Model→Realizable k-epsilon** 命令，激活湍流模型，如图 5-26 所示。

04　计算域属性设置

实例中包含两个计算域：fluid 与 rotating。其中 fluid 为静止计算域，采用默认设置即可；rotating 为

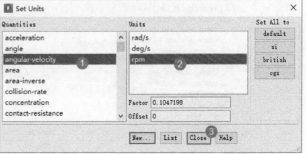

图 5-25　修改角速度单位

运动区域，需要指定其运动速度。

（1）双击模型树节点 **Cell Zone Conditions→rotating**，弹出 Fluid 对话框。

（2）设置 **Material Name** 为 **air**。

（3）选择 **Mesh Motion** 选项，设置 **Rotation-Axis Origin** 为**(0,0,0)**，设置 **Rotation-Axis Direction** 为**(0,0,1)**。

（4）指定 **Rotational Velocity** 中的 **Speed** 为 **2000rpm**。

（5）单击 **OK** 按钮关闭对话框，如图 5-27 所示。

图 5-26　激活湍流模型　　　　　　　　　　　　　图 5-27　指定旋转区域

注意：

区域旋转方向通过对话框中指定的旋转轴方向来指定，指定方式为右手定则。

05　创建交界面

实例中包含两对交界面，需要手动创建。

（1）选中模型树节点 **Boundary Conditions→fluid:interface1/fluid:interface2/rotating:interface1/rotating: interface2** 并右击，在弹出的快捷菜单中选择 **Type→interface** 命令，修改边界类型为 interface，如图 5-28 所示。

（2）双击模型树节点 **Mesh Interfaces**，弹出 Mesh Interfaces 对话框，选择列表项 **fluid:interface1** 和 **rotating:interface1**，设置 **Interface Name Prefix** 为 **interface1**，单击 **Auto Create** 按钮创建交界面，如图 5-29 所示。

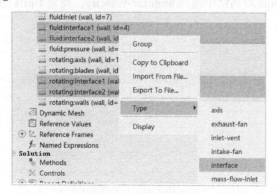

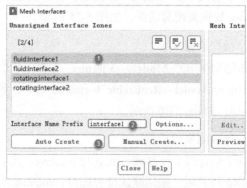

图 5-28　修改边界类型　　　　　　　　　　　　　图 5-29　创建交界面 1

（3）选择列表项 **fluid:interface2** 和 **rotating:interface2**，设置 Interface Name Prefix 为 **interface2**，单击 **Auto Create** 按钮创建交界面，如图 5-30 所示。

06 边界条件设置

1. fluid:inlet 设置

右击模型树节点 **Boundary Conditions→fluid:inlet**，在弹出的快捷菜单中选择 **Type→velocity-inlet** 命令，在弹出对话框的 Momentum 选项卡中设置 **Velocity Magnitude** 为 **5m/s**，单击 **OK** 按钮，如图 5-31 所示。

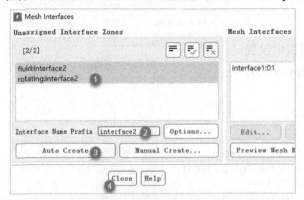

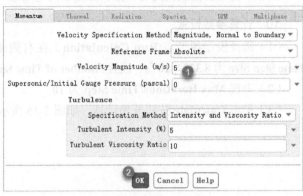

图 5-30　创建交界面 2　　　　　　　　　　　　　　　图 5-31　设置入口边界

2. fluid:pressure 设置

右击模型树节点 **Boundary Conditions→fluid:pressure**，在弹出的快捷菜单中选择 **Type→pressure-outlet** 命令，将边界类型更改为压力出口，弹出的对话框保持默认设置。

3. fluid:axis 设置

双击模型树节点 **Boundary Conditions→fluid:axis**，弹出 Wall 对话框，设置 **Wall Motion** 为 **Moving Wall**，指定 **Motion** 类型为 **Absolute** 和 **Rotational**，设置 **Speed** 为 **2000rpm**，单击 **OK** 按钮关闭对话框，如图 5-32 所示。

07 方法设置

选择模型树节点 **Methods**，在右侧面板中设置 **Scheme** 为 **PISO**，选择 **Warped-Face Gradient Correction** 选项，其他参数保持默认设置，如图 5-33 所示。

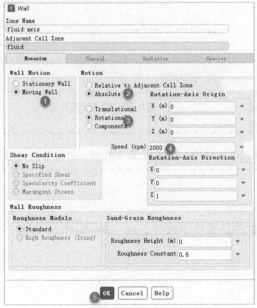

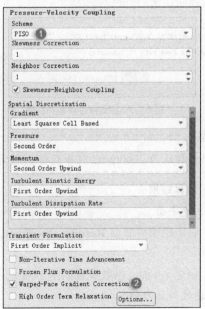

图 5-32　设置壁面旋转　　　　　　　　　　　　　　　图 5-33　设置计算方法

08 初始化

右击模型树节点 **Initialization**，在弹出的快捷菜单中选择 **Initialize** 命令进行初始化，如图 5-34 所示。

09 自动保存设置

（1）双击模型树节点 **Calculation Activities→Autosave**，弹出 Autosave 对话框，设置 **Save Data File Every** 为 10。

（2）单击 **OK** 按钮关闭对话框，如图 5-35 所示。

10 计算参数设置

（1）选择模型树节点 **Run Calculation**，在右侧面板中设置 **Time Step Size** 为 8.333×10^{-5}s，设置 **Number of Time Steps** 为 720。

（2）设置 **Max Iterations/Time Step** 为 10。

（3）单击 **Calculate** 按钮开始计算，如图 5-36 所示。

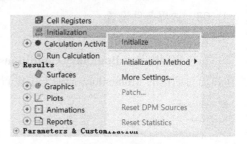

图 5-34 初始化

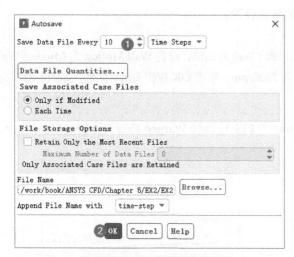

图 5-35 自动保存设置对话框

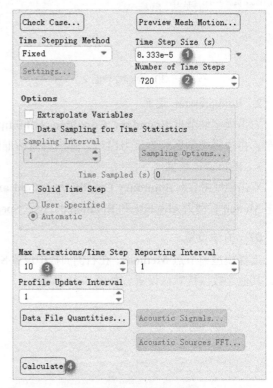

图 5-36 设置计算参数

💿 **注意**：

风扇转速为 2000rpm，则每旋转 1° 所需时间为 8.333×10^{-5}s，这里计算 720 步，意味着风扇旋转 2 周。

11 计算结果

1. 创建平面

（1）右击模型树节点 **Results→Surfaces**，在弹出的快捷菜单中选择 **New→Iso-Surface** 命令，如图 5-37 所示。

（2）创建 z-0 面，参数设置如图 5-38 所示。

2. 速度与压力分布

图 5-39、图 5-40 所示为 z-0 平面上的速度及压力分布云图。

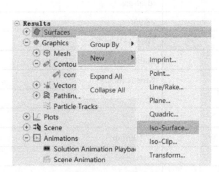

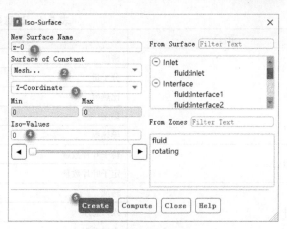

图 5-37 新建平面 　　　　　　　　　　　　图 5-38 创建 z-0 平面

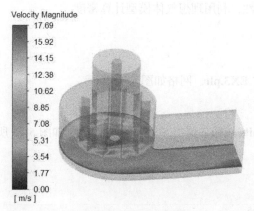

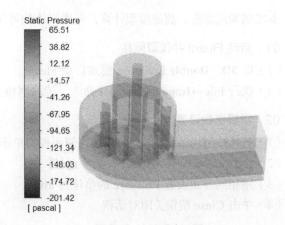

图 5-39 速度分布云图 　　　　　　　　　　图 5-40 压力分布云图

【实例 3】单级轴流压缩机内部流场计算

本实例利用 Fluent 提供的 Mix plane 模型计算单级轴流压缩机的内部流场，并验证出口压力及流量。压缩机模型如图 5-41 所示。

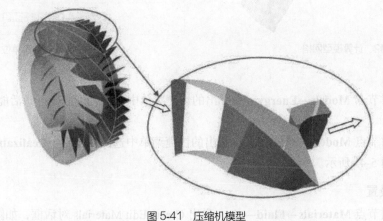

图 5-41 压缩机模型

采用单个转子叶片与单个定子叶片进行计算，利用旋转参考系模型模拟转子的转动，计算参数如表 5-4 所示。

表 5-4　计算条件

项目	名称	大小
材料参数	密度	ideal-gas
	分子量	28.966
	比热容	1006.43J/(kg·K)
	黏度	Sutherland
	导热率	Kinetic theory
几何模型	转子叶片数量	16
	定子叶片数量	40
边界条件	转速	37 500rpm
	入口总压	1atm
	入口总温	288K

本实例采用稳态、湍流模型计算，考虑气体的可压缩性，利用理想气体模型计算密度。

01　启动 Fluent 并读取网格

（1）以 **3D**、**Double Precision** 模式启动 Fluent。

（2）执行 **File→Import→Tecplot** 命令，读取网格文件 **EX3.plt**，网格如图 5-42 所示。

02　常规参数设置

（1）选择模型树节点 **General**，在右侧面板中单击 **Units** 按钮，弹出 Set Units 对话框，如图 5-43 所示。

（2）修改 **angular-velocity** 的单位为 **rpm**。

（3）用相同方式设置 **Pressure** 的单位为 **atm**。

（4）单击 **Close** 按钮关闭对话框。

图 5-42　计算模型网格

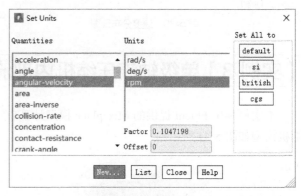

图 5-43　修改单位

03　模型设置

（1）右击模型树节点 **Models→Energy**，在弹出的快捷菜单中选择 **On** 命令，激活能量方程，如图 5-44 所示。

（2）右击模型树节点 **Models→Viscous**，在弹出的快捷菜单中选择 **Model→Realizable k-epsilon** 命令，开启湍流模型，如图 5-45 所示。

04　材料属性设置

（1）双击模型树节点 **Materials→Fluid→air**，弹出 Create/Edit Materials 对话框，如图 5-46 所示。

（2）设置 **Density** 为 **ideal-gas**。

（3）设置 **Thermal Conductivity** 为 **kinetic-theory**。

（4）设置 **Viscosity** 为 **sutherland**，弹出的参数设置对话框保持默认设置。

（5）单击 **Change/Create** 按钮修改材料参数。

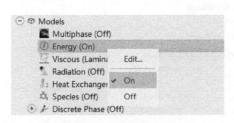
图 5-44　激活能量方程

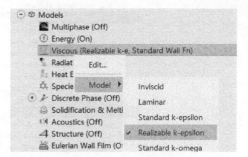
图 5-45　启用湍流模型

05　计算域设置

（1）双击模型树节点 **Cell Zone Conditions→fluid-rotor**，在弹出的 Fluid 对话框中选择 **Frame Motion** 选项。

（2）指定 **Rotation-Axis Origin** 为(0,0,0)，设置 **Rotation-Axis Direction** 为(1,0,0)，即 X 轴方向，设置 **Rotational Velocity** 中的 **Speed** 为**−37500rpm**，单击 **OK** 按钮关闭对话框，如图 5-47 所示。

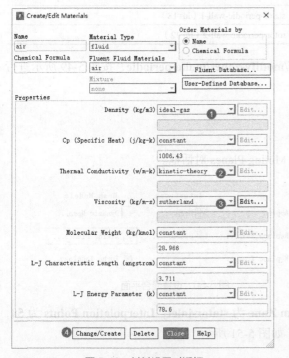
图 5-46　材料设置对话框

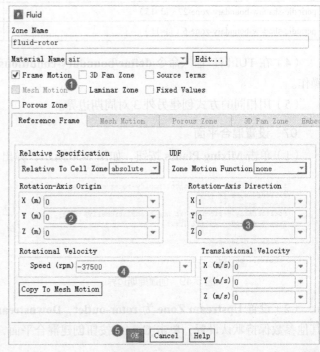
图 5-47　计算域设置

注意：

　旋转方向根据旋转轴方向及旋转速度，由右手定则来确定。

06　边界类型设置

混合平面模型（Mixing Plane Model）要求每个区域均包含入口和出口边界。

（1）选择模型树节点 **Boundary Conditions→rotor-inlet** 及 **stator-inlet** 并右击，在弹出的快捷菜单中选择 **Type→pressure-inlet** 命令，将边界类型修改为压力入口边界，如图 5-48 所示。

（2）修改 **rotor-outlet** 及 **stator-outlet** 的边界类型为 **pressure-outlet**。

（3）修改 **periodic-shadow-boundary-zone-13**、**periodic-shadow-boundary-zone-17**、**periodic-shadow-boundary-zone-27**、**periodic-shadow-boundary-zone-6** 的边界类型为 **wall**。

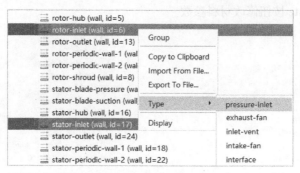

图 5-48　修改边界类型

本实例中有 4 对周期边界，需要利用 TUI 命令进行指定，如表 5-5 所示。

表 5-5　周期边界

边界	对应周期边界
periodic-shadow-boundary-zone-13（id=4）	rotor-periodic-wall-1（id=7）
periodic-shadow-boundary-zone-17（id=23）	stator-periodic-wall-2（id=22）
periodic-shadow-boundary-zone-27（id=15）	stator-periodic-wall-1（id=18）
periodic-shadow-boundary-zone-6（id=11）	rotor-periodic-wall-2（id=12）

（4）在 TUI 窗口输入命令 **define/boundary-conditions/modify-zones/make-periodic**，按图 5-49 所示进行操作。

（5）用相同的方式创建另外 3 对周期边界。

07　设置混合平面

（1）单击 **Mixing Planes** 按钮，如图 5-50 所示，弹出 Mixing Planes 对话框。

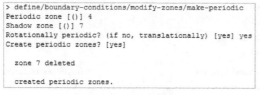

图 5-49　创建周期边界

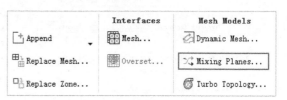

图 5-50　设置混合平面

（2）设置 **Upstream Zone** 为 **rotor-outlet**，**Downstream Zone** 为 **stator-inlet**，**Interpolation Points** 为 **50**，其他参数保持默认设置，单击 **Create** 按钮创建混合平面，如图 5-51 所示。

 注意：

在混合平面模型中，两个区域均有入口与出口，上游区域的出口与下游区域的入口相配对。

08　边界条件设置

本实例的边界条件只需要设置转子入口及定子出口。

1. rotor-inlet 边界设置

（1）双击模型树节点 **Boundary Conditions**→**rotor-inlet**，弹出 Pressure Inlet 对话框，设置 **Gauge Total Pressure** 为 **1atm**，**Turbulent Intensity** 为 **5%**，**Hydraulic Diameter** 为 **0.0964m**，单击 **OK** 按钮关闭对话框，如图 5-52 所示。

（2）切换到 **Thermal** 选项卡，设置 **Total Temperature** 为 **288K**，如图 5-53 所示，单击 **OK** 按钮关闭对话框。

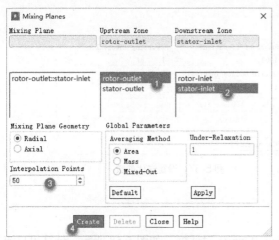

图 5-51 设置混合平面参数

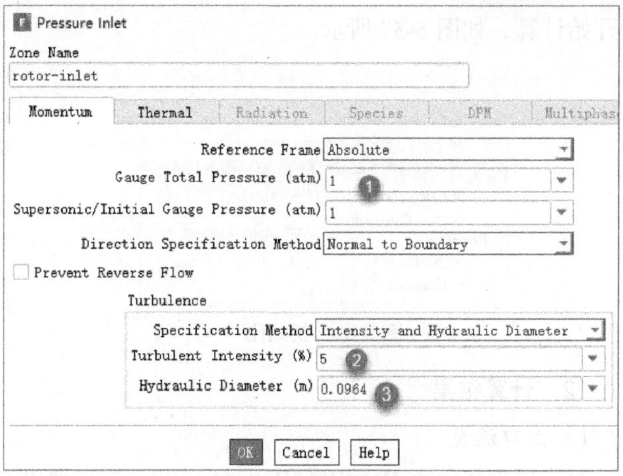

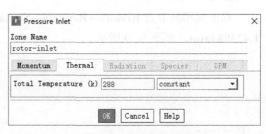

图 5-52 设置入口边界

2. stator-outlet 边界设置

双击模型树节点 **Boundary Conditions→stator-outlet**，弹出 Pressure Outlet 对话框，设置 **Gauge Pressure** 为 **1.08atm**，**Backflow Turbulent Intensity** 为 **5%**，**Backflow Turbulent Viscosity Ratio** 为 **10**，单击 **OK** 按钮关闭对话框，如图 5-54 所示。

09 选择离散算法

选择模型树节点 **Methods**，在右侧面板中设置 **Scheme** 为 **Coupled**，其他参数保持默认设置，如图 5-55 所示。

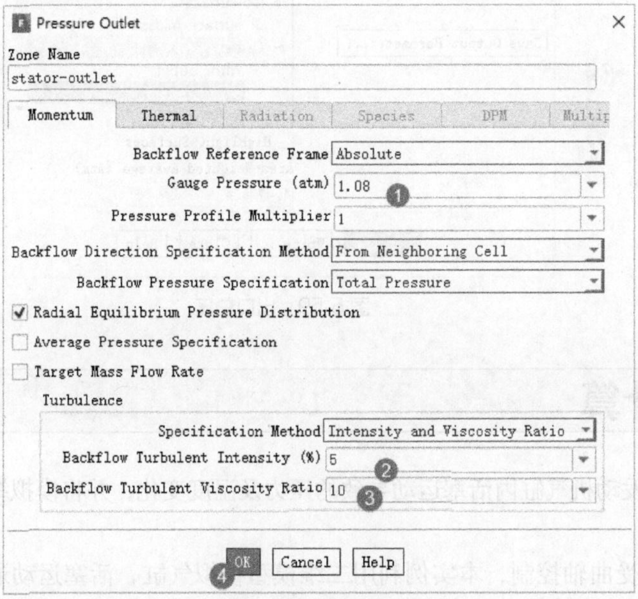

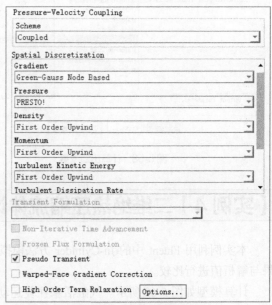

图 5-53 设置入口温度

图 5-54 设置出口边界

图 5-55 设置离散算法参数

10 初始化

右击模型树节点 **Initialization**，在弹出的快捷菜单中选择 **Initialize** 命令开始初始化，如图 5-56 所示。

11 迭代计算设置

选择模型树节点 **Run Calculation**，在右侧面板中设置 **Number of Iterations** 为 **1000**，单击 **Calculate** 按

钮开始计算，如图 5-57 所示。

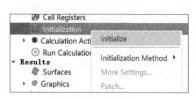

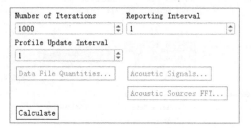

图 5-56　初始化

图 5-57　设置迭代参数

12　计算结果

1.　出口流量

双击模型树节点 **Results→Reports→Fluxes**，弹出 Flux Reports 对话框，如图 5-58 所示，计算出口流量为 **-0.1079871kg/s**。

2.　出口总压

双击模型树节点 **Results→Reports→Surface Integrals**，弹出 Surface Integrals 对话框，计算出口总压为 **1.473884atm**，如图 5-59 所示。

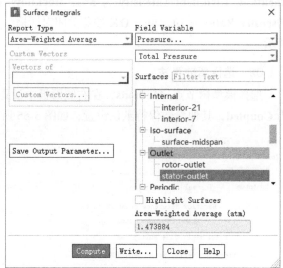

图 5-58　计算出口流量

图 5-59　出口总压

【实例 4】二维绝热压缩流体计算

本实例利用 Fluent 中的 In-Cylinder 方法模拟发动机气缸内活塞运动导致的压力及温度变化，并将模拟结果与解析值进行比较。

计算模型如图 5-60 所示。气缸活塞往复运动受曲轴控制，本实例利用二维模型模拟气缸，活塞运动通过 In-Cylinder 方法进行指定。

活塞从底部死点位置（BDC）向上运动，缓慢绝热压缩流体，到达顶部死点（TDC）后，活塞反方向移动回到起始位置，完成一个运动周期。

计算域尺寸如图 5-61 所示。

计算过程中假定缸内气体压缩过程为绝热。本实例利用 In-Cylinder、弹簧光顺及网格重构算法模拟边界运动。

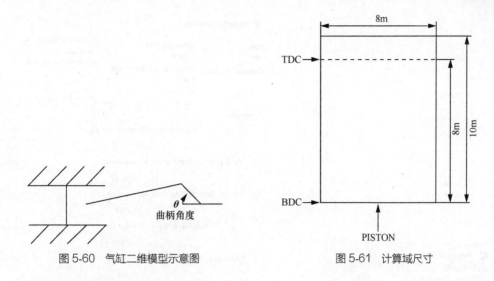

图 5-60　气缸二维模型示意图　　　　　　图 5-61　计算域尺寸

01　创建几何模型及网格

本实例几何模型及网格较为简单，按图 5-61 所示建立几何模型并划分三角形网格。边界命名及网格如图 5-62 所示。

02　启动 Fluent 并导入网格

（1）以 **2D**、**Double Precision** 模式启动 Fluent。

（2）读取网格文件 **EX4.msh**。

03　常规参数设置

双击模型树节点 **General**，设置采用 **Transient** 计算，如图 5-63 所示。

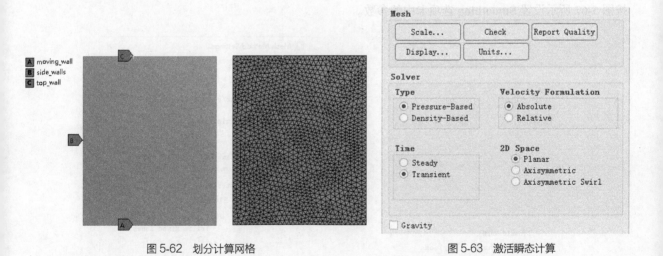

图 5-62　划分计算网格　　　　　　　　　　图 5-63　激活瞬态计算

04　模型设置

右击模型树节点 **Models→Energy**，在弹出的快捷菜单中选择 **On** 命令，激活能量方程，如图 5-64 所示。

05　材料属性设置

双击模型树节点 **Materials→Fluid→air**，在弹出的 Create/Edit Materials 对话框中，设置 **Density** 为 **ideal-gas**，如图 5-65 所示。

图 5-65　修改材料参数

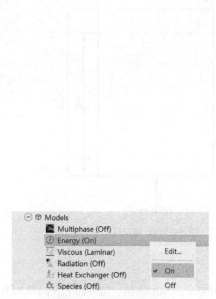

图 5-64　激活能量方程

06　边界条件设置

本实例所有边界均为绝热壁面边界，采用默认参数设置。

07　动网格参数设置

（1）选择模型树节点 **Dynamic Mesh**，在右侧面板中选择 **Dynamic Mesh** 选项。

（2）选择 **Smoothing**、**Remeshing** 及 **In-Cylinder** 选项，如图 5-66 所示。

（3）单击图 5-66 所示面板 **Mesh Methods** 选项组中的 **Settings** 按钮，弹出 Mesh Method Settings 对话框，按图 5-67 所示设置 **Smoothing** 选项卡中的参数。

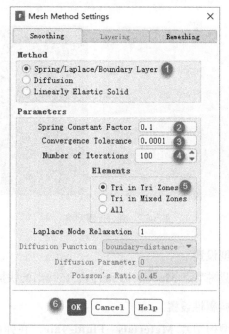

图 5-67　设置光顺参数

图 5-66　激活动网格

（4）切换至 **Remeshing** 选项卡，选择 **Local Cell** 及 **Region Face** 选项，单击 **Reset** 按钮指定参数，单击

OK 按钮关闭对话框，如图 5-68 所示。

（5）单击图 5-66 所示面板 **Options** 选项组中的 **Settings** 按钮，按图 5-69 所示设置参数。

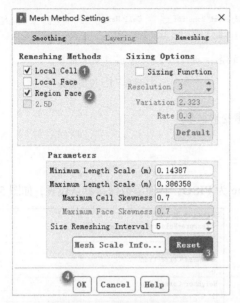

图 5-68 设置网格重构参数

图 5-69 指定气缸运动参数

（6）选择模型树节点 **Dynamic Mesh**，单击右侧面板 **Dynamic Mesh Zone** 列表下方的 **Create/Edit** 按钮，弹出 Dynamic Mesh Zones 对话框，如图 5-70 所示。

（7）设置 Zone Names 为 **moving_wall**，Type 为 **Rigid Body**。

（8）指定 **Motion UDF/Profile** 为****piston-full****。

（9）设置 **Valve/Piston Axis** 为**(0,1)**，即设置为 *Y* 方向。

图 5-70 创建运动区域

🕐 注意：

　　当指定了 In-Cylinder 参数后，这里就会显示 piston-full 运动形式。确保 Valve/Piston Axis 参数设置与活塞运动方向一致。

（10）切换至 **Meshing Options** 选项卡，设置 **Cell Height** 为 **0.15m**，如图 5-71 所示，单击 **Create** 按钮。

（11）按图 5-72 所示设置 **Zone Names** 为 **side_walls**。

（12）指定 **Type** 为 **Deforming**。

（13）设置 **Definition** 为 **cylinder**，指定 **Cylinder Radius** 为 **4m**。

（14）指定 **Cylinder Origin** 为 **(4,0)**，指定 **Cylinder Axis** 为 **(0,1)**。

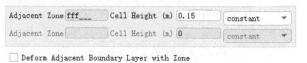

图 5-71　设置参数

（15）其他参数保持默认设置，单击 **Create** 按钮创建变形区域。

（16）单击 **Close** 按钮关闭对话框。

08　方法设置

选择模型树节点 **Methods**，在右侧面板中设置 **Scheme** 为 **PISO**，其他参数保持默认设置，如图 5-73 所示。

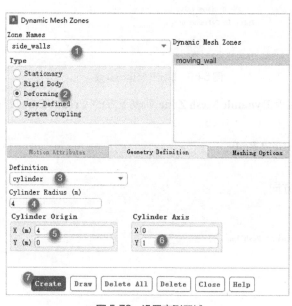

图 5-72　设置变形区域

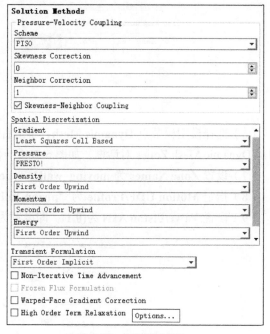

图 5-73　设置迭代算法

09　报告定义

1. 定义压力报告（Report-Pressure）

（1）右击模型树节点 **Report Definitions**，在弹出的快捷菜单中选择 **New→Volume Report→Volume-Average** 命令，如图 5-74 所示。

（2）弹出 Volume Report Definition 对话框，设置 **Name** 为 **report-pressure**，如图 5-75 所示。

（3）设置 **Report Type** 为 **Volume-Average**，**Field Variable** 为 **Pressure** 及 **Static Pressure**。

（4）设置 **Cell Zones** 为 **fff___**。

（5）选择 **Report File**、**Report Plot** 及 **Print to Console** 选项，单击 **OK** 按钮完成定义。

2. 定义温度报告（Report-Temperature）

（1）右击模型树节点 **Report Definitions**，在弹出的快捷菜单中选择 **New→Volume Report→Volume-Average** 命令，弹出 Volume Report Definition 对话框，如图 5-76 所示。

（2）设置 **Name** 为 **report-temperature**。

（3）设置 **Report Type** 为 **Volume-Average**，设置 **Field Variable** 为 **Temperature** 及 **Static Temperature**。

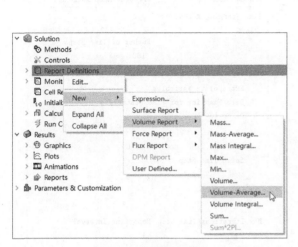

图 5-74　新建报告定义

图 5-75　定义区域内压力

（4）设置 **Cell Zones** 为 **fff___**。

（5）选择 **Report File**、**Report Plot** 及 **Print to Console** 选项，单击 **OK** 按钮完成定义。

10　初始化

右击模型树节点 **Initialization**，在弹出的快捷菜单中选择 **Initialize** 命令开始初始化，如图 5-77 所示。

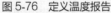

图 5-76　定义温度报告

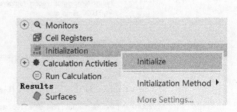

图 5-77　初始化

11　设置自动保存

（1）双击模型树节点 **Calculation Activities→Autosave**，弹出 Autosave 对话框，设置 **Save Data File Every** 为 **1**，如图 5-78 所示。

（2）单击 **OK** 按钮关闭对话框。

12　计算

选择模型树节点 **Run Calculation**，在右侧面板中设置 **Number of Time Steps** 为 **180**，设置 **Max Iterations/**

Time Step 为 **20**，单击 **Calculate** 按钮开始计算，如图 5-79 所示。

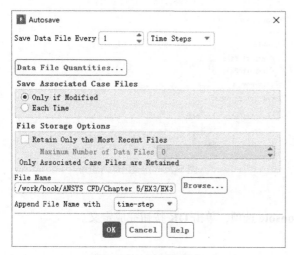

图 5-78　设置自动保存

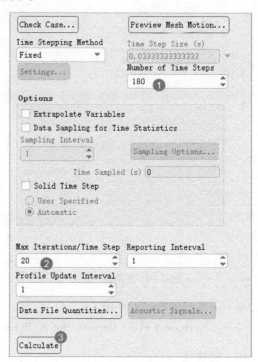

图 5-79　设置计算参数

💭 **注意：**

这里设置的时间步数实际上是指定曲柄旋转的角度，180° 为旋转半个周期。

13　模拟结果与解析值对比

本实例计算数据可与解析值进行比较，关于解析值可参阅文献[1]。

双击模型树节点 **Results→Plots→File**，弹出 File XY Plot 对话框，按图 5-80 所示的参数进行设置，导入数据文件并绘制图形。

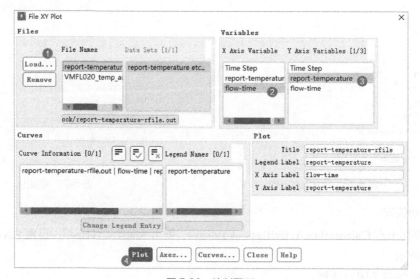

图 5-80　绘制图形

---

[1] RUSSELL L D, ADEBIYI G A. Classical Thermodynamics[M]. Philadelphia: Saunders College Publishing, 1993.

1.　压力值与解析值的对比

监测的压力值与解析值比较结果如图 5-81 所示。

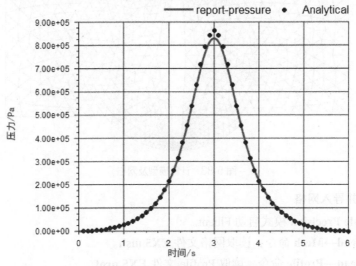

图 5-81　压力变化曲线与解析值比较

2.　计算温度值与解析值的对比

计算温度值与解析值比较结果如图 5-82 所示。

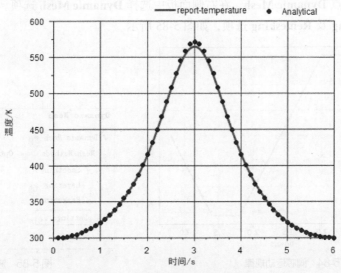

图 5-82　温度变化曲线与解析值比较

【实例 5】蝶阀运动计算

本实例演示利用网格重构技术研究蝶阀的阀芯运动的方法。计算模型及网格如图 5-83 所示。

蝶阀阀芯绕其中心旋转，其旋转运动规律如图 5-84 所示。本实例仅演示阀芯运动条件下的网格重构。

利用 Profile 文件指定阀芯运动，文件内容如下。

```
((butterfly point 6 1)
(time 0 0.6 1 2.2 2.6 3.2)
(omega_z 0 1.571 1.571 -1.571 -1.571 0)
)
```

采用文件读取的方式加载 Profile 文件。

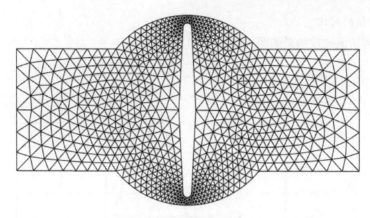

图 5-83 计算模型及网格

01 启动 Fluent 并导入网格

（1）以 **2D**、**Double Precision** 模式启动 Fluent。

（2）执行 **File→Read→Mesh** 命令，读取网格文件 **EX5.msh**。

（3）执行 **File→Read→Profile** 命令，读取 Profile 文件 **EX5.prof**。

（4）选择模型树节点 **General**，在右侧面板中选择 **Transient** 选项，启用瞬态计算。

02 设置动网格参数

（1）选择模型树节点 **Dynamic Mesh**，在右侧面板中选择 **Dynamic Mesh** 选项。

（2）选择 **Smoothing** 及 **Remeshing** 选项，如图 5-85 所示。

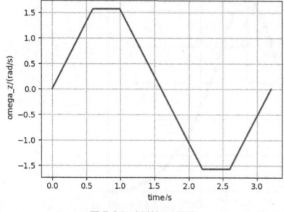

图 5-84 阀芯运动规律

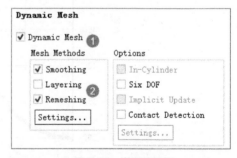

图 5-85 激活动网格

（3）单击 **Settings** 按钮，弹出 Mesh Method Settings 对话框，在 **Smoothing** 选项卡中设置 **Method** 为 **Diffusion**，**Diffusion Parameter** 为 **1.5**，如图 5-86 所示。

（4）切换至 **Remeshing** 选项卡，单击 **Reset** 按钮，采用默认参数设置。

（5）单击 **OK** 按钮关闭对话框，如图 5-87 所示。

> 提示：
> 单击 Reset 按钮后，软件会根据导入的网格信息自动填写网格重构数据，通常情况下不需要额外修改。

03 设置动网格区域

（1）选择模型树节点 **Dynamic Mesh**，单击右侧面板 **Dynamic Mesh Zones** 列表下方的 **Create/Edit** 按钮，打开 Dynamic Mesh Zones 对话框，如图 5-88 所示。

（2）设置 **Zone Names** 为 **wall-butterfly**，**Type** 为 **Rigid Body**。

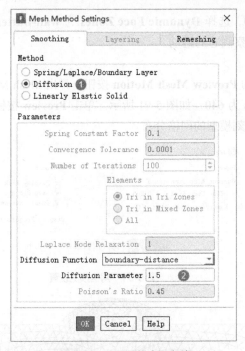

图 5-86　设置网格光顺参数

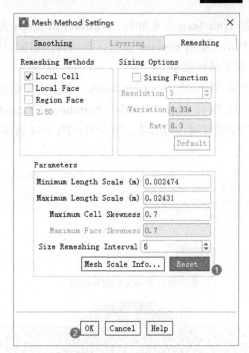

图 5-87　设置网格重构参数

（3）设置 **Motion UDF/Profile** 为 **butterfly**。

（4）保持 **Center of Gravity Location** 为默认值(0,0)。

（5）切换至 **Meshing Options** 选项卡，设置 **Cell Height** 为 **0.003m**，单击 **Create** 按钮创建运动区域，如图 5-89 所示。

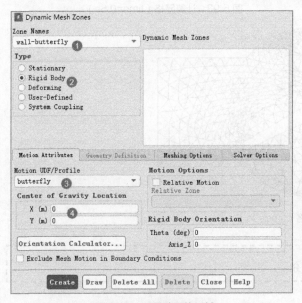

图 5-88　设置动网格区域

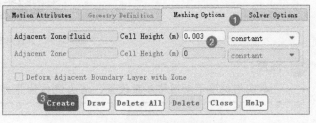

图 5-89　设置运动区域网格参数

04　动网格预览

动网格参数设置完毕后，可以通过动网格预览方式查看运动行为。在进行网格预览之前，建议保存 case 文件。执行 **File→Write→Case** 命令，可保存 case 文件。

1. 区域运动查看设置

选择模型树节点 **Dynamic Mesh**，单击右侧面板中的 **Display Zone Motion** 按钮，弹出 Zone Motion 对话

框，设置 **Time Step** 为 **0.005s**，**Number of Steps** 为 **640**，选择 **Dynamic Face Zones** 为 **wall-butterfly**，如图 5-90 所示。单击 **Preview** 按钮，即可在图形窗口中观察阀芯的运动。

2. 预览网格运动

选择模型树节点 **Dynamic Mesh**，单击右侧面板中的 **Preview Mesh Motion** 按钮，弹出 Mesh Motion 对话框，设置 **Time Step** 为 **0.005s**，**Number of Time Steps** 为 **640**，如图 5-91 所示。单击 **Preview** 按钮即可在图形窗口中观察阀芯的运动，图 5-92 ~ 图 5-94 为不同时刻模型的网格分布。

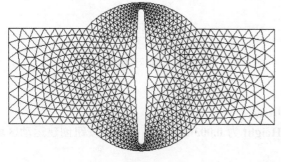

图 5-90 区域运动查看设置

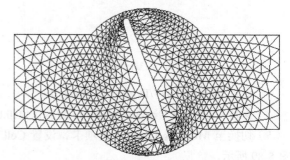

图 5-91 网格预览设置

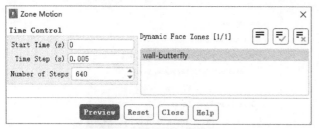

图 5-92 计算网格（time=0s）

图 5-93 计算网格（time=0.5s）

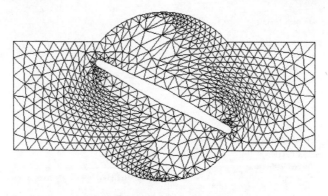

图 5-94 计算网格（time=1s）

 注意： -

本实例仅演示动网格参数设置，省去流体计算部分。

【实例 6】吊舱运动轨迹计算

本实例利用重叠网格及 Six DOF 模型计算自由落体运动。

图 5-95 所示为吊舱模型示意图。从飞行速度为 0.8 Ma 的飞行器上投放一个救援吊舱，吊舱坠落时会受到压力、黏性阻力和重力的影响。这些外力会在吊舱上形成力矩，使吊舱沿其中心旋转。

本实例采用重叠网格处理吊舱下降时的网格更新，重叠网格方案如图 5-96 所示。

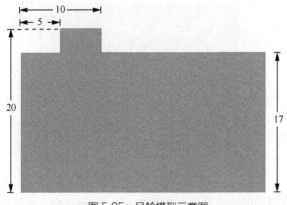

图 5-95 吊舱模型示意图

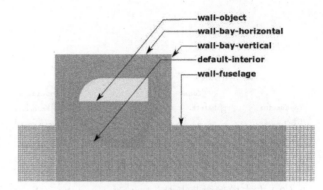

图 5-96 重叠网格方案

01 启动 Fluent 并加载网格

（1）以 **2D**、**Double Precision** 模式启动 Fluent。

（2）执行 **File→Read→Mesh** 命令，读取背景网格文件 **Overset-background-mesh.msh**。

02 交界面配对处理

背景网格采用了两对交界面，需要进行配对处理。

（1）双击模型树节点 **Mesh Interfaces**，弹出 Mesh Interfaces 对话框，如图 5-97 所示。

（2）在列表框中选中 **interface-background-downstream** 及 **interface-downstream-background**，设置 **Interface Name Prefix** 为 **downstream-background**，单击 **Auto Create** 按钮创建交界面。

（3）在列表框中选中 **interface-background-upstream** 及 **interface-upstream-background**，设置 **Interface Name Prefix** 为 **upstream-background**，单击 **Auto Create** 按钮创建交界面，单击 **Close** 按钮，如图 5-98 所示。

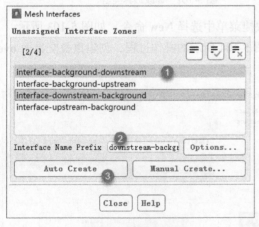

图 5-97 创建交界面 1

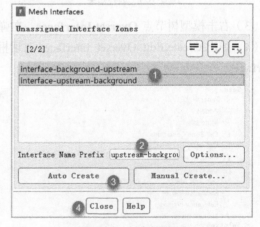

图 5-98 创建交界面 2

03 读取前景网格

在功能区中选择 **Append→Append Case File** 命令，如图 5-99 所示，在弹出的对话框中加载前景网格文件 **Overset-component-mesh.msh**。

此时的网格显示如图 5-100 所示。

04 创建重叠网格界面

（1）右击模型树节点 **Boundary Conditions**，在弹出的快捷菜单中选择 **Group By→Zone Type** 命令，对边界进行归类，如图 5-101 所示。

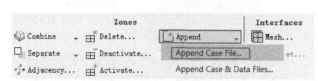

图 5-99　附加另一套网格

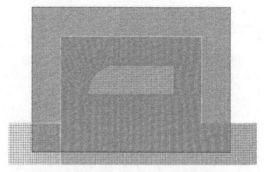

图 5-100　组装完毕的网格

（2）右击模型树节点 **Overset→overset_boundary**，在弹出的快捷菜单中选择 **Type→overset** 命令，将边界类型修改为重叠边界，如图 5-102 所示。

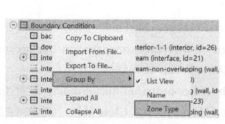

图 5-101　边界归类

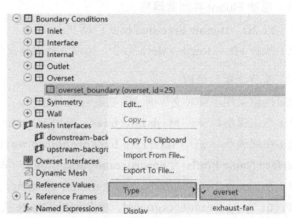

图 5-102　修改边界类型

（3）右击模型树节点 **Overset Interfaces**，在弹出的快捷菜单中选择 **New** 命令，如图 5-103 所示。

（4）弹出 Create/Edit Overset Interfaces 对话框，按图 5-104 所示的操作过程，创建重叠交界面 **overset-interface**。

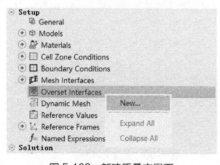

图 5-103　新建重叠交界面

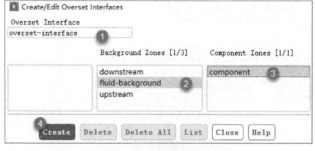

图 5-104　创建重叠区域

利用 TUI 命令指定重叠界面的计算参数。

```
/define/overset-interfaces/options/donor-priority-method 1
/define/overset-interfaces/options/expert yes
/define/overset-interfaces/intersect-all
/define/overset-interfaces/options/verbosity 2
```

 注意：

　　这些 TUI 命令有助于提高重叠网格计算的精度。

05 模型设置

激活能量方程及 SST k-omega 湍流模型。

（1）右击模型树节点 **Models→Energy**，在弹出的快捷菜单中选择 **On** 命令，激活能量方程，如图 5-105 所示。

（2）双击模型树节点 **Models→Viscous**，弹出 Viscous Model 对话框，按图 5-106 所示的操作过程激活 **SST k-omega** 湍流模型。

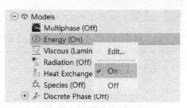

图 5-105 激活能量方程

06 材料属性设置

（1）双击模型树节点 **Materials→Fluid→air**，弹出 Create/Edit Materials 对话框，设置 **Density** 为 **ideal-gas**，其他参数保持默认设置，如图 5-107 所示。

（2）单击 **Change/Create** 按钮修改参数。

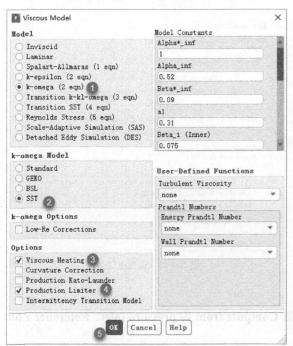

图 5-106 选择湍流模型

图 5-107 修改材料属性

07 操作条件设置

（1）单击功能区 **Physics** 选项卡 **Planar** 工具组中的 **Operating Conditions** 按钮，如图 5-108 所示，将会弹出 Operating Conditions 对话框。

（2）在 Operating Conditions 对话框中设置 **Operating Pressure** 为 **0Pa**，如图 5-109 所示。

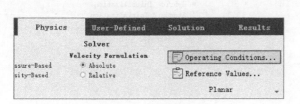

图 5-108 设置操作条件

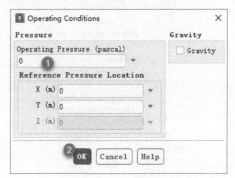

图 5-109 设置操作压力

注意:
材料密度选用 ideal-gas 时，常设置操作压力为 0Pa。

08 边界条件设置

1. pressure-inlet

（1）双击模型树节点 **Boundary Conditions→pressure-inlet**，弹出 Pressure Inlet 对话框，如图 5-110 所示。

（2）设置 **Gauge Total Pressure** 为 **154419.3Pa**。

（3）设置 **Supersonic/Initial Gauge Pressure** 为 **101325Pa**。

（4）其他参数保持默认设置。

2. Pressure-outlet

设置 **Gauge Pressure** 为 **101325Pa**，其他参数保持默认设置，如图 5-111 所示。

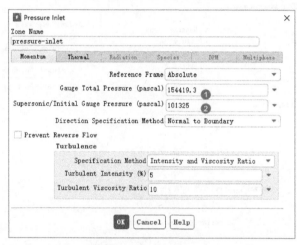

图 5-110　设置入口条件

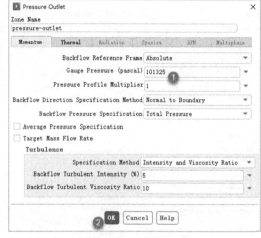

图 5-111　设置出口条件

09 参考值设置

选择模型树节点 **Reference Values**，在右侧面板中设置 **Compute from** 为 **pressure-inlet**，**Reference Zone** 为 **fluid-background**，如图 5-112 所示。

10 初始化

选择模型树节点 **Initialization**，在右侧面板中选择 **Hybrid Initialization**，单击 **Initialize** 按钮进行初始化，如图 5-113 所示。

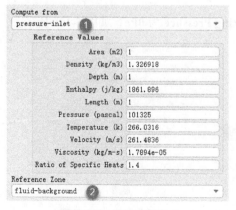

图 5-112　设置参考值

图 5-113　初始化

11 开始计算

（1）选择模型树节点 **Run Calculation**，在右侧面板中设置 **Number of Iterations** 为 **1000**，如图 5-114 所示。

（2）单击 **Calculate** 按钮开始计算。

稳态计算完毕后切换至瞬态计算。

12 常规参数设置

（1）选择模型树节点 **General**，在右侧面板中选择 **Transient** 选项，如图 5-115 所示。

（2）设置重力加速度为 Y 方向 -9.81m/s^2。

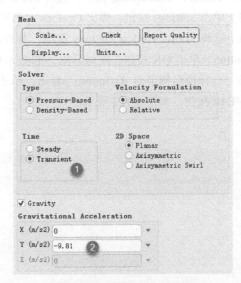

图 5-114　设置迭代参数　　　　　　　　图 5-115　设置 General 参数

13 编译 UDF

UDF 源文件如下所示，其中指定了运动部件的质量、转动惯量、外力及外力矩。

```
#include "udf.h"
DEFINE_SDOF_PROPERTIES(store, prop, dt, time, dtime)
{
  prop[SDOF_MASS] = 5000.;
  prop[SDOF_IZZ] = 5000.;
  if(time <= 0.3)
   {
      prop[SDOF_LOAD_F_X] = -10000;
      prop[SDOF_LOAD_F_Y] = -80000;
      prop[SDOF_LOAD_M_Z] = -2200.0;
   }
}
```

（1）右击模型树节点 **User Defined Functions**，在弹出的快捷菜单中选择 **Compiled** 命令，如图 5-116 所示。

（2）在弹出的 Compiled UDFs 对话框中单击 **Add** 按钮添加 UDF 源文件 **property.c**，单击 **Build** 按钮编译 UDF 源文件，单击 **Load** 按钮加载 UDF 源文件，如图 5-117 所示。

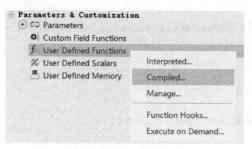

图 5-116　编译 UDF

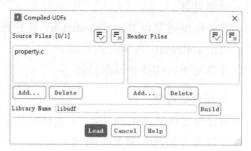

图 5-117　编译并加载 UDF 源文件

14　设置动网格参数

（1）选择模型树节点 **Dynamic Mesh**，在右侧面板中选择 **Dynamic Mesh** 选项，如图 5-118 所示。

（2）取消选择 **Smoothing** 选项，选择 **Six DOF** 选项。

（3）单击 **Settings** 按钮，弹出 Options 对话框。

（4）选择 **Write Motion History** 选项，并指定 **File Name** 为 pod-motion，单击 **OK** 按钮关闭对话框，如图 5-119 所示。

（5）选择模型树节点 **Dynamic Mesh**，单击右侧面板中的 **Create/Edit** 按钮，如图 5-120 所示。

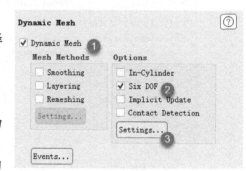

图 5-118　激活动网格

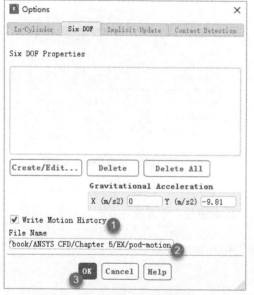

图 5-119　设置 Six DOF 参数

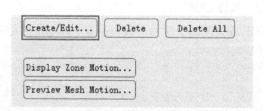

图 5-120　创建运动区域

（6）在弹出的 Dynamic Mesh Zones 对话框中选择 **Zone Names** 为 **component**，设置 **Type** 为 **Rigid Body**，选择 **Passive** 选项，其他设置如图 5-121 所示，单击 **Create** 按钮创建运动区域。

（7）选择 **Zone Names** 为 **wall-pod**，设置 **Type** 为 **Rigid Body**，取消选择 **Passive** 选项，其他设置如图 5-122 所示，单击 **Create** 按钮创建运动区域。

15　设置自动保存

双击模型树节点 **Calculation Activities→Autosave**，弹出 Autosave 对话框，设置 **Save Data File Every** 为 **10**，其他参数设置如图 5-123 所示。

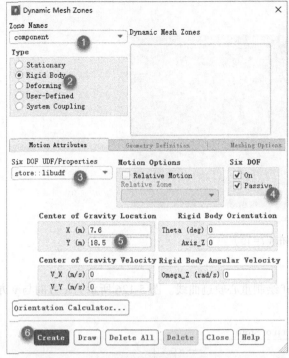

图 5-121　指定运动区域 1

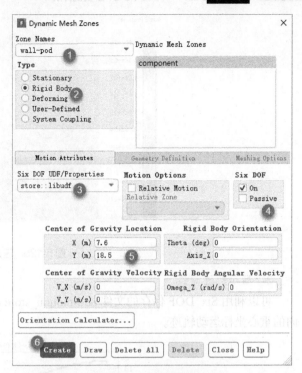

图 5-122　指定运动区域 2

16　设置计算参数

选择模型树节点 **Run Calculation**，右侧面板的设置如图 5-124 所示。

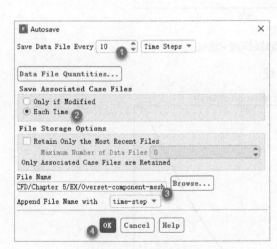

图 5-123　设置自动保存

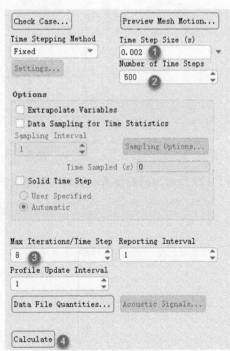

图 5-124　设置迭代参数

17　计算结果

1. 第 1 秒的压力分布云图

计算结果如图 5-125 所示。

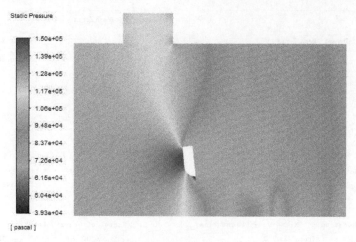

图 5-125   压力分布（t=1s）

2. 显示轨迹曲线

可以利用 Six DOF 保存的文件 pod-motion_store.6dof 绘制重心轨迹曲线。图 5-126 所示为 x 方向与 y 方向的重心坐标运动轨迹。

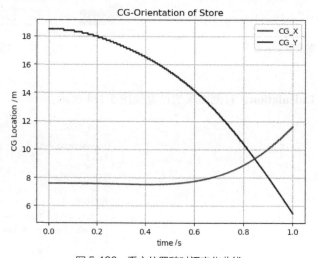

图 5-126   重心位置随时间变化曲线

图 5-127 所示为吊舱绕重心旋转角度随时间变化曲线。

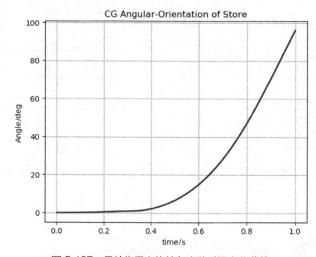

图 5-127   吊舱绕重心旋转角度随时间变化曲线

第6章 多相流模拟

Fluent 提供了多种用于处理多相流问题的模型方法，如 VOF、Mixture、Eulerian、DPM 等模型。本章利用实例演示这些具有不同适用性的多相流模型的使用流程。

【实例1】重力驱动下气液两相流动计算

本实例利用 Fluent 中的 VOF 模型模拟计算重力驱动下的气液两相流动。实例模型如图 6-1 所示。实例计算网格如图 6-2 所示，采用全四边形网格。

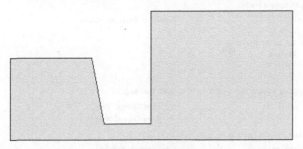

图6-1　实例模型

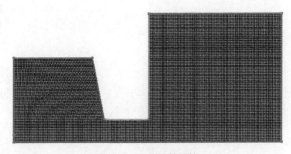

图6-2　实例计算网格

01　导入网格

（1）以 **2D**、**Double Precision** 模式启动 Fluent。

（2）执行 **File→Read→Mesh** 命令，导入网格文件。

02　常规参数设置

（1）选择模型树节点 **General**，在右侧面板中选择 **Transient** 选项，如图 6-3 所示。

（2）选择 **Gravity** 选项，设置重力加速度为 Y 方向−9.81m/s²。

（3）单击 **Scale** 按钮，打开 Scale Mesh 对话框，选择 **Specify Scaling Factors** 选项，设置 **Scaling Factors** 中的 X 和 Y 均为 **1000**，单击 **Scale** 按钮缩放网格，如图 6-4 所示。

03　模型设置

（1）右击模型树节点 **Models→Viscous**，在弹出的快捷菜单中选择 **Model→Realizable k-epsilon** 命令，激活湍流模型，如图 6-5 所示。

（2）双击模型树节点 **Models→Multiphase**，在弹出的 Multiphase Model 对话框中选择 **Volume of Fluid**、**Implicit** 和 **Implicit Body Force** 选项，其他参数设置如图 6-6 所示，单击 OK 按钮。

04　材料属性设置

（1）双击模型树节点 **Materials→Fluid→air**，弹出 Create/Edit Materials 对话框，单击对话框中的 **Fluent Database** 按钮，打开材料数据库。

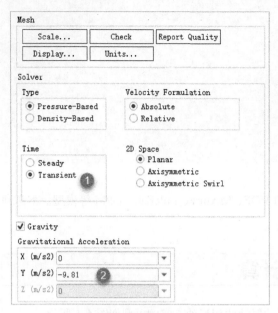

图 6-3 设置 General 面板　　　　　　　　图 6-4 缩放网格

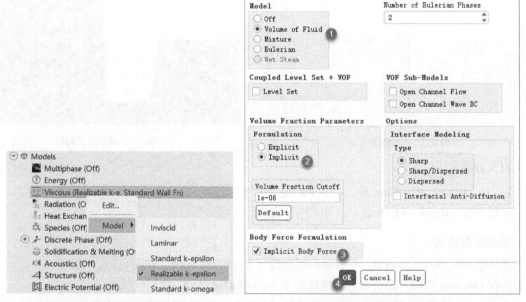

图 6-5 激活湍流模型　　　　　　　　图 6-6 设置多相流模型

（2）从材料数据库中添加材料 **water-liquid**，采用默认材料参数。

添加完毕后，模型树节点如图 6-7 所示。

05 设置相参数

设置水为主相，空气为第二相。

（1）右击模型树节点 **Models→Multiphase→Phases→phase-1-Primary Phase**，在弹出的快捷菜单中选择 **Edit** 命令，如图 6-8 所示。

（2）在弹出的 Primary Phase 对话框中设置 **Name** 为 **water-liquid**，选择 **Phase Material** 为 **water-liquid**，如图 6-9 所示。

（3）用相同的方式设置 Secondary Phase 对话框中的 Name、Phase Material 为 air，如图 6-10 所示。

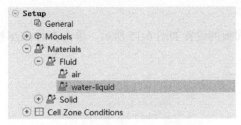

图 6-7 添加完材料后的模型树节点

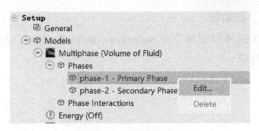

图 6-8 设置主相

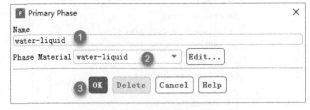

图 6-9 设置主相材料

图 6-10 设置第二相材料

06 边界条件设置

（1）右击模型树节点 **Boundary Conditions→outlet**，在弹出的快捷菜单中选择 **Type→pressure-outlet** 命令，将边界类型改为压力出口，如图 6-11 所示。在弹出的对话框中保持默认设置，单击 **OK** 按钮关闭对话框。

（2）右击模型树节点 **outlet→air**，在弹出的快捷菜单中选择 **Edit** 命令，如图 6-12 所示。

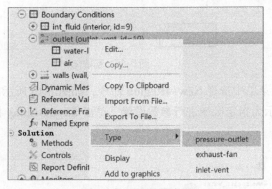

图 6-11 设置边界类型

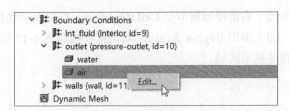

图 6-12 修改边界条件

（3）在弹出的 Pressure Outlet 对话框中切换至 **Multiphase** 选项卡，设置 **Backflow Volume Fraction** 为 **1**，如图 6-13 所示。其他边界保持默认设置。

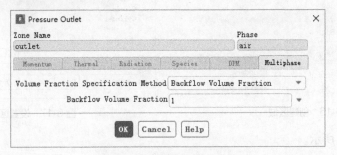

图 6-13 设置第二相边界条件

07 操作条件设置

选择模型树节点 **Boundary Conditions**，单击右侧面板中的 **Operating Conditions** 按钮，弹出 Operating Conditions 对话框，选择 **Gravity** 选项，设置重力加速度为 Y 方向−**9.81m/s²**，选择 **Specified Operating Density** 选项，设置 Operating Density 为 **1.225kg/m³**，单击 **OK** 按钮关闭对话框，如图 6-14 所示。

08　初始化

（1）选择模型树节点 **Solution→Initialization**，右侧面板的设置如图 6-15 所示，单击 **Initialize** 按钮进行初始化计算。

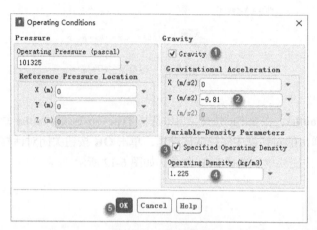

图 6-14　指定操作条件

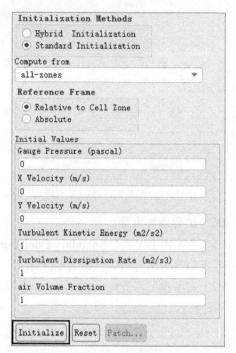

图 6-15　初始化

（2）右击模型树节点 **Cell Registers**，在弹出的快捷菜单中选择 **New→Region** 命令，如图 6-16 所示。

（3）弹出 Region Register 对话框，按照图 6-17 所示为指定区域进行参数设置，单击 **Save/Display** 按钮保存并显示区域。

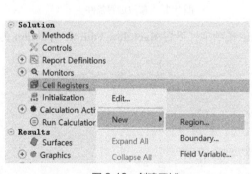

图 6-16　创建区域

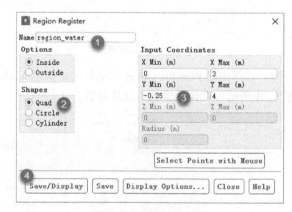

图 6-17　设置区域参数

区域显示如图 6-18 所示。

（4）选择模型树节点 **Initialization**，在右侧面板中单击 **Patch** 按钮，弹出图 6-19 所示的 Patch 对话框，按图中顺序指定区域 region_water 的空气体积分数为 0。此时的液相体积分数分布如图 6-20 所示。

09　设置自动保存

双击模型树节点 **Calculation Activities→Autosave**，弹出 Autosave 对话框，设置 **Save Data File Every** 为 **10**，其他参数设置如图 6-21 所示。

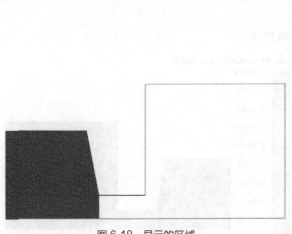

图 6-18　显示的区域

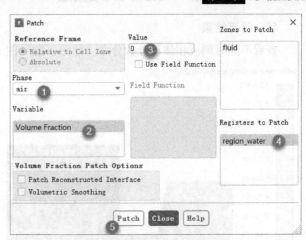

图 6-19　指定区域的空气体积分数

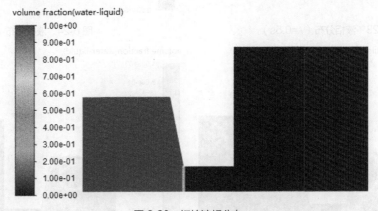

图 6-20　初始液相分布

10　迭代参数设置

选择模型树节点 **Run Calculation**，按图 6-22 设置右侧面板中的参数。

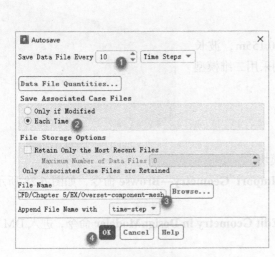

图 6-21　设置自动保存

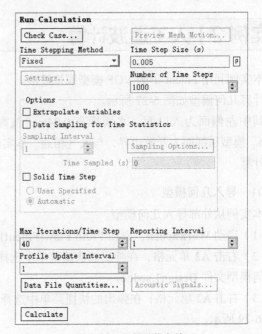

图 6-22　设置迭代参数

11 计算结果

查看不同时刻液相体积分数分布，如图 6-23 ~ 图 6-26 所示。

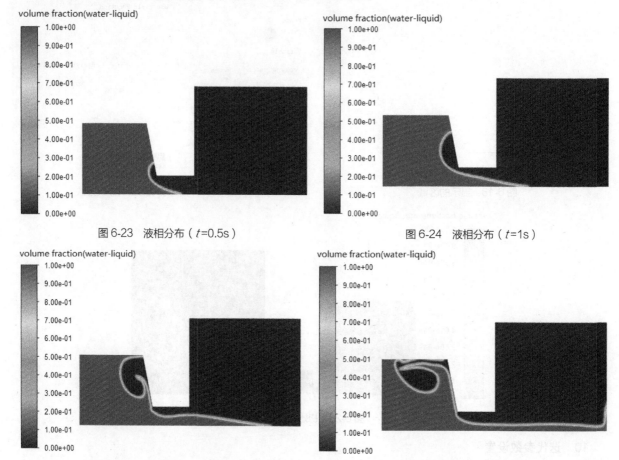

图 6-23 液相分布（t=0.5s）

图 6-24 液相分布（t=1s）

图 6-25 液相分布（t=1.5s）

图 6-26 液相分布（t=2s）

【实例 2】人工造波计算

本实例利用 Fluent 中的 VOF 模型模拟波浪。

计算几何模型如图 6-27 所示。

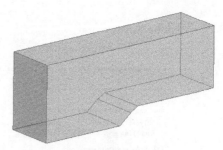

其中左侧面为入口面，水面标高 0.04m，波高 0.155m，波长 1.35m。模型顶部面为开敞边界，与大气相通。本实例采用二维模型进行计算。

01 导入几何模型

本实例从外部导入几何模型。

图 6-27 计算几何模型

（1）启动 **Workbench**，添加 **Fluid Flow(Fluent)** 模块。

（2）右击 **A2** 单元格，在弹出的快捷菜单中选择 **Import Geometry→Browse** 命令，如图 6-28 所示，选择几何模型文件 **Design1.scdoc**。

（3）右击 **A2** 单元格，在弹出的快捷菜单中选择 **Edit Geometry in DesignModeler** 命令，进入 DM 模块，如图 6-29 所示。

（4）单击工具栏中 **Generate** 按钮导入几何模型，导入的几何模型如图 6-30 所示。

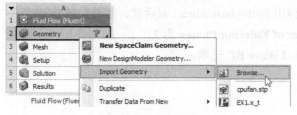

图 6-28 导入几何模型

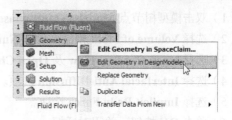

图 6-29 进入 DM 模块

（5）关闭 DM 模块，返回至 Workbench 工作界面。

02 划分网格

（1）双击 **A3** 单元格进入 **ANSYS Mesh** 模块。

（2）右击模型树节点 **Mesh**，在弹出的快捷菜单中选择 **Insert→Sizing** 命令，在属性窗口中设置 **Geometry** 为二维模型，设置 **Element Size** 为 **0.02m**，如图 6-31 所示。

图 6-30 几何模型

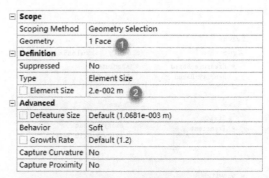

图 6-31 设置网格参数

（3）右击模型树节点 **Mesh**，在弹出的快捷菜单中选择 **Generate Mesh** 命令，生成全六面体网格，如图 6-32 所示。

（4）按图 6-33 所示对边界进行命名，边界名称分别为 **inlet**、**outlet**、**atomosphere**。

图 6-32 生成网格

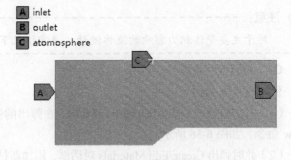

图 6-33 设置进出口条件

（5）选中模型树节点 **Mesh**，单击工具栏中的 **Update** 按钮更新网格。

（6）双击 **A4** 单元格启动 Fluent，选择 **Double Precision** 选项，以双精度模式进入 Fluent。

03 常规参数设置

（1）选择模型树节点 **General**，在右侧面板中选择 **Transient** 选项。

（2）选择 **Gravity** 选项，设置重力加速度为 Y 方向-9.81m/s^2，如图 6-34 所示。

04 模型设置

本实例仅需要设置多相流模型。

（1）双击模型树节点 **Models→Multiphase**，弹出 Multiphase Model 对话框，如图 6-35 所示。

（2）选择 **Volume of Fluid** 模型，设置 **Number of Eulerian Phases** 为 **2**。

（3）选择 **Open Channel Flow** 及 **Open Channel Wave BC** 选项。

（4）选择 **Interfacial Anti-Diffusion** 选项。

（5）选择 **Implicit Body Force** 选项。

（6）单击 **OK** 按钮，关闭对话框。

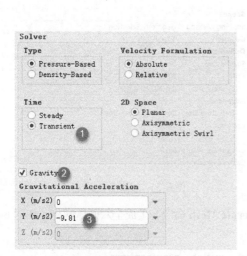

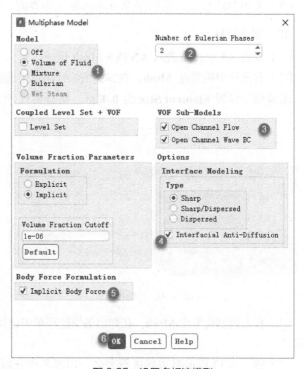

图 6-34　设置 General 面板　　　　　　图 6-35　设置多相流模型

> **注意：**
> 对于主要受体积力影响的流体流动，通常情况下需要选择 Implicit Body Force 选项。

05　材料属性设置

添加材料 water。

（1）右击模型树节点 **Materials→Fluid**，在弹出的快捷菜单中选择 **New** 命令，如图 6-36 所示。

（2）此时弹出 Create/Edit Materials 对话框，添加新材料 **water**，设置其密度（Density）为 **998kg/m³**，黏度（Viscosity）为 **0.001kg/(m·s)**。

（3）单击 **Change/Create** 按钮，在弹出的询问是否覆盖的对话框中单击 **Yes** 按钮。单击 Close 按钮关闭对话框，如图 6-37 所示。

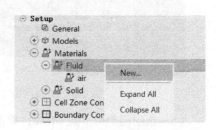

图 6-36　新建材料

06　设置相

（1）右击模型树节点 **Models→Multiphase→Phases→phase-1-Primary Phase**，在弹出的快捷菜单中选择 **Edit** 命令，如图 6-38 所示。

（2）此时弹出 Primary Phase 对话框，设置 **Name** 为 **air**，**Phase Material** 为 **air**，单击 **OK** 按钮关闭对话框，如图 6-39 所示。

（3）用相同的方式设置 **phase-2-Secondary Phase** 第二相，设置 **Name** 为 **water**，**Phase Material** 为 **water**，

单击 **OK** 按钮关闭对话框，如图 6-40 所示。

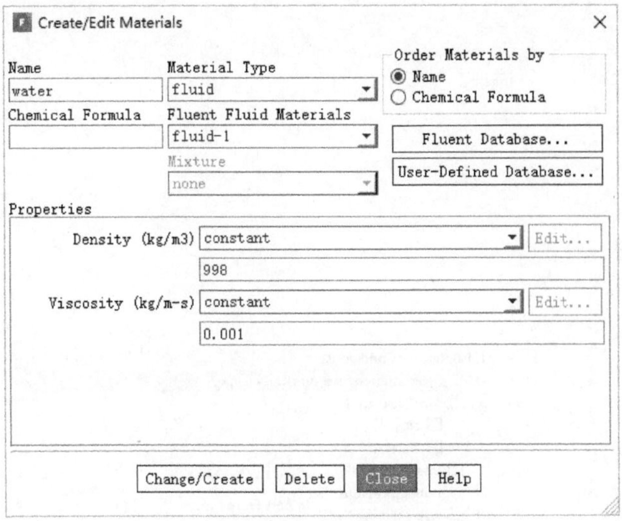

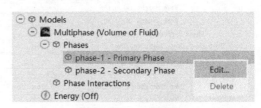

图 6-37 创建材料

图 6-38 编辑主相

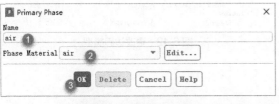

图 6-39 设置主相材料

图 6-40 设置第二相材料

07 边界条件设置

1. inlet 边界设置

（1）双击模型树节点 **Boundary Conditions→inlet**，弹出 Velocity Inlet 对话框，选择 **Open Channel Wave BC** 选项，切换至 **Multiphase** 选项卡，如图 6-41 所示。

（2）设置 **Wave BC Options** 为 **Short Gravity Waves**，**Free Surface Level** 为 **0.04m**，**Number of Waves** 为 **2**。

（3）设置 **Wave-1** 的 **Wave Theory** 为 **Fifth Order Stokes**，**Wave Height** 为 **0.155m**，**Wave Length** 为 **1.35m**。

（4）**Wave-2** 采用相同的参数设置。

（5）单击 **OK** 按钮关闭对话框。

2. atomosphere 边界设置

右击模型树节点 **Boundary Conditions→atomosphere**，在弹出的快捷菜单中选择 **Type→pressure-outlet** 命令，如图 6-42 所示。转换边界类型为压力出口，弹出的对话框保持默认设置。

3. outlet 边界设置

（1）双击模型树节点 **Boundary Conditions→outlet**，弹出 Pressure Outlet 对话框，如图 6-43 所示。

（2）切换至 **Multiphase** 选项卡，选择 **Open Channel** 选项，设置 **Free Surface Level** 为 **0.04m**，**Bottom Level** 为 **−0.1647m**。

（3）单击 **OK** 按钮关闭对话框。

边界条件输入完毕后，可在 TUI 窗口中输入以下命令：

```
/define/boundary-conditions/open-channel-wave-settings
```

此时，软件会自动检测输入的波浪参数是否合理。若显示的检测结果为 passed，则表示设置的参数合理，如图 6-44 所示。

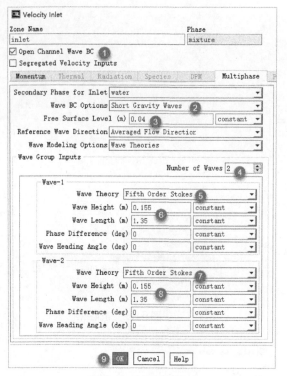

图 6-41 设置波浪参数

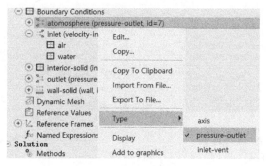

图 6-42 更改边界类型

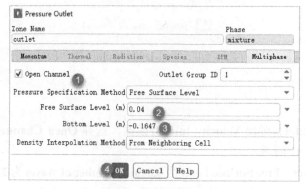

图 6-43 设置出口边界

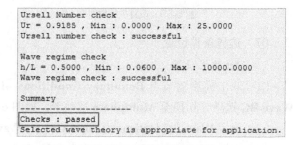

图 6-44 波浪参数检测结果

08 操作条件设置

（1）选择模型树节点 **Boundary Conditions**，单击右侧面板中的 **Operating Conditions** 按钮，弹出 Operating Conditions 对话框，如图 6-45 所示。

（2）设置 **Reference Pressure Location** 坐标为**(0,1.33,0)**。

（3）选择 **Specified Operating Density** 选项，设置 **Operating Density** 为 **1.225kg/m³**。

（4）单击 **OK** 按钮关闭对话框。

09 初始化

（1）选择模型树节点 **InItialization**，在右侧面板中选择 **Hybrid Initialization** 选项，选择 **Compute from** 为 **inlet**，选择 **Open channel Initialization Method** 为 **Flat**，如图 6-46 所示。

（2）单击 **Initialize** 按钮进行初始化。

10 设置自动保存

双击模型树节点 **Calculation Activities→Autosave**，弹出 Autosave 对话框，设置 **Save Data File Every** 为

20，单击 **OK** 按钮关闭对话框，如图 6-47 所示。

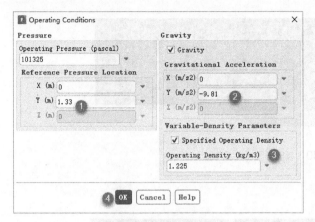

图 6-45　设置操作条件

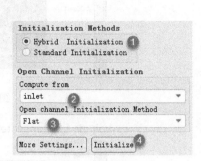

图 6-46　初始化

11　计算参数设置

（1）选择模型树节点 **Run Calculation**，在右侧面板中设置 **Time Step Size** 为 **0.0005s**，设置 **Number of Time Steps** 为 **1200**。

（2）设置 **Max Iterations/Time Step** 为 **45**。

（3）单击 **Calculate** 按钮进行计算，如图 6-48 所示。

图 6-47　设置自动保存

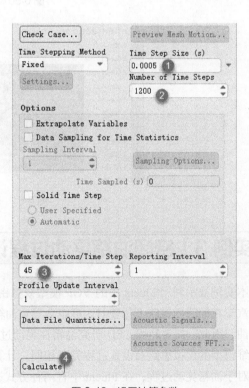

图 6-48　设置计算参数

12　计算结果

查看各时刻液相云图，如图 6-49 ~ 图 6-51 所示。

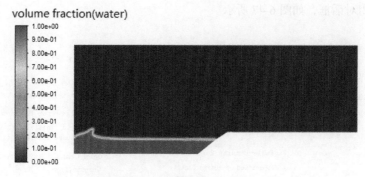

图 6-49　液相云图（ t =0.15s）

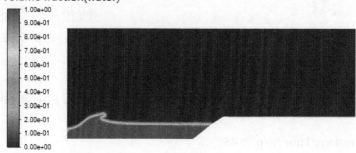

图 6-50　液相云图（ t =0.3s）

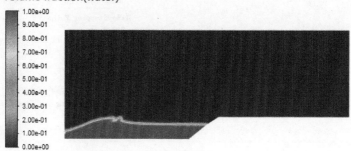

图 6-51　液相云图（ t =0.45s）

【实例 3】密闭油箱晃动过程计算

本实例演示利用 Fluent 中的 VOF 模型模拟密闭油箱晃动过程中自由液面的分布情况。

汽车在颠簸的道路上行驶时，可能会导致油箱内液面晃动。当晃动极为剧烈时，可能会造成油泵无法吸取燃油，因此，需要利用 CFD 研究油箱在晃动过程中液面的分布情况。为简化计算，本实例采用二维模型，与三维模型的模拟思路及设置过程完全相同。计算域几何模型如图 6-52 所示。

对于油箱晃动过程，在 Fluent 中有两种方式进行解决。

- 指定加速度。Fluent 中可以指定流体的运动加速度，并将加速度以体积力的形式施加到计算域中的流体上。然而，Fluent 不能直接添加变加速度，若要计算变加速度情况，则需要手工分段计算。
- 指定计算域速度。要将加速度或位移数据转化为速度添加到计算域上，可以通过 DEFINE_ZONE_ MOTION 宏或 Profile 文件的方式进行指定。此方式要比指定加速度的方式更加灵活。

本实例假设计算区域的运动速度为

$$v_x = \begin{cases} 2(0.5 - t), & t < 0.5, \\ 0, & t \geqslant 0.5. \end{cases}$$

在 SCDM 中创建 0.6m×0.3m 的矩形平面，采用网格尺寸 0.003m×0.003m，在 ICEM CFD 中生成网格，共生成 20 000 个四边形网格，如图 6-53 所示。

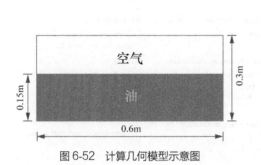

图 6-52　计算几何模型示意图

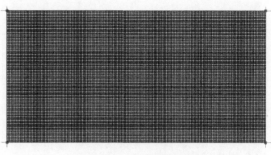

图 6-53　生成计算网格

01　准备 UDF

利用 UDF 宏 DEFINE_ZONE_MOTION 指定区域运动。

```
#include "udf.h"
DEFINE_ZONE_MOTION(Zonemotion,omega,axis,origin,velocity,time,dtime)
{
  if(time<0.5)
  {
     velocity[0]=2.0*(0.5-time);
  }
  else
  {
     velocity[0]=0;
  }
  return;
}
```

该 UDF 宏可以以编译或解释的方式加载。

02　启动 Fluent 并加载网格

（1）以 **2D**、**Double Precision** 模式启动 Fluent。

（2）执行 **File→Read→Mesh** 命令，导入网格文件 **EX3.msh**。

03　常规参数设置

选择模型树节点 **General**，在右侧面板中选择 **Transient** 和 **Gravity** 选项，设置重力加速度为 Y 方向 **−9.81m/s²**，如图 6-54 所示。

04　模型设置

（1）双击模型树节点 **Models→Multiphase**，在弹出的 Multiphase Model 对话框中选择 **Volume of Fluid** 和 **Implicit Body Force** 选项，其他参数设置如图 6-55 所示。

（2）右击模型树节点 **Models→Viscous**，在弹出的快捷菜单中选择 **Model→Realizable k-epsilon** 命令，激活湍流模型，如图 6-56 所示。

05　材料属性设置

（1）右击模型树节点 **Materials→Fluid**，在弹出的快捷菜单中选择 **New** 命令新建材料，如图 6-57 所示。

（2）在弹出的 Create/Edit Materials 对话框中设置 **Name** 为 oil，**Density** 为 **800kg/m³**，设置 **Viscosity** 为

0.001kg/(m·s)，单击 **Change/Create** 按钮修改参数，如图 6-58 所示。

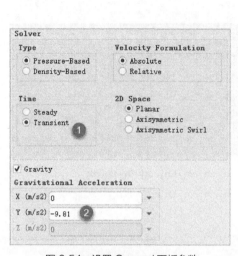

图 6-54　设置 General 面板参数

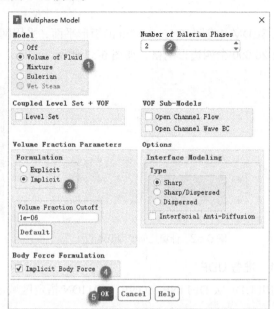

图 6-55　设置多相流模型

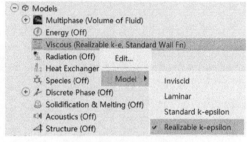

图 6-56　激活湍流模型

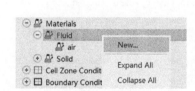

图 6-57　新建材料

（3）单击 **Close** 按钮关闭对话框。

06　相设置

（1）右击模型树节点 **Models→Multiphase→Phases→phase-1-Primary Phase**，在弹出的快捷菜单中选择 **Edit** 命令，如图 6-59 所示。

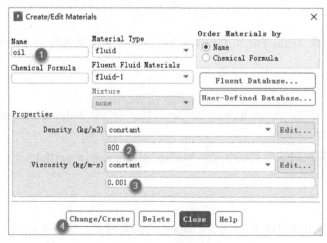

图 6-58　设置材料属性

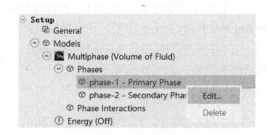

图 6-59　设置主相

（2）在弹出的 Primary Phase 对话框中设置 **Name** 为 **air**，**Phase Material** 为 **air**，单击 **OK** 按钮关闭对话框，如图 6-60 所示。

（3）用同样的方法设置 **phase-2-Secondary Phase**，在 Secondary Phase 对话框中设置 **Name** 为 oil，**Phase Material** 为 oil，单击 **OK** 按钮关闭对话框，如图 6-61 所示。

图 6-60　设置主相材料

图 6-61　设置第二相材料

（4）双击模型树节点 **Models→Multiphase→Phase Interactions**，在弹出的 Phase Interaction 对话框中选择 **Surface Tension Force Modeling**，设置 **Adhesion Options** 为 **Wall Adhesion**，**Surface Tension Coefficients** 为 **0.071N/m**，单击 **OK** 按钮关闭对话框，如图 6-62 所示。

07　解释 UDF

（1）右击模型树节点 **Parameters & Customization→User Defined Functions**，在弹出的快捷菜单中选择 **Interpreted** 命令，如图 6-63 所示。

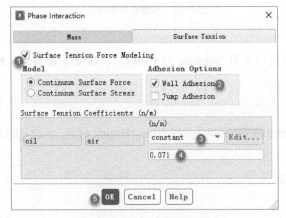

图 6-62　设置相间相互作用

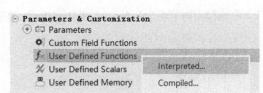

图 6-63　选择 Interpreted 命令

（2）在弹出的 Interpreted UDFs 对话框中选择源文件 **mov.c**，单击 **Interpret** 按钮解释源代码，如图 6-64 所示。

08　计算域属性设置

（1）右击模型树节点 **Cell Zone Conditions→solid**，在弹出的快捷菜单中选择 **Type→fluid** 命令，修改区域类型为 fluid，如图 6-65 所示。

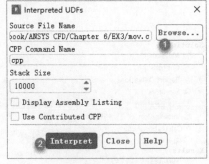

图 6-64　解释源代码

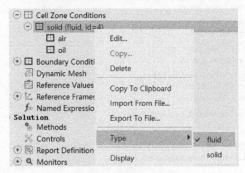

图 6-65　修改区域类型

（2）此时弹出 Fluid 对话框，选择 **Mesh Motion** 选项，设置 **Zone Motion Function** 为 **Zonemotion**，单击 **OK** 按钮关闭对话框，如图 6-66 所示。

（3）选择模型树节点 **Cell Zone Conditions**，单击右侧面板中的 **Operating Conditions** 按钮，弹出 Operating Conditions 对话框，设置 **Reference Pressure Location** 为 **(0.6,0.3)**，选择 **Specified Operating Density** 选项，设置 **Operating Density** 为 **1.225kg/m³**，单击 **OK** 按钮关闭对话框，如图 6-67 所示。

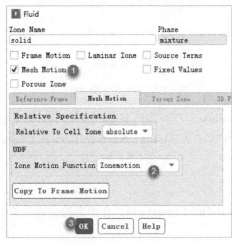
图 6-66　设置滑移网格参数

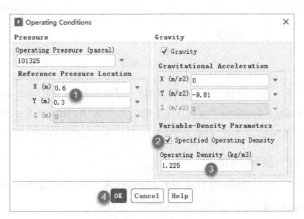
图 6-67　设置参考条件

09　方法设置

选择模型树节点 **Solution→Methods**，在右侧面板中设置 **Scheme** 为 **PISO**，**Pressure** 为 **Body Force Weighted**，其他参数保持默认设置，如图 6-68 所示。

10　区域定义

（1）右击模型树节点 **Solution→Cell Registers**，在弹出的快捷菜单中选择 **New→Region** 命令，如图 6-69 所示。

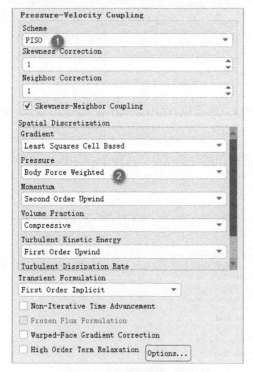
图 6-68　设置计算方法

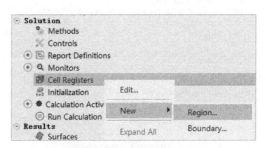
图 6-69　新建区域

（2）在弹出的 Region Register 对话框中设置区域为**(0,0)-(0.6,0.15)**，单击 **Save/Display** 按钮，如图 6-70 所示。标记区域如图 6-71 所示。

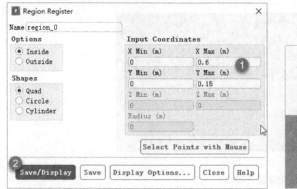

图 6-70　设置区域　　　　　　　　　　　　　　　　图 6-71　标记区域

11　初始化

（1）选择模型树节点 Initialization，在右侧面板中设置 oil Volume Fraction 为 **0**，单击 **Initialize** 按钮进行初始化，如图 6-72 所示。

（2）单击 **Patch** 按钮打开 Patch 对话框，设置 **Registers to Patch** 为 **region_0**，**Phase** 为 **oil**，**Variable** 为 **Volume Fraction**，**Value** 为 **1**，单击 **Patch** 按钮完成区域定义，如图 6-73 所示。

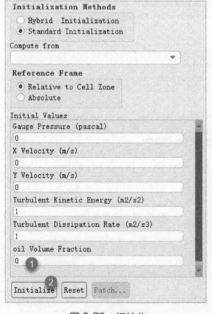

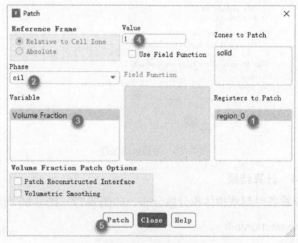

图 6-72　初始化　　　　　　　　　　　　　　图 6-73　指定标记区域液相体积分数

设置完毕后液相体积分数分布如图 6-74 所示。

12　设置自动保存

双击模型树节点 **Calculation Activities→Autosave**，设置 **Save Data File Every** 为 **10**，其他参数设置如图 6-75 所示。

13　计算参数设置

（1）选择模型树节点 **Run Calculation**，在右侧面板中设置 **Time Step Size** 为 **0.001s**，**Number of Time Steps** 为 **1000**。

图 6-74　液相体积分布

（2）设置 **Max Iterations/Time Step** 为 **40**。

（3）单击 **Calculate** 按钮开始计算，如图 6-76 所示。

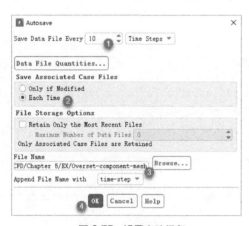

图 6-75　设置自动保存

图 6-76　设置参数

14　计算结果

查看各时刻液相体积分数分布，如图 6-77 ~ 图 6-80 所示。

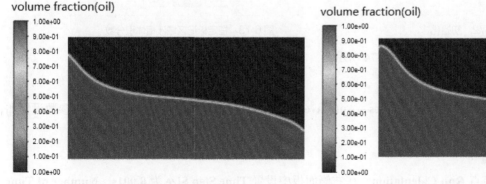

图 6-77　液相体积分布（t=0.1s）　　　　　　　　图 6-78　液相体积分布（t=0.2s）

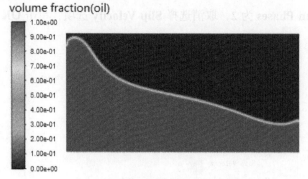

图6-79 液相体积分布（t=0.3s）

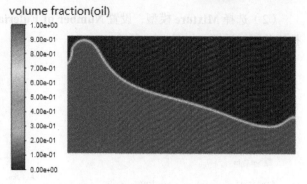

图6-80 液相体积分布（t=0.4s）

【实例4】离心泵空化计算

本实例利用 Fluent 中的 Mixture 多相流模型模拟计算离心泵内的空化情况。

实例几何模型如图 6-81 所示。

离心泵入口总压 0.6MPa，出口静压 0.2MPa，叶轮旋转速度 1200rpm。流体域内介质为液态水，其在当前工作条件下饱和蒸汽压为 3540Pa。

01 导入网格

（1）启动 Fluent，选择 **3D**、**Double Precision** 选项。

（2）执行 **File→Import→CGNS→Mesh** 命令，打开文件选择对话框，选择网格文件 **pump fluent cavitacion.cgns** 将其打开，模型网格如图 6-82 所示。

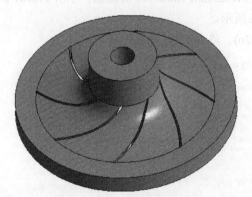

图6-81 离心泵几何模型

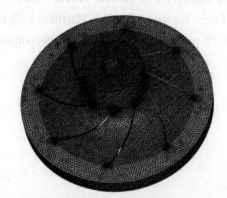

图6-82 几何模型网格

 提示：

多相流计算通常需要开启双精度模式。CGNS是一种通用文件格式，可以存储网格和结果数据。

02 常规参数设置

（1）选择模型树节点 **General**。

（2）单击右侧面板中的 **Check** 按钮检查网格，确保 TUI 窗口中没有错误或警告信息。

（3）单击右侧面板中的 **Units** 按钮，弹出 Set Units 对话框，设置 **Quantities** 为 **angular-velocity**，**Units** 为 **rpm**，如图 6-83 所示。

03 模型设置

（1）双击模型树节点 **Models→Multiphase**，弹出 Multiphase Model 对话框。

（2）选择 **Mixture** 模型，设置 **Number of Eulerian Phases** 为 **2**，取消选择 **Slip Velocity** 选项，单击 **OK** 按钮关闭对话框，如图 6-84 所示。

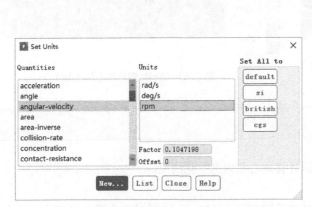

图 6-83　修改显示的单位

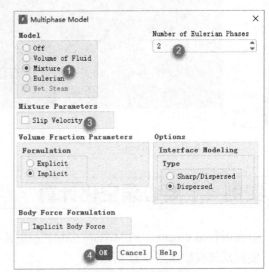

图 6-84　设置多相流模型

（3）右击模型树节点 **Models→Viscous**，在弹出的快捷菜单中选择 **Model→SST k-omega** 命令，激活湍流模型，如图 6-85 所示。

04　材料属性设置

从材料库中添加材料 water-liquid 及 water-vapor，材料参数保持默认设置。

（1）双击模型树节点 **Models→Fluid→air**，弹出 Create/Edit Materials 对话框，单击 **Fluent Database** 按钮，弹出 Fluent Database Materials 对话框，如图 6-86 所示。

（2）选择 **water-liquid (h2o<l>)** 及 **water-vapor (h2o)**，单击 **Copy** 按钮添加材料。

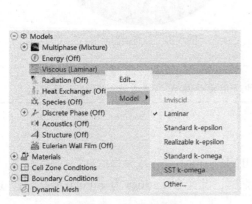

图 6-85　激活湍流模型

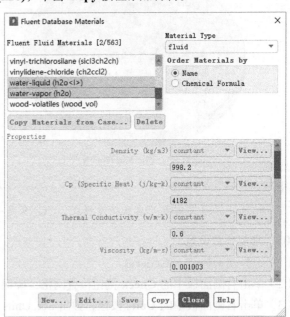

图 6-86　选择材料

05　相设置

设置 water-liquid 为主相，water-vapor 为第二相。

（1）双击模型树节点 **Models→Multiphase (Mixture)→Phases→phase-1-Primary Phase**，弹出 Primary Phase 对话框，设置 **Name** 为 **water**，选择 **Phase Material** 为 **water-liquid**，单击 **OK** 按钮关闭对话框，如图 6-87 所示。

（2）双击模型树节点 **Models→Multiphase(Mixture)→Phases→phase-2-Secondary Phase**，弹出 Secondary Phase 对话框，设置 **Name** 为 **vapor**，选择 **Phase Material** 为 **water-vapor**，其他参数保持默认设置，单击 **OK** 按钮关闭对话框，如图 6-88 所示。

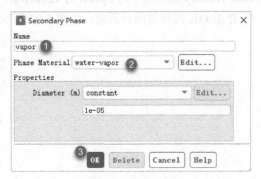

图 6-87　设置主相　　　　　　　　　　　　　　图 6-88　设置第二相

06　相间作用设置

（1）双击模型树节点 **Models→Multiphase→Phase Interactions**，弹出 Phase Interaction 对话框，如图 6-89 所示。

（2）设置 **Number of Mass Transfer Mechanisms** 为 **1**。

（3）设置 **From Phase** 为 **water**，**To Phase** 为 **vapor**。

（4）选择 **Mechanism** 为 **cavitation**。

（5）在弹出的 Cavitation Model 对话框中选择 **Schnerr-Sauer** 模型，设置 **Vaporization Pressure：Pv** 为 **3540Pa**。

（6）单击 **OK** 按钮关闭对话框，如图 6-90 所示。

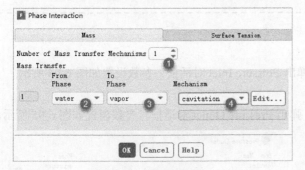

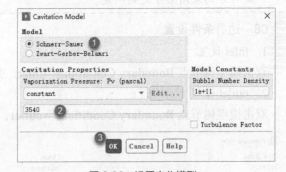

图 6-89　设置相间传质　　　　　　　　　　　　图 6-90　设置空化模型

 提示：

Fluent 中除了图 6-90 所示的两种空化模型外，还隐藏了全空化模型 Singhal-et-al cavitation model，如图 6-91 所示，该模型只能在 Mixture 多相流模型下使用。

```
/solve/set> expert
Linearized Mass Transfer UDF? [yes]
use Singhal-et-al cavitation model? [no] yes
Save cell residuals for post-processing? [no]
Keep temporary solver memory from being freed? [no]
Allow selection of all applicable discretization schemes? [no]
```

图 6-91　启用全空化模型

07 计算域属性设置

（1）右击模型树节点 **Cell Zone Conditions→solid_1_1_solid**，在弹出的快捷菜单中选择 **Type→fluid** 命令，如图 6-92 所示。

（2）在弹出的 Fluid 对话框中选择 **Frame Motion** 选项，设置 **Rotation-Axis Direction** 为(0,0,−1)，设置 **Rotational Velocity** 选项组中的 **Speed** 为 1200rpm。

（3）单击 **OK** 按钮关闭对话框，如图 6-93 所示。

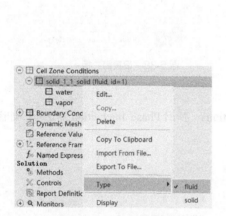

图 6-92 修改区域类型

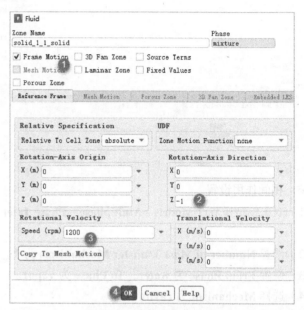

图 6-93 设置区域运动参数

> **注意**：
> 旋转方向采用右手定则确定。

08 边界条件设置

1. inlet 设置

双击模型树节点 **Boundary Conditions→inlet**，弹出 Pressure Inlet 对话框，参数设置如图 6-94 所示。

2. outlet 设置

双击模型树节点 **Boundary Conditions→outlet**，弹出 Pressure Outlet 对话框，参数设置如图 6-95 所示。

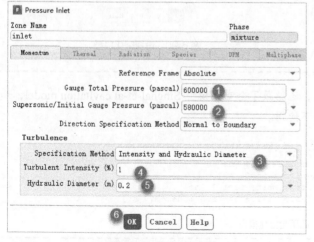

图 6-94 设置入口参数

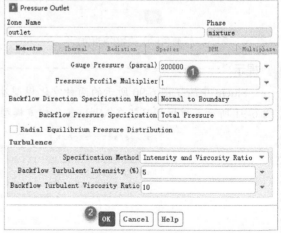

图 6-95 设置出口参数

3．fijo 边界设置

设置该边界为绝对静止。

（1）双击模型树节点 **Boundary Conditions→fijo**，弹出 Wall 对话框，选择 **Moving Wall** 选项，选择 **Absolute** 及 **Rotational** 选项，并设置 **Speed** 为 **0rpm**，如图 6-96 所示。

（2）单击 **OK** 按钮关闭对话框。

4．inf 边界设置

（1）双击模型树节点 **Boundary Conditions→inf**，弹出 Wall 对话框，如图 6-97 所示。

（2）选择 **Moving Wall** 选项。

（3）选择 **Relative to Adjacent Cell Zone** 及 **Rotational** 选项，并设置 **Speed** 为 **0rpm**。

（4）单击 **OK** 按钮关闭对话框。

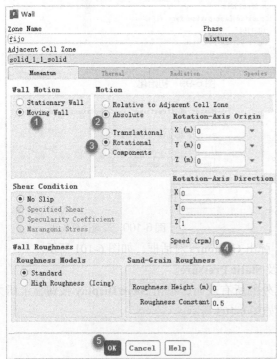

图 6-96　设置 fijo 边界条件

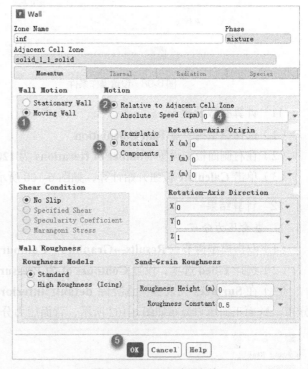

图 6-97　设置 inf 边界条件

边界 **solid_1_1** 和 **sup** 边界采用与 **inf** 相同的边界条件，可通过复制边界来实现。

09　操作条件设置

（1）选择模型树节点 **Boundary Conditions**，在右侧面板中单击 **Operating Conditions** 按钮，弹出 Operating Conditions 对话框，设置 **Operating Pressure** 为 **0Pa**。

（2）单击 **OK** 按钮关闭对话框，如图 6-98 所示。

提示：

考虑到空化，必须设置操作压力为 0Pa。

10　初始化

选择模型树节点 **Initialization**，在右侧面板中选择 **Standard Initialization** 选项，选择 **Compute from** 为 **inlet**，单击 **Initialize** 按钮初始化，如图 6-99 所示。

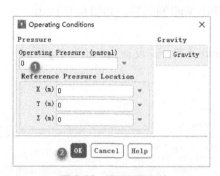

图 6-98　设置操作条件

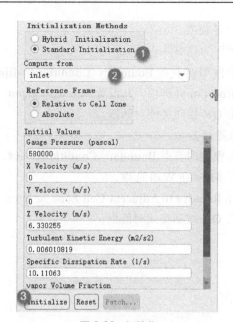

图 6-99　初始化

11　计算参数设置

（1）选择模型树节点 **Run Calculation**。

（2）在右侧面板中设置 **Number of Iterations** 为 **1200**。

（3）单击 **Calculate** 按钮开始计算，如图 6-100 所示。

12　计算结果

1. 查看压力分布

（1）双击模型树节点 **Results→Graphics→Contours**，弹出 **Contours** 对话框，如图 6-101 所示。

（2）选择 **Filled** 选项，设置 **Contours of** 为 **Pressure** 及 **Static Pressure**。

（3）在 **Surfaces** 列表框中选择除 **default_interior-1** 外的所有表面，单击 **Save/Display** 按钮显示压力分布。壁面正面压力分布如图 6-102 所示，背面压力分布如图 6-103 所示。

图 6-100　设置计算条件

图 6-101　设置参数

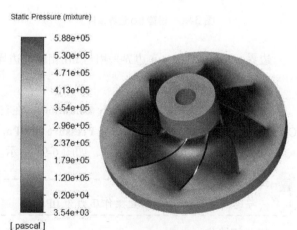

图 6-102　壁面正面压力分布

2. 水蒸气分布

（1）双击模型树节点 **Results→Graphics→Contours**，弹出 **Contours** 对话框。

（2）选择 **Filled** 选项，设置 **Contours of** 为 **Phases** 及 **Volume fraction**，设置 **Phase** 为 **vapor**。

（3）在 **Surfaces** 列表框中选择除 **default_interior-1** 外的所有表面，单击 **Save/Display** 按钮显示压力分布，如图 6-104 所示。水蒸气分布如图 6-105 所示。也可以只显示叶片上的水蒸气分布，如图 6-106 所示。

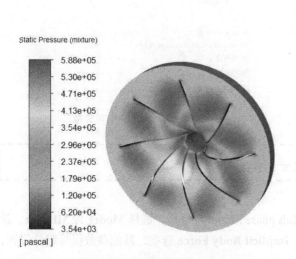

图 6-103　壁面背面压力分布

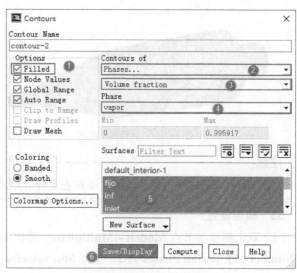

图 6-104　查看汽相分布

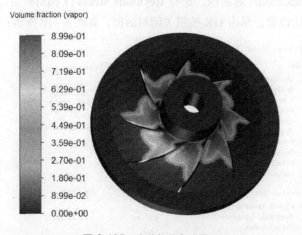

图 6-105　水蒸气分布云图

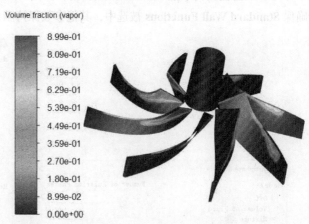

图 6-106　叶片上的水蒸气分布

【实例 5】旋流分离器内部流场计算

本实例演示利用 Fluent 中的多相流模型计算旋流分离器内部流场情况。

01　启动 Fluent 并读取网格

（1）以 **3D**、**Double Precision** 模式启动 Fluent。

（2）执行 **File→Read→Mesh** 命令，读取网格文件 **EX5.msh**。

计算模型的网格如图 6-107 所示。

02　常规参数设置

（1）选择模型树节点 **General**，在右侧面板中选择 **Gravity** 选项。

（2）设置重力加速度为 **Z** 方向**−9.81m/s²**，如图 6-108 所示。

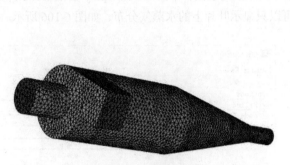

图 6-107　计算模型网格

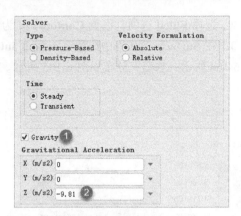

图 6-108　设置 General 参数

> **注意：**
> 　　在 General 面板中可单击 **Scale** 按钮查看计算域尺寸，确保尺寸满足要求。

03　模型设置

（1）双击模型树节点 **Models→Multiphase**，弹出 Multiphase Model 对话框，选择 **Model** 为 **Mixture**，设置 **Number of Eulerian Phases** 为 **2**，选择 **Slip Velocity**、**Implicit Body Force** 选项，其他参数保持默认设置，单击 **OK** 按钮关闭对话框，如图 6-109 所示。

（2）双击模型树节点 **Models→Viscous**，弹出 Viscous Model 对话框，选择 **Reynolds Stress (7 eqn)** 模型，确保 **Standard Wall Functions** 被选中，其他参数保持默认设置，单击 **OK** 按钮关闭对话框，如图 6-110 所示。

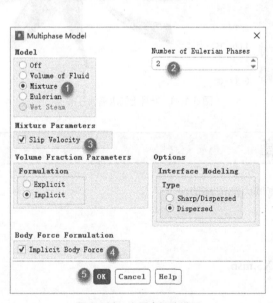

图 6-109　设置多相流模型

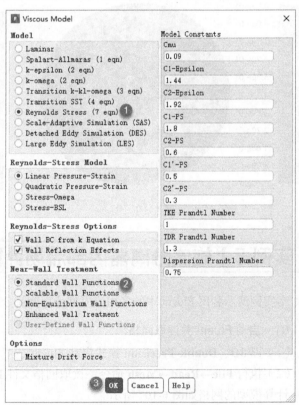

图 6-110　选择湍流模型

> **注意：**
> 　　对于旋流器中强烈的各向异性湍流，通常采用雷诺应力模型。

04 材料属性设置

添加材料 water。

（1）右击模型树节点 **Materials→Fluid**，在弹出的快捷菜单中选择 **New** 命令，如图 6-111 所示。

（2）在弹出的 Create/Edit Materials 对话框中，添加新材料 **water**，设置 Density 为 **998kg/m³**，Viscosity 为 **0.001kg/(m·s)**。

（3）单击 **Change/Create** 按钮，在弹出的询问是否覆盖的对话框中单击 **Yes** 按钮，单击 **Close** 按钮关闭对话框，如图 6-112 所示。

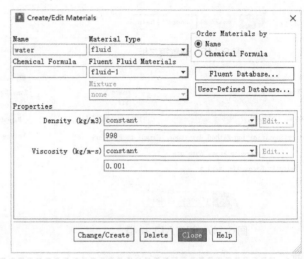

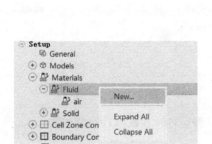

图 6-111　新建材料　　　　　　　　　　图 6-112　创建材料

05 相设置

（1）右击模型树节点 **Models→Multiphase→Phases→phase-1-Primary Phase**，在弹出的快捷菜单中选择 **Edit** 命令，如图 6-113 所示。

（2）在弹出的 Primary Phase 对话框中，设置 **Name** 为 **water**，并选择 **Phase Material** 为 **water**，单击 **OK** 按钮关闭对话框，如图 6-114 所示。

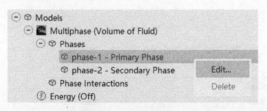

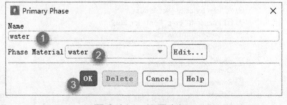

图 6-113　编辑主相　　　　　　　　　　图 6-114　设置主相

（3）双击模型树节点 **Models→Multiphase→Phases→phase-2-Secondary Phase**，弹出 Secondary Phase 对话框，设置 **Name** 为 **air**，**Diameter** 为 **1mm**，单击 **OK** 按钮关闭对话框，如图 6-115 所示。

06 边界条件设置

1. inlet 边界条件设置

（1）双击模型树节点 **Boundary→Inlet→water**，弹出 Velocity Inlet 对话框，在 **Momentum** 选项卡中设置 **Velocity Magnitude** 为 **3m/s**，如图 6-116 所示。

（2）双击模型树节点 **Boundary→Inlet→air**，弹出 Velocity Inlet 对话框，在 **Momentum** 选项卡中设置 **Velocity Magnitude** 为 **3m/s**，如图 6-117 所示。

（3）切换到 **Multiphase** 选项卡，设置 **Volume Fraction** 为 **0.3**，单击 **OK** 按钮关闭对话框，如图 6-118 所示。

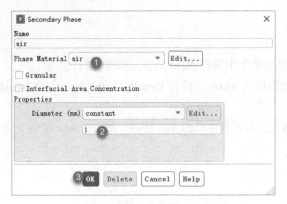

图 6-115　设置第二相

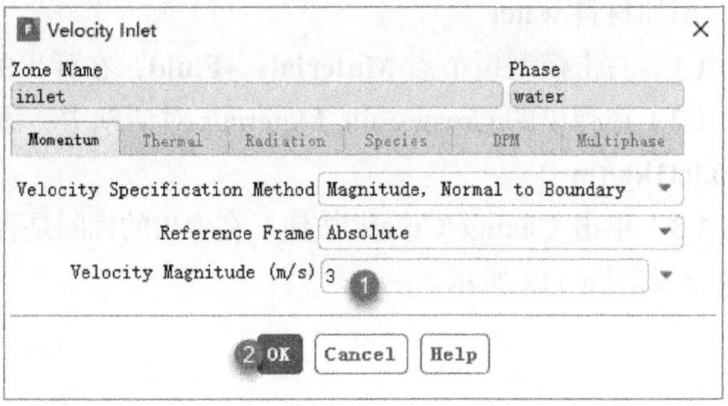

图 6-116　设置入口 water 相

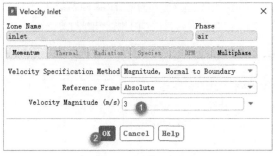

图 6-117　设置入口 air 相

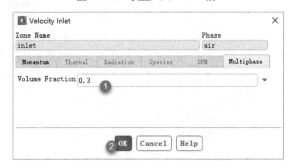

图 6-118　设置入口 air 体积分数

注意：

設置入口 air 的体积分数为 30%，意味着入口 water 的体积分数为 70%。

2.　outlet1 边界设置

（1）右击模型树节点 **Boundary Conditions→outlet1**，在弹出的快捷菜单中选择 **Type→outflow** 命令，将其边界类型修改为 **outflow**，如图 6-119 所示。

（2）双击节点 **outflow1**，弹出 Outflow 对话框，设置 **Flow Rate Weighting** 为 **0.4**，如图 6-120 所示。

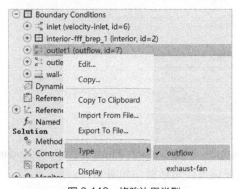

图 6-119　修改边界类型

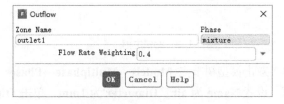

图 6-120　设置出口分流比

（3）用相同的方式设置 **outflow2** 的边界类型为 **outflow**，设置 **Flow Rate Weighting** 为 **0.6**。

注意：

工程中，分流比可通过阀门进行调节，这里假设分流比为 4∶6。

07　初始化

选择模型树节点 **Initialization**，在右侧面板中选择 **Hybrid Initialization** 选项，单击 **Initialize** 按钮进行初始化计算，如图 6-121 所示。

08　计算

（1）选择模型树节点 **Run Calculation**，在右侧面板中设置 **Number of Iterations** 为 **1000**，如图 6-122 所示。

（2）单击 **Calculate** 按钮进行计算。

图 6-121　初始化

09　计算结果

（1）双击模型树节点 **Result→Report→Fluxes**，弹出 **Flux Reports** 对话框，如图 6-123 所示。

（2）设置 **Options** 为 **Mass Flow Rate**，**Phase** 为 **air**，选择 **Boundaries** 列表中的 **inlet**、**outlet1** 及 **outlet2**，单击 **Compute** 按钮计算进/出口的质量流量。

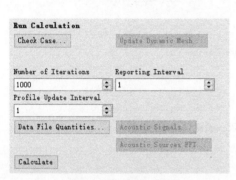

图 6-122　迭代计算

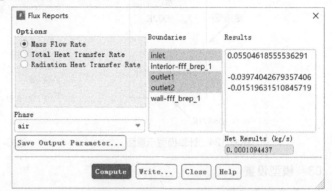

图 6-123　统计进/出口质量流量

入口空气质量流量约为 0.055046kg/s，outlet1 出口空气质量流量约为 0.0398kg/s，outlet2 出口空气质量流量约为 0.015196kg/s。本实例中，outlet1 为溢流口，outlet2 为底流口，通过以上数据，可得到此旋流器在当前工况下的分离效率为

$$\eta = 1 - \frac{0.015196}{0.055046} \times 100\% = 72.394\%$$

 注意：
> 本实例网格较为粗糙，若想要获取更精确的结果，需要加密计算网格。

【实例 6】沸腾中传热与传质计算

本实例利用 Mixture 多相流模型及 Evaporation-Condensation 模型解决传热与传质问题。本实例包含的内容如下：

- 使用 Mixture 多相流模型解决混合多相流问题；
- 使用蒸发–冷凝模型（Evaporation-Condensation 模型）；
- 选择合适的求解设置；
- 结果数据后处理。

实例计算模型示意图如图 6-124 所示。初始状态下，容器中有温度接近沸点的水（温度为 372K），容器底部温度为 573K，在热传导的作用下，底部壁面附近温度会超过水的饱和温度（373K），此时水会发生相变（沸腾）产生气泡，在浮力的作用下气泡上升。

01　启动 Fluent

（1）启动 Fluent，选择 **2D** 及 **Double Precision** 选项。

（2）执行 **File→Read→Mesh** 命令，读入网格文件 **EX6.msh**。

02 常规参数设置

（1）选择模型树节点 **General**，在右侧面板中选择 **Transient** 选项。

（2）选择 **Gravity** 选项，设置重力加速度为 Y 方向-9.81m/s^2，如图 6-125 所示。

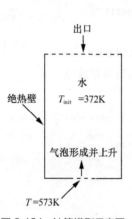

图 6-124 计算模型示意图

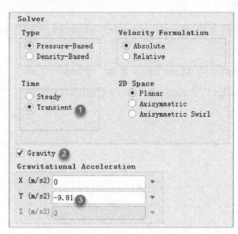

图 6-125 设置 General 参数

03 模型设置

1. 开启能量方程

右击模型树节点 **Models→Energy**，在弹出的快捷菜单中选择 **On** 命令，如图 6-126 所示。

2. 激活多相流模型

这里选用 Mixture 多相流模型。

双击模型树节点 **Models→Multiphase**，弹出 Multiphase Model 对话框，选择 **Mixture** 多相流模型，设置 **Number of Eulerian Phases** 为 **2**，选择 **Implicit Body Force** 选项，单击 **OK** 按钮关闭对话框，如图 6-127 所示。

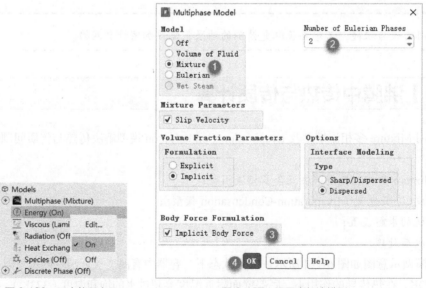

图 6-126 开启能量方程

图 6-127 设置多相流模型

 注意:

　　若计算域中某一相的运动主要受浮力或重力影响，则建议选择 Implicit Body Force 选项。

04 材料属性设置

从材料数据库中添加材料 water-liquid 及 water-vapor，并修改参数。

1. 创建材料 water-liquid

（1）右击模型树节点 **Materials→Fluid**，在弹出的快捷菜单中选择 **New** 命令，如图 6-128 所示。

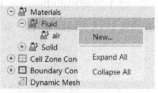

图 6-128 新建材料

（2）在弹出的 Create/Edit Materials 对话框中，设置 **Name** 为 **water-liquid**，设置 **Density** 为 **1000kg/m³**，**Viscosity** 为 **0.0009kg/(m·s)**，**Standard State Enthalpy** 为 **0J/kg·mol**，**Reference Temperature** 为 **298.15K**，其他参数保持默认设置，单击 **Change/Create** 按钮修改并创建材料，如图 6-129 所示。

2. 创建材料 water-vapor

用与前述相同的方法创建第二种材料 **water-vapor**，也可以直接从材料数据库中提取。修改其材料参数，如图 6-130 所示。

（1）设置 **Density** 为 **0.5542kg/m³**。

（2）设置 **Cp** 为 **2014J/(kg·K)**。

（3）设置 **Thermal Conductivity** 为 **0.0261W/(m·K)**。

（4）设置 **Viscosity** 为 **1.34 × 10⁻⁵kg/(m·s)**。

（5）设置 **Standard State Enthalpy** 为 **2.992325 × 10⁷J/(kg·mol)**。

（6）设置 **Reference Temperature** 为 **298.15K**。

（7）单击 **Change/Create** 按钮修改并创建材料。

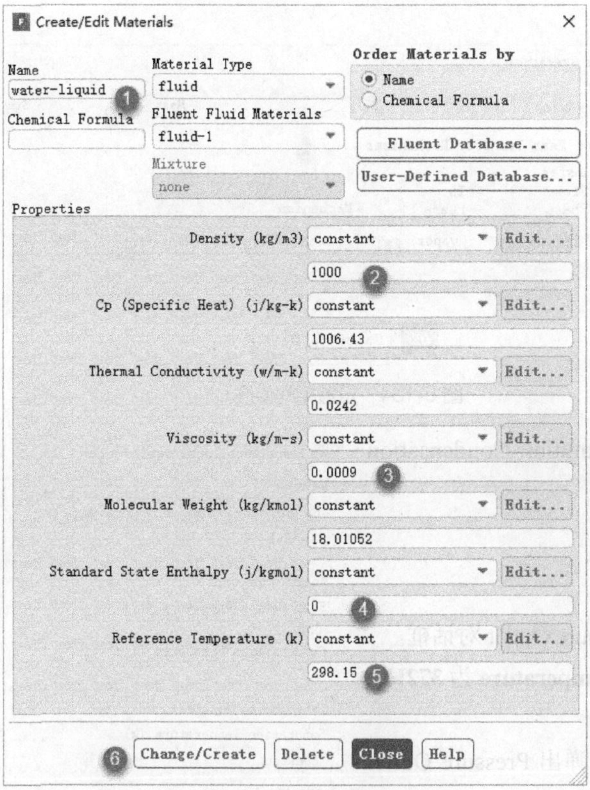

图 6-129 材料参数

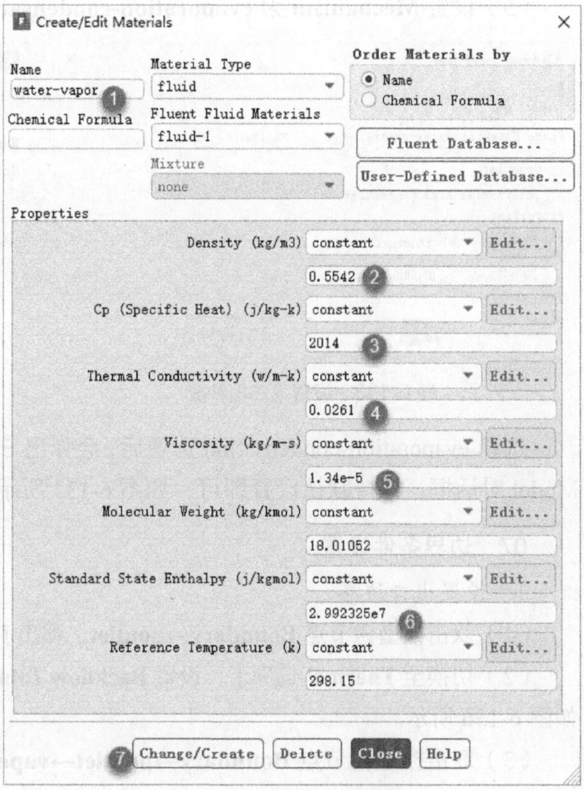

图 6-130 修改材料参数

05 相设置

设置液态水为主相，水蒸气为第二相。

（1）双击模型树节点 **Models→Multiphase→Phases→phase-1-Primary Phase**，如图 6-131 所示。

（2）在弹出的 Primary Phase 对话框中，修改 **Name** 为 **liquid**，设置 **Phase Material** 为 **water-liquid**，单击 **OK** 按钮关闭对话框，如图 6-132 所示。

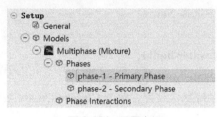

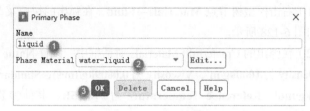

图 6-131　设置主相　　　　　　　　　　图 6-132　设置主相参数

（3）双击模型树节点 **Models→Multiphase→Phases→phase-2-Secondary Phase**，弹出 Secondary Phase 对话框，设置 **Name** 为 **vapor**，**Phase Material** 为 **water-vapor**，设置 **Diameter** 为 **0.0002m**，单击 **OK** 按钮关闭对话框，如图 6-133 所示。

06　相间作用设置

（1）双击模型树节点 **Models→Multiphase→Phases Interactions**，弹出 Phase Interaction 对话框，切换至 **Mass** 选项卡，如图 6-134 所示。

（2）设置 **Number of Mass Transfer Mechanisms** 为 **1**。

（3）设置 **From Phase** 为 **liquid**。

（4）设置 **To Phase** 为 **vapor**。

（5）设置 **Mechanism** 为 **evaporation-condensation**。

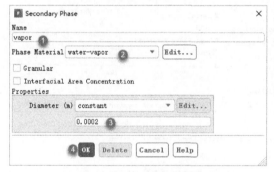

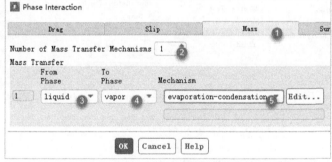

图 6-133　设置第二相参数　　　　　　　图 6-134　设置相间传质

选择 evaporation-condensation 选项后，会弹出 Evaporation-Condensation Model 对话框，保持默认设置即可，如图 6-135 所示。

07　边界条件设置

1. 设置出口边界

（1）双击模型树节点 **Boundary→poutlet**，弹出 Pressure Outlet 对话框。

（2）切换至 **Thermal** 选项卡，设置 **Backflow Total Temperature** 为 **372K**，如图 6-136 所示。

（3）双击模型树节点 **Boundary→poutlet→vapor**，弹出 Pressure Outlet 对话框。

（4）切换至 **Multiphase** 选项卡，设置 **Backflow Volume Fraction** 为 **0**。

（5）单击 **OK** 按钮关闭对话框，如图 6-137 所示。

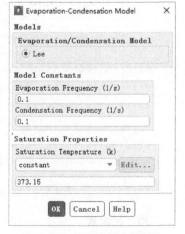

图 6-135　设置蒸发冷凝模型

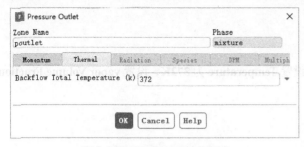

图 6-136　设置出口混合相温度

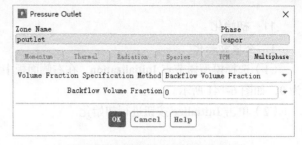

图 6-137　设置出口回流体积分数

2. wall-hot 设置

（1）双击模型树节点 **Boundary→wall-hot**，弹出 Wall 对话框。

（2）切换至 **Thermal** 选项卡，设置 **Thermal Conditions** 为 **Temperature**。

（3）设置 **Temperature** 为 **573K**。

（4）单击 **OK** 按钮关闭对话框，如图 6-138 所示。

其他边界保持默认设置。

08　操作条件设置

（1）选择模型树节点 **Boundary Conditions**，单击右侧面板中的 **Operating Conditions** 按钮，选择 **Gravity** 选项，设置重力加速度为 Y 方向**−9.81m/s²**，选择 **Specified Operating Density** 选项，设置 **Operating Density** 为 **0.5542kg/m³**，如图 6-139 所示。

（2）单击 **OK** 按钮关闭对话框。

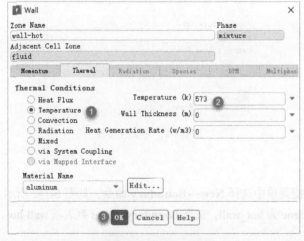

图 6-138　设置边界条件

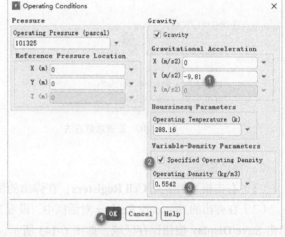

图 6-139　设置操作条件

09　设置求解方法

（1）选择模型树节点 **Solution→Methods**，在右侧面板中设置 **Scheme** 为 **PISO**，设置 **Pressure** 为 **Body Force Weighted**，其他模型均设置为 **QUIDK**。

（2）设置 **Transient Formulation** 为 **Second Order Implicit**，如图 6-140 所示。

10　设置求解控制参数

（1）选择模型树节点 **Solution→Methods**，在右侧面板中设置 **Pressure** 为 **0.5**。

（2）设置 **Momentum** 为 **0.2**。

（3）设置 **Volume Fraction** 为 **0.4**。

（4）设置 **Energy** 为 **0.5**。

11　初始化

1. 全域初始化

（1）选择模型树节点 **Initialization**，在右侧面板中设置 **Temperature** 为 **372K**，设置 **vapor Volume Fraction** 为 **0**，如图 6-141 所示。

（2）单击 **Initialize** 按钮进行初始化。

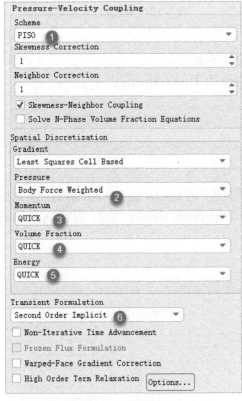

图 6-140　设置求解方法

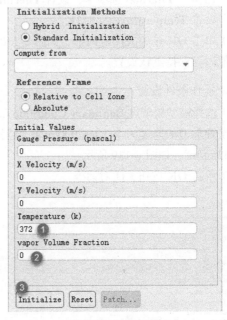

图 6-141　初始化设置

2. 标记区域

（1）右击模型树节点 **Cell Registers**，在弹出的快捷菜单中选择 **New→Boundary** 命令，如图 6-142 所示。

（2）在弹出的 Boundary Register 对话框中，设置 **Name** 为 **hot_wall**，选择 **Boundary Zones** 列表项 **wall-hot**，单击 **Save/Display** 按钮保存区域，如图 6-143 所示。

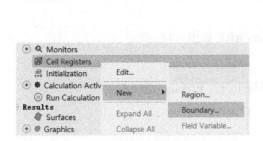

图 6-142　创建区域

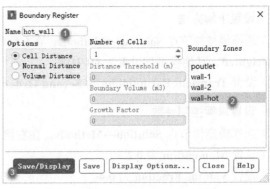

图 6-143　设置区域属性

3. 修补区域

（1）选择模型树节点 **Initialization**，单击右侧面板中 **Patch** 按钮，弹出 Patch 对话框。

（2）设置 **Value** 为 **373.15K**，其他参数设置如图 6-144 所示。

12　设置自动保存

（1）双击模型树节点 **Solution→Calculation Activities→Autosave**，弹出 Autosave 对话框，设置 **Save Data File Every** 为 **20**，其他参数保持默认设置，如图 6-145 所示。

（2）单击 **OK** 按钮关闭对话框。

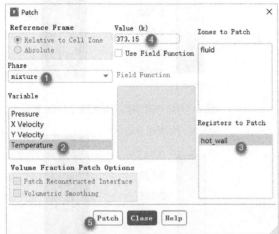
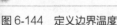

图 6-144　定义边界温度

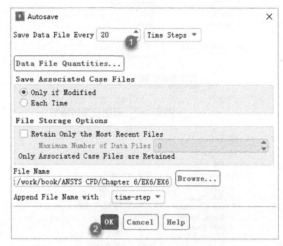

图 6-145　设置自动保存

13　设置迭代参数

选择模型树节点 **Run Calculation**，在右侧面板中设置 **Time Step Size** 为 **0.01s**，**Number of Time Steps** 为 **1000**，**Max Interations/Time Step** 为 **40**，单击 **Calculate** 按钮进行计算，如图 6-146 所示。

14　计算结果

这里简单演示查看第 5 秒的物理量分布，更复杂的瞬态后处理可在 CFD-Post 中完成。

执行 **File→Read→Data** 命令，读取数据文件 **EX6-25-00500.dat**。

1. 第 5 秒的液体速度

（1）双击模型树节点 **Results→Graphics→Contours**，弹出 Contours 对话框，设置 **Contours of** 为 **Velocity** 及 **Velocity Magnitude**，**Phase** 为 **vapor**，如图 6-147 所示。

（2）单击 **Save/Display** 按钮显示气相速度分布云图。第 5 秒的气相速度分布如图 6-148 所示。

2. 第 5 秒水蒸气体积分数

（1）双击模型树节点 **Results→Graphics→Contours**，弹出 Contours 对话框，设置 **Contours of** 为 **Phases** 及 **Volume fraction**，设置 **Phase** 为 **vapor**，如图 6-149 所示。

（2）单击 **Save/Display** 按钮显示气相体积分数分布云图。第 5s 气相体积分数分布如图 6-150 所示。

图 6-146　设置参数

图 6-147　云图设置对话框

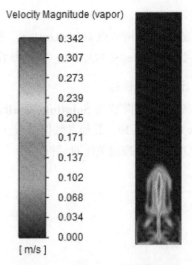

图 6-148　气相速度分布云图（t=5s）

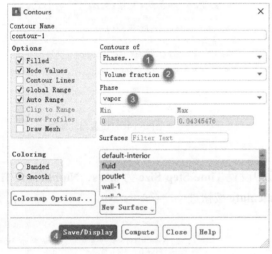

图 6-149　设置云图显示

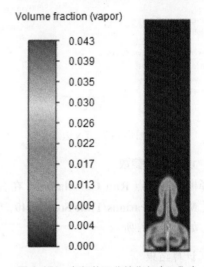

图 6-150　气相体积分数分布（t=5s）

【实例 7】流化床压降计算

本实例利用 Fluent 中的欧拉模型计算均匀流化床中的压降。实例模型如图 6-151 所示。采用 2D 模型进行计算，模型宽 0.15m，总高度 1.15m，初始床层高度 0.15m。

模型底部为气体入口，气体速度为 0.25m/s，模型顶部采用自由出流方式。初始床层颗粒体积分数为 55%。

01　启动 Fluent

（1）以 **2D**、**Double Precision** 模式打开 Fluent。

（2）执行 **File→Read→Mesh** 命令，读取网格文件 **EX7.msh**。

02　常规参数设置

（1）选择模型树节点 **General**，在右侧面板中选择 **Transient** 选项。

（2）选择 **Gravity** 选项，设置重力加速度为 Y 方向 **-9.81m/s²**，如图 6-152 所示。

03　模型设置

双击模型树节点 **Models→Multiphase**，在弹出的 Multiphase Model 对话框中选择 **Eulerian** 选项，其他

参数保持默认设置，单击 **OK** 按钮关闭对话框，如图 6-153 所示。

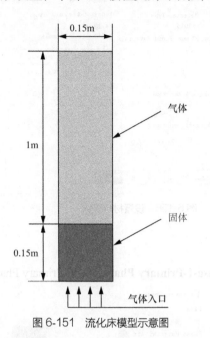

图 6-151　流化床模型示意图

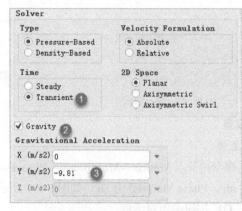

图 6-152　设置 General 面板

04　材料属性设置

修改材料 air 的属性参数，并添加新材料 solid。

1.　修改 air 材料参数

（1）双击模型树节点 **Materials→Fluid→air**，弹出 Create/Edit Meterials 对话框，如图 6-154 所示。

（2）设置 **Density** 为 **1.2kg/m³**，设置 **Viscosity** 为 **1.8×10⁻⁵kg/(m·s)**。

（3）单击 **Change/Create** 按钮修改参数。

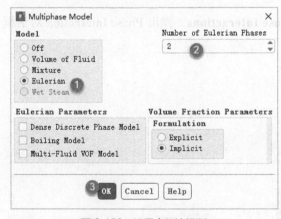

图 6-153　设置多相流模型

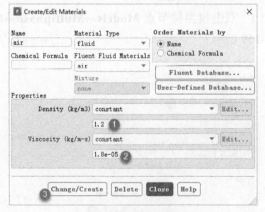

图 6-154　修改材料参数

2.　添加材料 solid

（1）右击模型树节点 **Materials→Fluid**，在弹出的快捷菜单中选择 **New** 命令，如图 6-155 所示。

（2）在弹出的 Create/Edit Meterials 对话框中设置 **Density** 为 **2600kg/m³**，设置 **Viscosity** 为 **1.7894×10⁻⁵kg/(m·s)**，如图 6-156 所示。

（3）单击 **Change/Create** 按钮创建材料。

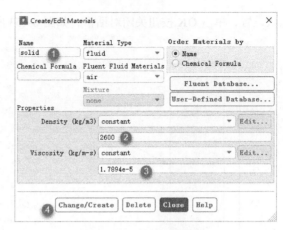

图 6-156　设置材料参数

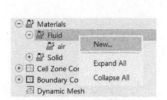

图 6-155　添加材料

05　相设置

1．设置主相

（1）双击模型树节点 **Models→Multiphase→Phases→phase-1-Primary Phase**，弹出 Primary Phase 对话框，设置 **Name** 为 **air**，**Phase Material** 为 **air**，如图 6-157 所示。

（2）单击 **OK** 按钮关闭对话框。

2．设置第二相

（1）双击模型树节点 **Models→Multiphase→Phases→phase-2-Secondary Phase**，弹出 Secondary Phase 对话框，如图 6-158 所示。

图 6-157　设置主相

（2）设置 **Name** 为 **solid**，**Phase Material** 为 **solid**，选择 **Granular** 选项，设置 **Diameter** 为 **0.0003m**，设置 **Granular Viscosity** 为 **syamlal-obrien**。

（3）其他参数保持默认设置，单击 **OK** 按钮关闭对话框。

06　相间作用设置

（1）双击模型树节点 **Models→Multiphase→Phase Interactions**，弹出 Phase Interaction 对话框，如图 6-159 所示。

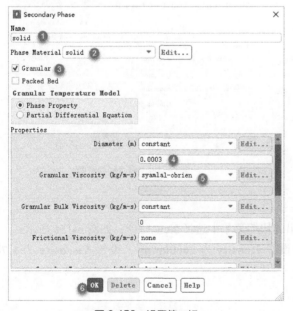

图 6-158　设置第二相

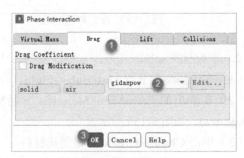

图 6-159　设置曳力模型

（2）进入 **Drag** 选项卡，设置模型为 **gidaspow**。

（3）其他参数保持默认设置，单击 **OK** 按钮关闭对话框。

> **注意：**
>
> 　　除了可以使用 gidaspow 模型外，也可使用 wen-yu 模型。随书实例文件中的 bp_drag.c 提供了一种修正的曳力模型。

07　边界条件设置

（1）双击模型树节点 **Boundary Conditions→vinlet→air**，弹出 Velocity Inlet 对话框，设置 **Velocity Magnitude** 为 **0.25m/s**，如图 6-160 所示。

（2）其他边界采用默认设置。

08　操作条件设置

（1）选择模型树节点 **Boundary Conditions**，单击右侧面板中的 **Operating Conditions** 按钮，弹出 Operating Conditions 对话框，如图 6-161 所示。

（2）选择 **Gravity** 选项，设置重力加速度为 **Y** 方向**−9.81m/s²**，选择 **Specified Operating Density** 选项，设置 **Operating Density** 为 **1.2kg/m³**。

（3）单击 **OK** 按钮关闭对话框。

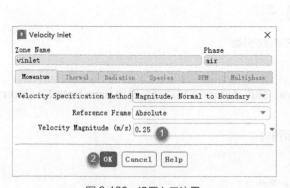

图 6-160　设置入口边界

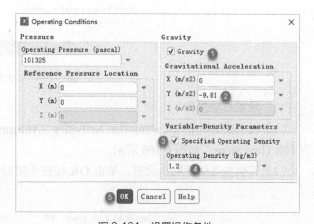

图 6-161　设置操作条件

09　区域标记

（1）右击模型树节点 **Solution→Cell Registers**，在弹出的快捷菜单中选择 **New→Region** 命令，如图 6-162 所示。

（2）在弹出的 Region Register 对话框中设置 **Name** 为 **solid**，**Shapes** 为 **Quad**，设置 **Input Coordinates** 为坐标**(0, 0)**、**(0.15, 0.15)**，单击 **Save/Display** 按钮标记区域，如图 6-163 所示。

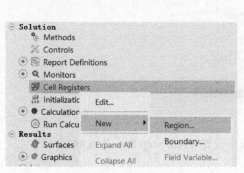

图 6-162　新建区域

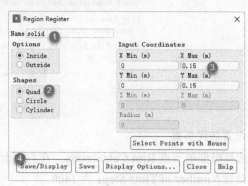

图 6-163　定义矩形区域

10 初始化

（1）右击模型树节点 **Initialization**，在弹出的快捷菜单中选择 **Initialize** 命令进行初始化，如图 6-164 所示。

（2）单击 **Patch** 按钮弹出 Patch 对话框，设置 **Phase** 为 **solid**，设置 **Variable** 为 **Volume Fraction**，设置 **Value** 为 **0.55**，选择 **Registers to Patch** 列表框中的 **solid** 选项，单击 **Patch** 按钮，指定区域内固相体积分数，如图 6-165 所示。

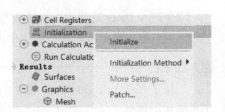

图 6-164 初始化

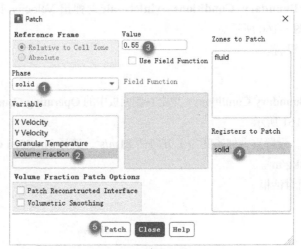

图 6-165 指定区域体积分数

11 设置自动保存

（1）双击模型树节点 **Calculation Activities→Autosave**，弹出 Autosave 对话框，设置 **Save Data File Every** 为 **100 Time Steps**，如图 6-166 所示。

（2）其他参数保持默认设置，单击 **OK** 按钮关闭对话框。

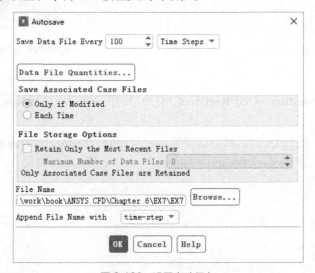

图 6-166 设置自动保存

12 设置迭代参数

（1）选择模型树节点 **Run Calculation**，在右侧面板中设置 **Time Step Size** 为 **0.001s**。

（2）设置 **Number of Time Steps** 为 **1400**。

（3）设置 **Max Iterations/Time Step** 为 **40**。

（4）其他参数保持默认设置，单击 **Calculate** 按钮开始计算，如图 6-167 所示。

13 计算结果

查看各时刻固相体积分数分布云图，如图 6-168 和图 6-169 所示。

图 6-167 设置参数并计算

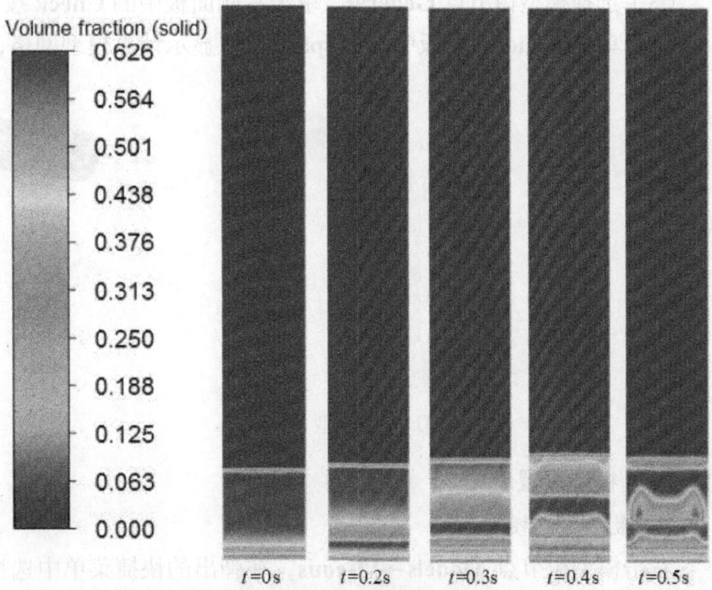

图 6-168 0~0.5s 固相体积分数分布

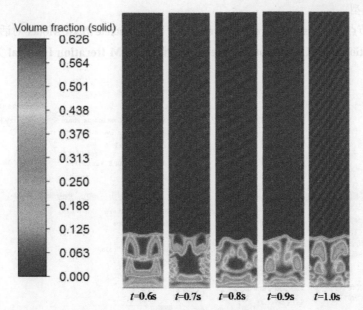

图 6-169 0.6~1.0s 固相体积分数分布

【实例 8】管道冲蚀计算

本实例演示利用 Fluent 中的冲蚀模型计算弯头中的冲蚀现象。本实例的几何模型如图 6-170 所示，由两个 90°弯头及连接管道构成，介质水从 inlet 口进入，从 outlet 口流出。

水流入速度 10m/s，出口设置为 outflow 边界，密度 1500kg/m³、粒径 200μm、质量流量 1kg/s 的颗粒以初速度 10m/s 进入管道。考虑并计算颗粒对管道壁面的冲蚀影响。

01　启动 Fluent 并读取网格

（1）以 **3D**、**Double Precision** 模式启动 Fluent。

（2）执行 **File→Read→Mesh** 命令，读取网格文件 **EX8.msh**。

（3）选择模型树节点 **General**，单击右侧面板中的 **Check** 按钮检查网格。

（4）单击 **General** 面板中的 **Display** 按钮显示计算模型网格，如图 6-171 所示。

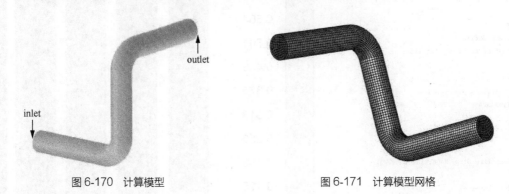

图 6-170　计算模型　　　　　　　　　图 6-171　计算模型网格

02　模型设置

1. 激活湍流模型

右击模型树节点 **Models→Viscous**，在弹出的快捷菜单中选择 **Model→Realizable k-epsilon** 命令，添加 Realizable k-epsilon 湍流模型，如图 6-172 所示。

2. 激活离散相模型

（1）双击模型树节点 **Models→Discrete Phase (Off)**，弹出 Discrete Phase Model 对话框，如图 6-173 所示。

（2）选择 **Interaction with Continuous Phase** 选项，设置 **DPM Iteration Interval** 为 **5**，**Max. Number of Steps** 为 **50000**。

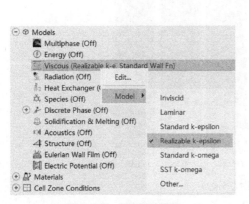

图 6-172　激活湍流模型

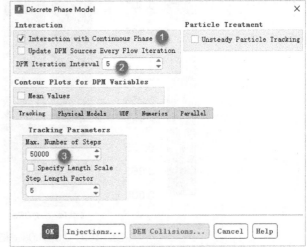

图 6-173　激活 DPM 模型

（3）进入 **Physical Models** 选项卡，选择 **Erosion/Accretion** 选项，如图 6-174 所示。

03　注入器设置

（1）双击模型树节点 **Models→Discrete Phase→Injections**，打开 Injections 对话框，如图 6-175 所示。

| 图 6-174 激活冲蚀模型 | 图 6-175 创建注入器 |

（2）单击 Injections 对话框中的 **Create** 按钮，弹出 Set Injection Properties 对话框，如图 6-176 所示。

（3）设置 **Injection Type** 为 **surface**。

（4）设置 **Release From Surfaces** 为 **inlet**。

（5）进入 **Point Properties** 选项卡，设置 **Z-Velocity** 为 10m/s。

（6）设置 **Diameter** 为 **0.0002m**。

（7）设置 **Total Flow Rate** 为 **1kg/s**。

（8）进入 **Turbulent Dispersion** 选项卡，选择 **Discrete Random Walk Model** 选项。

（9）设置 **Number of Tries** 为 10，单击 **OK** 按钮关闭对话框，如图 6-177 所示。

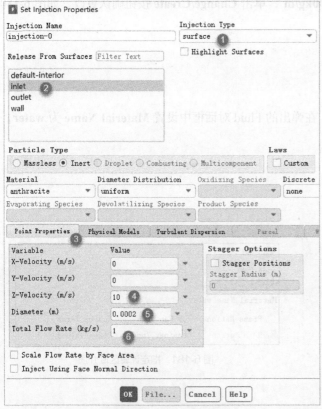

图 6-176 设置注入器属性

图 6-177 设置湍流分散参数

04 材料属性设置

从材料数据库中添加液态水 water-liquid(H_2O)。

（1）右击模型树节点 **Materials→Fluid**，在弹出的快捷菜单中选择 **New** 命令，如图 6-178 所示。

（2）在弹出的 Creat/Edit Materials 对话框中添加新材料 **water**，设置 **Density** 为 **998kg/m³**，**Viscosity** 为 **0.001kg/(m·s)**。

（3）单击 **Change/Create** 按钮，在弹出的询问是否覆盖的对话框中单击 **Yes** 按钮，单击 **Close** 按钮关闭材料对话框，如图 6-179 所示。

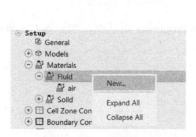

图 6-178　新建材料

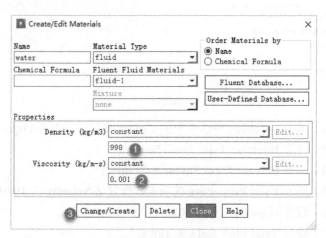

图 6-179　创建材料

05　修改材料

（1）修改颗粒材料 **anthracite** 的 **Density** 为 **1500kg/m³**，单击 **Change/Create** 按钮确认更改，如图 6-180 所示。

（2）单击 **Close** 按钮关闭对话框。

06　计算域属性设置

将计算区域介质设置为液态水。

双击模型树节点 **Cell Zone Conditions→fluid**，在弹出的 Fluid 对话框中设置 **Material Name** 为 **water**，指定计算区域介质，如图 6-181 所示。

图 6-180　修改材料参数

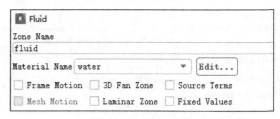

图 6-181　指定计算区域介质

07　边界条件设置

1．入口设置

双击模型树节点 **Boundary Conditions→inlet**，在弹出的 Velocity Inlet 对话框中设置 **Velocity Magnitude** 为 **10m/s**，湍流条件设置如图 6-182 所示，单击 **OK** 按钮关闭对话框。

2．出口设置

右击模型树节点 **Boundary Conditions→outlet**，在弹出的快捷菜单中选择 **Type→outflow** 命令，将边界

类型修改为自由出流边界，如图 6-183 所示。

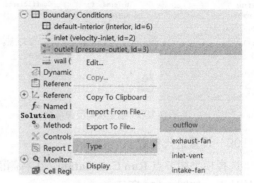

图 6-182　指定入口条件　　　　　　　　图 6-183　切换边界类型

3. 壁面边界设置

（1）双击模型树节点 **Boundary Conditions→wall**，弹出 Wall 对话框，切换至 **DPM** 选项卡，选择 **Oka** 选项，取消其他冲蚀模型，其他设置如图 6-184 所示。

（2）单击 **Oka** 选项后面的 **Edit** 按钮，弹出 Oka Model Parameters 对话框，参数设置如图 6-185 所示。

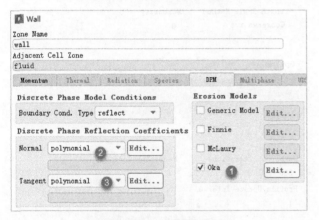

图 6-184　设置壁面边界　　　　　　　　图 6-185　修改模型参数

 注意：

图 6-185 中设置的模型参数与冲蚀材料性能有关，不同的颗粒与母材对应的模型参数均不同，实际工程中需要进行实验标定。

除了指定冲蚀函数外，还需要指定壁面反弹系数。本实例需要指定法向反弹系数和切向反弹系数，其表达为冲击角 α 的多项式函数：

$$\epsilon_N = 0.993 - 0.0307\alpha + 0.000475\alpha^2 - 2.61 \times 10^{-6}\alpha^3$$
$$\epsilon_T = 0.988 - 0.029\alpha + 0.000643\alpha^2 - 3.56 \times 10^{-6}\alpha^3$$

（3）设置图 6-184 中 **Normal** 为 **polynomial**，单击后面的 **Edit** 按钮弹出 Polynomial Profile 对话框，法向反弹系数参数设置如图 6-186 所示。

（4）设置图 6-184 中 **Tangent** 为 **polynomial**，单击后面的 **Edit** 按钮弹出 Polynomial Profile 对话框，切向反弹系数设置如图 6-187 所示。

08　初始化

选择模型树节点 **Initialization**，在右侧面板中选择 **Hybrid Initialization** 选项，单击 **Initialize** 按钮进行

初始化，如图 6-188 所示。

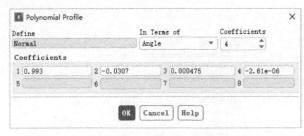

图 6-186　指定法向反弹系数　　　　　　　图 6-187　指定切向反弹系数

09　设置迭代参数

选择模型树节点 **Run Calculation**，在右侧面板中设置 **Number of Iterations** 为 **500**，单击 **Calculate** 按钮开始计算，如图 6-189 所示。

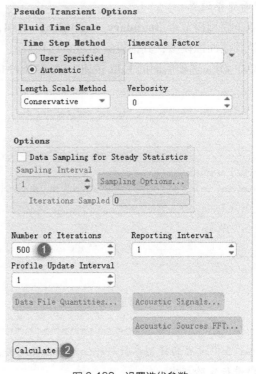

图 6-188　初始化　　　　　　　　　　　图 6-189　设置迭代参数

10　计算结果

1. 查看粒子轨迹

（1）双击模型树节点 **Results→Graphics→Particle Tracks**，弹出 Particle Tracks 对话框，参数设置如图 6-190 所示。

（2）单击 **Save/Display** 按钮显示粒子轨迹图，颗粒分布如图 6-191 所示。

2. 查看壁面冲蚀

（1）双击模型树节点 **Results→Graphics→Contours**，弹出 Contours 对话框，设置 **Contours of** 为 **Discrete Phase Variables** 及 **DPM Erosion Rate**（**Oka**）。

（2）选择 **Surfaces** 列表框中的 **wall** 选项，单击 **Save/Display** 按钮，如图 6-192 所示。冲蚀率分布如图 6-193 所示。

图 6-190　颗粒轨迹显示设置

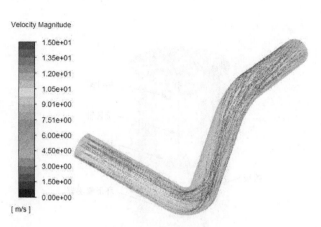

图 6-191　颗粒分布

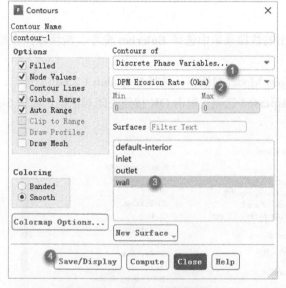

图 6-192　冲蚀率分布显示设置

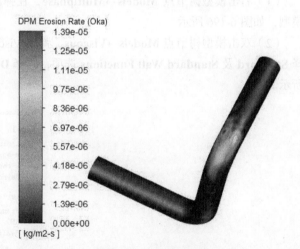

图 6-193　冲蚀率分布

【实例 9】反应釜搅拌器流场计算

本实例利用 Fluent 欧拉多相流模型，模拟空气喷雾喷至充满水的反应器内的流场分布。

本实例计算模型如图 6-194 所示。搅拌器包含 4 个挡板、1 个环形喷雾器、1 个斜叶桨、1 个拉什顿桨及 1 个旋转轴。顶部边界为 Degassing 边界，只允许气体流出。空气通过底部的环形喷雾器以 0.05m/s 的速度注入搅拌器。实例忽略喷雾器环上的小孔，将进气道设计为均匀的圆形带。拉什顿桨搅动混合物，使气泡均匀分布，斜叶桨执行扩散和泵送操作。两个叶轮均以 450rpm 的转速绕 Z 轴逆时针旋转（从顶部看）。

01　启动 Fluent 并读取网格

（1）以 **3D**、**Double Precision** 模式启动 Fluent。

（2）执行 **File→Read→Mesh** 命令，读取网格文件 **EX9.msh**。

02　常规参数设置

选择模型树节点 **General**，在右侧面板中选择 **Gravity** 选项，设置重力加速度为 Z 方向-9.81m/s^2，如图 6-195 所示。

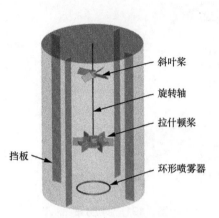

图 6-194　计算模型示意图

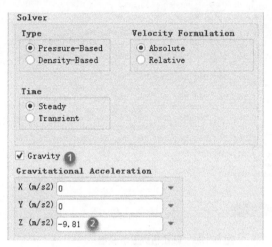

图 6-195　指定重力加速度

03　模型设置

（1）右击模型树节点 **Models→Multiphase**，在弹出的快捷菜单中选择 **Eulerian** 命令，激活欧拉多相流模型，如图 6-196 所示。

（2）双击模型树节点 **Models→Viscous**，弹出 Viscous Model 对话框，选择 **k-epsilon（2 eqn）** 选项，选择 **Standard** 及 **Standard Wall Functions** 选项，选择 **Dispersed** 选项，单击 **OK** 按钮关闭对话框，如图 6-197 所示。

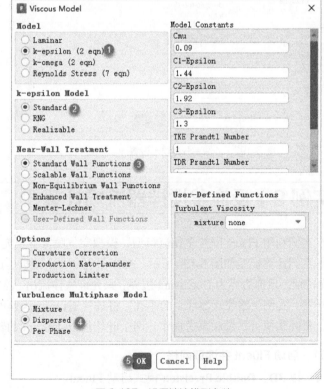

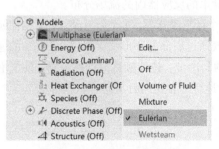

图 6-196　激活欧拉多相流模型

图 6-197　设置湍流模型参数

04　材料属性设置

实例中涉及的流体介质为空气及液态水，其中空气采用默认材料属性，液态水要从材料数据库中添加材料 water。

（1）右击模型树节点 **Materials→Fluid**，在弹出的快捷菜单中选择 **New** 命令，如图 6-198 所示。

（2）在弹出的 Create/Edit Materials 对话框中添加新材料 **water**，设置 **Density** 为 **998kg/m³**，**Viscosity** 为 **0.001kg/(m·s)**，如图 6-199 所示。

（3）单击 **Change/Create** 按钮，在弹出的询问是否覆盖的对话框中单击 **Yes** 按钮，单击 **Close** 按钮关闭对话框。

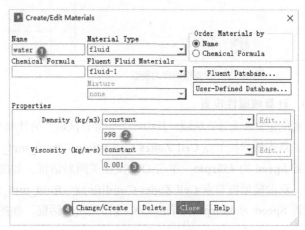

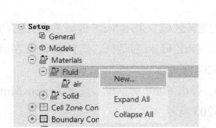

图 6-198　新建材料　　　　　　　　　　图 6-199　新建材料属性

05　相及相间作用设置

设置水为主相，空气为第二相。

（1）双击模型树节点 **Models→Multiphase(Mixture)→Phases→phase-1-Primary Phase**，弹出 Primary Phase 对话框，设置 **Name** 为 **water**，**Phase Material** 为 **water**，单击 **OK** 按钮关闭对话框，如图 6-200 所示。

（2）双击模型树节点 **Models→Multiphase(Mixture)→Phases→phase-2-Secondary Phase**，弹出 Secondary Phase 对话框，设置 **Name** 为 **air**，**Phase Material** 为 **air**，**Diameter** 为 **0.0015m**，其他参数保持默认设置，单击 **OK** 按钮关闭对话框，如图 6-201 所示。

图 6-200　定义主相　　　　　　　　　　图 6-201　定义第二相

（3）双击模型树节点 **Models→Multiphase(Mixture)→Phase Interactions**，弹出 Phase Interaction 对话框，进入 **Drag** 选项卡，设置 **Drag Coefficient** 为 **grace**，如图 6-202 所示。

 注意: ---

　　grace 模型适合低气相密度且气泡尺寸为 1～2mm 的气液流动。

（4）切换至 **Surface Tension** 选项卡，设置 **Surface Tension Coefficients** 为 **0.073N/m**，单击 OK 按钮，如图 6-203 所示。

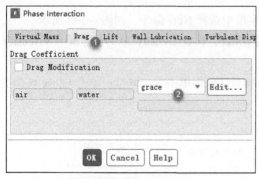

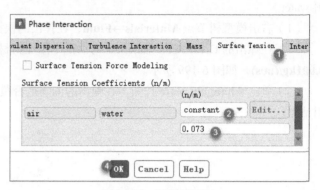

图 6-202　设置相间曳力模型　　　　　　　　　　　图 6-203　设置表面张力

06　计算域属性设置

本实例包含 3 个计算区域，其中一个为静止区域，另外两个为旋转区域。采用 MRF 模型考虑区域的旋转。

（1）双击模型树节点 **Cell Zones Conditions→fluid_mrf_1-1**，弹出 Fluid 对话框，选择 **Frame Motion** 选项，设置 **Speed** 为 **450rpm**，单击 **OK** 按钮关闭对话框，如图 6-204 所示。

（2）双击模型树节点 **Cell Zones Conditions→fluid_mrf_2-0**，弹出 Fluid 对话框，选择 **Frame Motion** 选项，设置 **Speed** 为 **450rpm**，单击 **OK** 按钮关闭对话框，如图 6-205 所示。

图 6-204　设置第一个旋转区域　　　　　　　　　　图 6-205　设置第二个旋转区域

07　边界条件设置

本实例中顶部边界设置为 Degassing 边界，该边界允许气体流出而不允许液体流出。

（1）双击模型树节点 **Boundary Conditions→gas_inlet→water**，在弹出的 Velocity Inlet 对话框设置参数，如图 6-206 所示。

（2）双击模型树节点 **Boundary Conditions→gas_inlet→air**，在弹出的 Velocity Inlet 对话框中设置 **Velocity Magnitude** 为 **0.05m/s**，如图 6-207 所示。

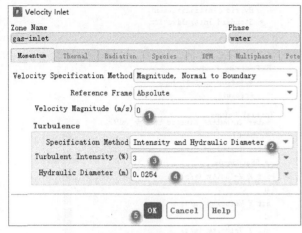

图 6-206　设置入口条件　　　　　　　　　　图 6-207　设置入口气相速度

（3）切换至 **Multiphase** 选项卡，设置 **Volume Fraction** 为 **1**，如图 6-208 所示。

08　操作条件设置

（1）选择模型树节点 **Boundary Conditions**，在右侧面板中单击 **Operating Conditions** 按钮，弹出 Operating Conditions 对话框，如图 6-209 所示。

（2）选择 **Specified Operating Density** 选项，设置 **Operating Density** 为 **1.225kg/m³**。

（3）单击 **OK** 按钮关闭对话框。

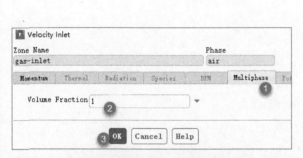

图 6-208　设置气相入口处的体积分数

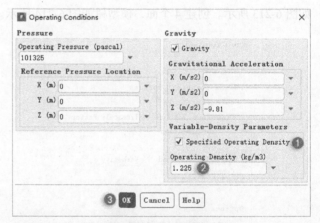

图 6-209　设置操作条件

09　方法设置

选择模型树节点 **Methods**，右侧面板中的参数设置如图 6-210 所示。

10　初始化

选择模型树节点 **Initialization**，在右侧面板中选择 **Standard Initialization** 选项，设置 **air Volume Fraction** 为 **0**，其他参数保持默认设置，单击 **Initialize** 按钮进行初始化，如图 6-211 所示。

11　计算

（1）选择模型树节点 **Run Calculation**，在右侧面板中设置 **Number of Iterations** 为 **1500**，如图 6-212 所示。

（2）单击 **Calculate** 按钮进行计算。

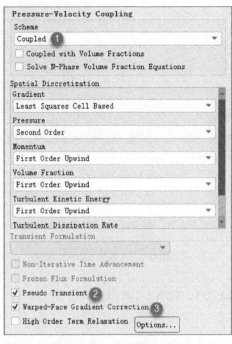

图 6-210　设置求解方法

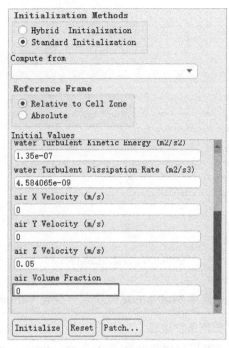

图 6-211　初始化设置

12　计算结果

1. 创建切面

右击模型树节点 **Results→Surfaces**，在弹出的快捷菜单中选择 **New→Iso-Surface** 命令，创建等值面，如图 6-213 所示。创建 4 个面，模型树如图 6-214 所示。

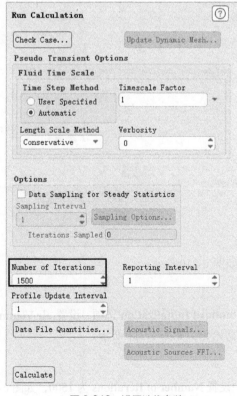

图 6-212　设置迭代参数

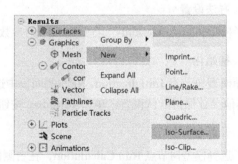

图 6-213　创建等值面

```
⊝ Results
  ⊝  Surfaces
      x=0
      y=0
      z=0.08
      z=0.19
```

图 6-214　创建等值面后的模型树

2. 查看云图分布

下部桨叶位置（z=0.08m）气相体积分数分布如图 6-215 和图 6-216 所示。

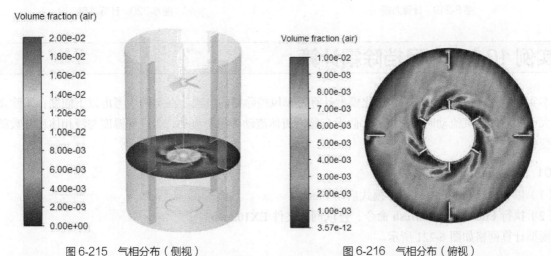

图 6-215　气相分布（侧视）　　　　　图 6-216　气相分布（俯视）

纵切面上（y=0m）气相体积分数分布如图 6-217 和图 6-218 所示。

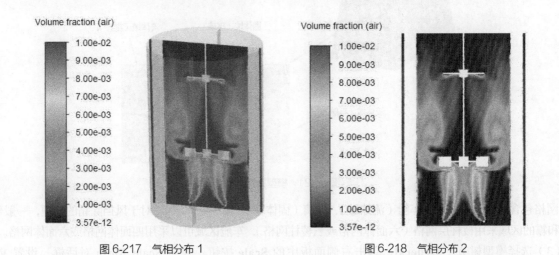

图 6-217　气相分布 1　　　　　　图 6-218　气相分布 2

3. 轴功率

（1）双击模型树节点 **Results→Reports→Forces**，弹出 Force Reports 对话框，如图 6-219 所示。

（2）选择 **Moments** 选项，设置 **Moment Center** 为 **(0,0,0)**，设置 **Moment Axis** 为 **(0,0,−1)**。

（3）设置 **Wall Zones** 为 **wall_impeller_1**。

（4）单击 **Print** 按钮显示力矩计算结果，如图 6-220 所示。

从图 6-220 中看出，力矩约为 **0.03768N/m**，轴功率为力矩与角速度的乘积。

$$P = 0.03768\text{N/m} \times 450\text{rpm} \times 2\pi/60 \approx 1.77563\text{W}$$

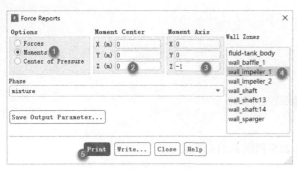

图 6-219　计算力矩

图 6-220　计算结果

【实例 10】汽车风挡除霜计算

本实例利用 Fluent 中的凝固/熔化模型计算汽车风挡除霜的过程。在实例中考虑以下问题：①除霜时间尺度大于车舱内空气流动时间尺度；②假设车舱内流体流动为稳态流动；③只有温度与液相体积分数随时间发生变化。

01　启动 Fluent

（1）以 **3D**、**Double Precision** 模式启动 Fluent。

（2）执行 **File→Read→Mesh** 命令，读取网格文件 **EX10.msh**。

模型计算网格如图 6-221 所示。

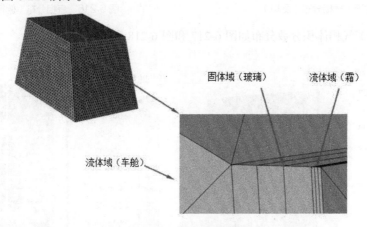

固体域（玻璃）　　流体域（霜）

流体域（车舱）

图 6-221　模型计算网格

网格包含 3 个计算区域：车舱（流体域）、玻璃（固体域）、霜（流体域）。对于风挡除霜的问题，一般建议玻璃和霜的区域采用棱柱层网格（六面体网格或三棱柱网格），车舱区域可以采用四面体网格或六面体网格。

（3）选择模型树节点 **General**，单击右侧面板中的 **Scale** 按钮，弹出 Scale Mesh 对话框，设置 **View Length Unit In** 为 **in**，单击 **Close** 按钮关闭对话框，如图 6-222 所示。

02　模型设置

（1）右击模型树节点 **Models→Energy**，在弹出的快捷菜单中选择 **On** 命令，激活能量方程，如图 6-223 所示。

（2）右击模型树节点 **Models→Viscous**，在弹出的快捷菜单中选择 **Model→Standard k-epsilon** 命令，激活湍流模型，如图 6-224 所示。

（3）双击模型树节点 **Models→Solidification & Melting**，弹出 Solidification and Melting 对话框，选择 **Solidification/Melting** 选项，如图 6-225 所示，其他参数保持默认设置，单击 **OK** 按钮关闭对话框。

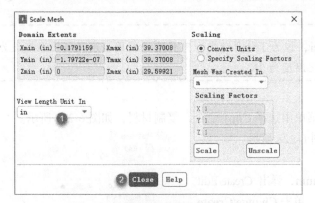

图 6-222 设置模型单位

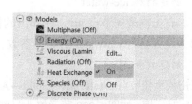

图 6-223 激活能量方程

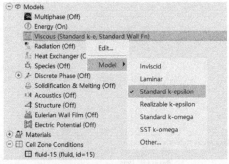

图 6-224 激活湍流模型

图 6-225 激活凝固熔化模型

03 材料属性设置

本实例涉及空气（air）、玻璃（glass）及冰水混合物（ice_water）3 种材料。

1. 修改材料 air 的参数

双击模型树节点 **Materials→Fluid→air**，弹出 Create/Edit Materials 对话框，材料参数保持默认设置，如图 6-226 所示。

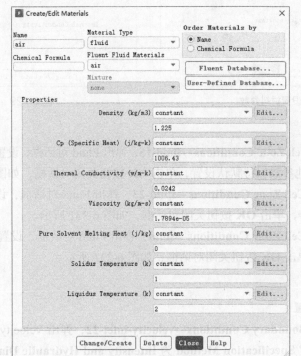

图 6-226 设置材料参数

⬤ **注意：**

　　本实例中发生相变的材料仅为 ice_water，但为了计算稳定，可将空气凝固温度及液化温度设为一个较小的值，如设置凝固温度为 1K，设置液化温度为 2K。

　　2. 创建材料 ice-water

（1）右击模型树节点 **air**，在弹出的快捷菜单中选择 **Copy** 命令，复制材料，如图 6-227 所示。

（2）设置材料 ice-water 的属性参数，如图 6-228 所示。

　　3. 创建材料 glass

双击模型树节点 **Materials→Solid→Aluminum**，弹出 Create/Edit Materials 对话框，按图 6-229 所示修改材料属性，单击 **Change/Create** 按钮，在弹出对话框中单击 **Yes** 按钮覆盖原有参数。

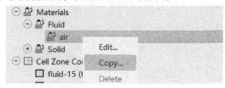

图 6-227　创建新材料

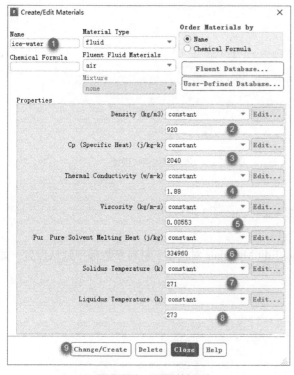

图 6-228　设置材料参数

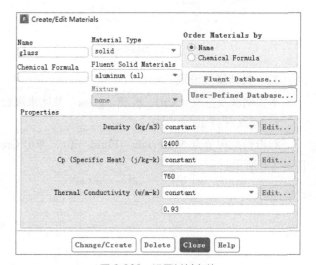

图 6-229　设置材料参数

04　计算域属性设置

（1）双击模型树节点 **Cell Zone Conditions→fluid-15**，弹出 Fluid 对话框，设置 **Zone Name** 为 **cabin-cells**，**Material Name** 为 **air**，其他参数保持默认设置，单击 **OK** 按钮关闭对话框，如图 6-230 所示。

（2）双击模型树节点 **Cell Zone Conditions→fluid-23**，弹出 Fluid 对话框，设置 **Zone Name** 为 **ice-cells**，**Material Name** 为 **ice-water**，单击 **OK** 按钮关闭对话框，如图 6-231 所示。

（3）双击模型树节点 **Cell Zone Conditions→solid**，弹出 Fluid 对话框，设置 **Zone Name** 为 **glass**，设置 **Material Name** 为 **glass**，单击 **OK** 按钮关闭对话框，如图 6-232 所示。

05　边界条件设置

　　1. velocity-inlet-22 设置

（1）双击模型树节点 **Boundary Conditions→velocity-inlet-22**，弹出 Velocity Inlet 对话框，设置 **Velocity Magnitude** 为 **3.2m/s**，设置 **Specification Method** 为 **Intensity and Hydraulic Diameter**，**Turbulent Intensity** 为 **5%**，指定 **Hydraulic Diameter** 为 **7.87in**（1in≈2.54cm），如图 6-233 所示。

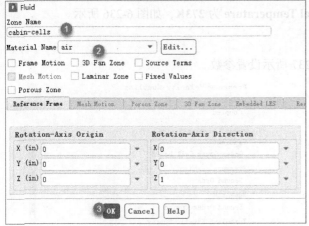

图 6-230　设置车舱计算区域　　　　　　　　图 6-231　设置霜计算区域

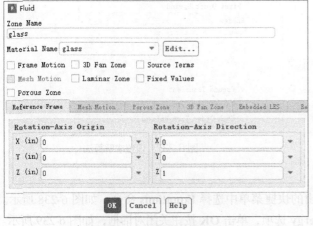

图 6-232　设置玻璃计算区域　　　　　　　　图 6-233　设置入口边界条件

（2）切换至 **Thermal** 选项卡，设置 **Temperature** 为 **255.2K**，如图 6-234 所示。单击 **OK** 按钮，关闭对话框。

2. pressure-outlet-3 设置

（1）双击模型树节点 **Boundary Conditions**→**pressure-outlet-3**，弹出 Pressure Outlet 对话框，在 **Momentum** 选项卡中参照图 6-235 设置参数。

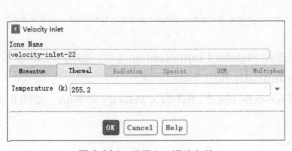

图 6-234　设置入口温度条件　　　　　　　　图 6-235　设置出口边界条件

（2）切换至 **Thermal** 选项卡，设置 **Backflow Total Temperature** 为 **273K**，如图 6-236 所示。

06 方法设置

选择模型树节点 **Methods**，在右侧面板中按图 6-237 所示设置参数。

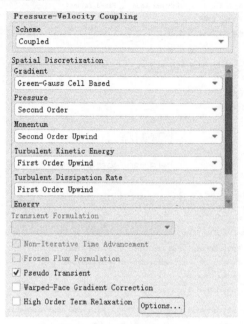

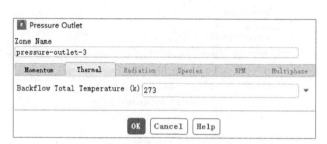

图 6-236 设置出口温度条件　　　　　　图 6-237 设置求解算法

07 求解方程设置

（1）右击模型树节点 **Solution→Controls**，在弹出的快捷菜单中选择 **Equations** 命令，如图 6-238 所示。

（2）在弹出的 Equations 对话框中，取消选择 **Energy** 选项，单击 **OK** 按钮关闭对话框，如图 6-239 所示。

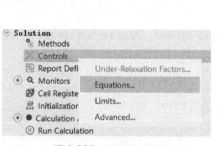

图 6-238 设置求解方程　　　　　　图 6-239 激活求解方程

 注意：

　这里计算稳态时不考虑传热。
----

08 初始化

（1）选择模型树节点 **Initialization**，在右侧面板中选择 **Standard Initialization** 选项，如图 6-240 所示。

（2）选择 **Compute from** 为 **velocity-inlet-22**，单击 **Initialize** 按钮开始初始化。

（3）单击 **Patch** 按钮，弹出 Patch 对话框，设置区域 **ice-cells** 的初始条件的 **X Velocity** 为 **0m/s**，如图 6-241 所示。

（4）初始化 **Y Velocity** 为 **0m/s**，**Z Velocity** 为 **0m/s**。

（5）用相同的方式初始化 **Turbulent Kinetic Energy** 为 1×10^{-14}m/s，**Turbulent Dissipation Rate** 为 1×10^{-20}m/s。

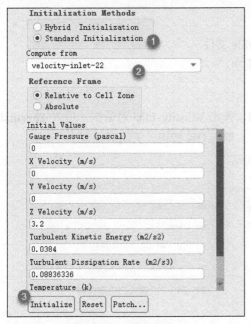

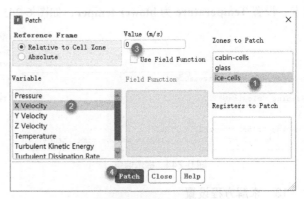

图 6-240　初始化设置　　　　　　　　　　　　　图 6-241　设置 Patch 参数

09　迭代参数设置

选择模型树节点 **Run Calculation**，在右侧面板中设置 **Number of Iterations** 为 **300**，单击 **Calculate** 按钮开始稳态计算，如图 6-242 所示。

10　常规参数设置

选择模型树节点 **General**，在右侧面板中选择 **Transient** 选项，激活瞬态求解，如图 6-243 所示。

图 6-242　设置迭代参数　　　　　　　　　　　　　图 6-243　激活瞬态求解

11 读取 Profile 文件

利用 TUI 命令 **file/read-transient-table blow.tab** 读取 Profile 文件。

TUI 窗口出现图 6-244 所示的提示信息，表示文件读取成功。

12 边界条件设置

双击模型树节点 **Boundary Conditions→velocity-inlet-22**，弹出 Velocity Inlet 对话框，进入 **Thermal** 选项卡，设置 **Temperature** 为 **blower temper**，如图 6-245 所示。单击 **OK** 按钮，关闭对话框。

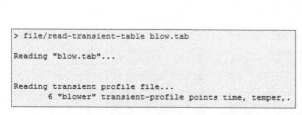

图 6-244 提示信息

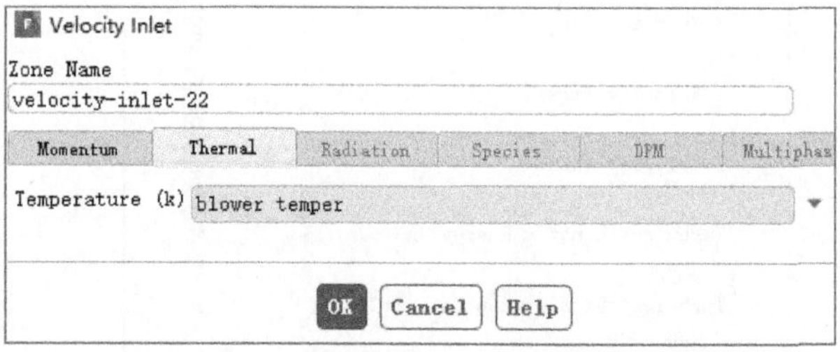

图 6-245 设置入口温度条件

13 求解方程设置

（1）右击模型树节点 **Solution→Controls**，在弹出的快捷菜单中选择 **Equations** 命令，如图 6-246 所示。

（2）在弹出的 Equations 对话框中选择 **Energy** 选项，取消选择 **Flow** 及 **Turbulence** 选项，如图 6-247 所示。

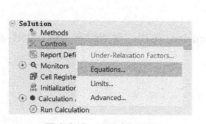

图 6-246 设置求解方程

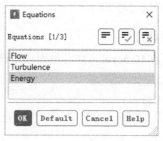

图 6-247 激活求解方程

> **注意：**
>
> 这里假设车舱内流场稳定，仅考虑传热。

14 自动保存设置

双击模型树节点 **Autosave**，弹出 Autosave 对话框，设置 **Save Data File Every** 为 **40 Time Steps**，如图 6-248 所示。单击 **OK** 按钮，关闭对话框。

15 计算参数设置

选择模型树节点 **Run Calculation**，在右侧面板中设置 **Time Step Size** 为 **5s**，设置 **Number of Time Steps** 为 **200**，单击 **Calculate** 按钮开始计算，如图 6-249 所示。

16 计算结果

查看风挡面上的液相体积分数分布，以反映除霜效果。

（1）执行 **File→Read→Data** 命令，读取不同时刻的 .dat 文件。

（2）双击模型树节点 **Results→Graphics→Contours**，弹出 Contours 对话框，设置 **Contours of** 为 **Solidification/Melting** 及 **Liquid Fraction**，选择 **Surfaces** 为 **shield-outer-shadow**，单击 **Save/Display** 按钮显示液相体积分数分布云图，如图 6-250 所示。

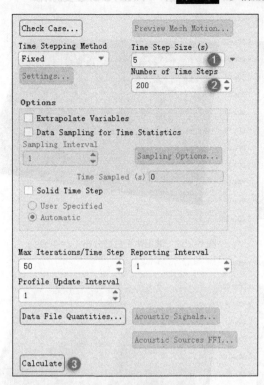

图 6-249　设置迭代参数

图 6-248　设置自动保存

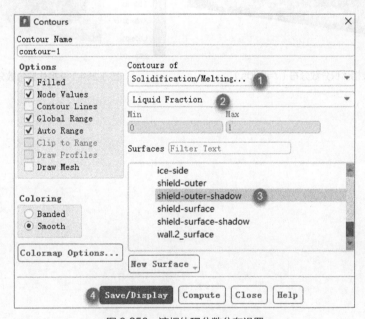

图 6-250　液相体积分数分布设置

图 6-251 所示为 400s 时风挡上的液相体积分数分布，图 6-252 所示为 600s 时风挡上的液相体积分数分布。

图 6-253 所示为 800s 时风挡上的液相体积分数分布，图 6-254 所示为 1000s 时风挡上的液相体积分数分布。

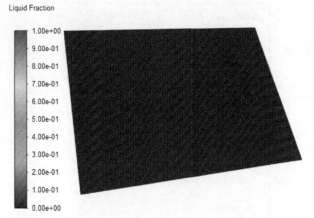

图 6-251　液相体积分数分布（t=400s）

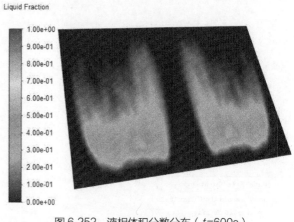

图 6-252　液相体积分数分布（t=600s）

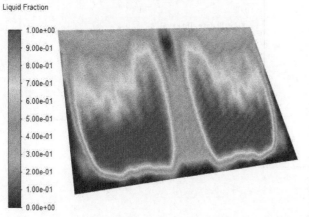

图 6-253　液相体积分数分布（t=800s）

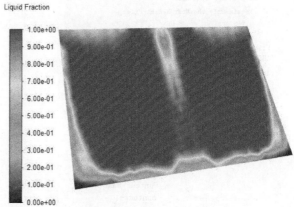

图 6-254　液相体积分数分布（t=1000s）

第 7 章

燃烧及化学反应流模拟

本章利用实例讲解 Fluent 软件处理化学反应流及燃烧问题的一般流程，重点讲述组分输运模型、有限速率模型、涡耗散模型和涡耗散概念模型等常用模型的参数设置及注意事项。

【实例 1】甲烷燃烧器燃料燃烧计算

本实例利用 Fluent 提供的 Eddy-Dissipation 燃烧模型计算甲烷燃烧室内的燃料燃烧情况，燃烧室模型示意图如图 7-1 所示。

经过压缩的一次空气以 10m/s 的速度通过燃烧器底部的主入口进入燃烧室，主入口的 6 个旋流叶片使空气与甲烷充分混合燃烧。甲烷气体通过 6 个燃料入口以 40m/s 的速度注入燃烧室。

二次空气以 6m/s 的速度通过 6 个侧面空气入口进入燃烧室，一方面可以提高燃烧效率，另一方面可以冷却燃烧器壁面。燃料与氧化剂进入燃烧室的初始温度均为 300K。

01　读取网格

（1）以 **3D**、**Double Precision** 模式启动 Fluent。

（2）执行 **File→Read→Mesh** 命令，读取计算网格 **EX1.msh**。

（3）单击 **General** 面板中的 **Display** 按钮显示计算网格，模型计算网格如图 7-2 所示。

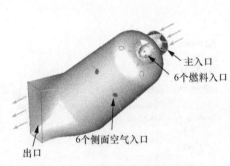

图 7-1　燃烧室模型示意图

图 7-2　模型计算网格

02　模型设置

（1）右击模型树节点 **Models→Viscous**，在弹出的快捷菜单中选择 **Model→Realizable k-epsilon** 命令，激活湍流模型，如图 7-3 所示。

（2）双击模型树节点 **Models→Species**，弹出 Species Model 对话框，参数设置如图 7-4 所示。

> 📌 **注意：**
> 本实例采用的是 Fluent 系统中集成的甲烷-空气化学反应模型。如果要计算系统中没有的化学反应，则需要在材料属性中自定义化学反应模型。

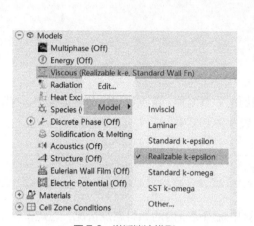

图 7-3 激活湍流模型

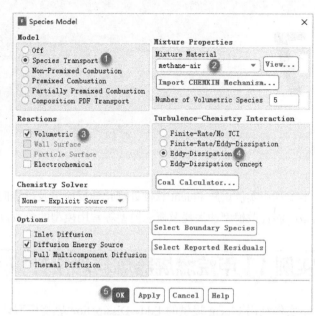

图 7-4 设置组分输运模型

03   边界条件设置

选择模型树节点 **Boundary Conditions→fuelinlet/inletair1/inletair2** 并右击，在弹出的快捷菜单中选择 **Type→velocity-inlet** 命令，将边界类型修改为速度边界。

1. fuelinlet 设置

（1）双击模型树节点 **Boundary Conditions→fuelinlet**，弹出 Velocity Inlet 对话框，在 **Momentum** 选项卡中设置 **Velocity Magnitude** 为 **40m/s**，如图 7-5 所示。

（2）切换至 **Species** 选项卡，设置 **Species Mass Fractions** 中的 **CH₄** 为 **1**，如图 7-6 所示。

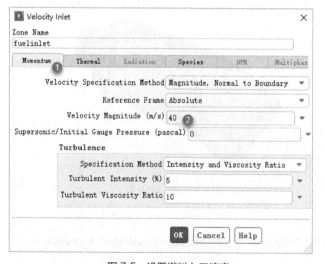

图 7-5 设置燃料入口速度

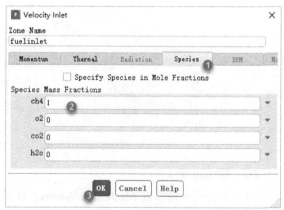

图 7-6 设置燃料入口组分

2. inletair1 设置

（1）双击模型树节点 **Boundary Conditions→inletair1**，弹出 Velocity Inlet 对话框，在 **Momentum** 选项卡中设置 **Velocity Magnitude** 为 **10m/s**，如图 7-7 所示。

（2）切换至 **Species** 选项卡，设置 **Species Mass Fractions** 中的 **O₂ 为 0.23**，单击 **OK** 按钮关闭对话框，如图 7-8 所示。

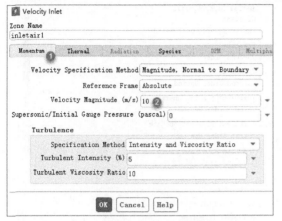

图 7-7　设置一次空气入口速度

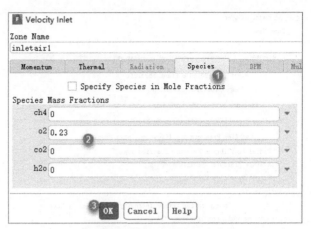

图 7-8　设置一次空气入口组分

3. inletair2 设置

（1）双击模型树节点 **Boundary Conditions→inletair2**，弹出 Velocity Inlet 对话框，切换至 **Momentum** 选项卡，设置 **Velocity Magnitude** 为 **6m/s**，如图 7-9 所示。

（2）切换至 **Species** 选项卡，设置 **Species Mass Fractions** 中的 **O₂ 为 0.23**，单击 **OK** 按钮关闭对话框，如图 7-10 所示。

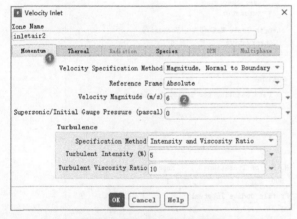

图 7-9　设置二次空气入口速度

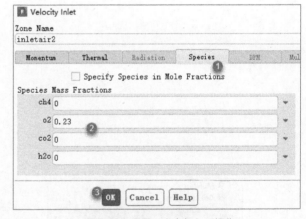

图 7-10　设置二次空气入口组分

4. outlet 设置

双击模型树节点 **Boundary Conditions→outlet**，弹出 Pressure Outlet 对话框，切换至 **Momentum** 选项卡，选择 **Average Pressure Specification** 选项，其他参数保持默认设置，单击 **OK** 按钮关闭对话框，如图 7-11 所示。

04　方法设置

选择模型树节点 **Methods**，右侧面板中的参数设置如图 7-12 所示。

05　初始化

右击模型树节点 **Initialization**，在弹出的快捷菜单中选择 **Initialize** 命令进行初始化，如图 7-13 所示。

06　计算

选择模型树节点 **Run Calculation**，在右侧面板中设置 **Timescale Factor** 为 **5**，**Number of Iterations** 为 **500**，单击 **Calculate** 按钮开始计算，如图 7-14 所示。

图 7-11　设置出口边界

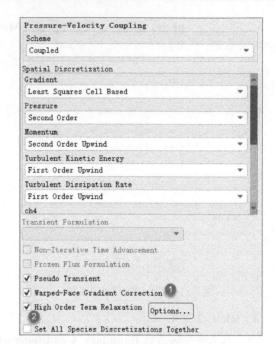

图 7-12　设置求解算法

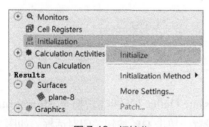

图 7-13　初始化

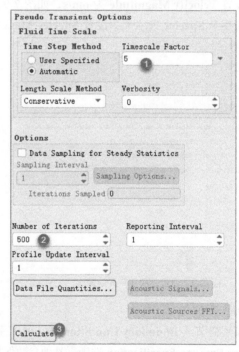

图 7-14　迭代参数设置

07　计算结果

1. 查看进/出口流量

双击模型树节点 **Results→Reports→Fluxes**，弹出 Flux Reports 对话框，查看进口与出口的流量。从图 7-15 中看出，进/出口流量达到平衡。

2. 创建 *XZ* 平面

（1）右击模型树节点 **Surfaces**，在弹出的快捷菜单中选择 **New→Plane** 命令，如图 7-16 所示。

（2）在弹出的 Plane Surface 对话框中，创建原点为 **(1,0,1)**、法向为 **(0,1,0)** 的平面，将其命名为 **plane-xz**，如图 7-17 所示。

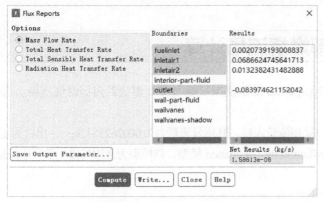

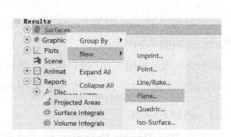

图 7-15 查看进/出口流量　　　　　　　　　　　　　图 7-16 创建平面

3. 查看物理量分布

图 7-18 所示为 plane-xz 平面上 CO_2 质量分数分布云图，图 7-19 所示为 plane-xz 平面上 O_2 质量分数分布云图。

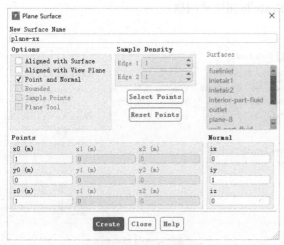

图 7-17 创建 *XZ* 平面

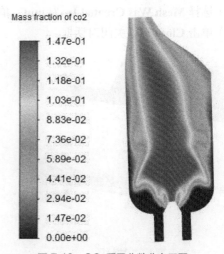

图 7-18 CO_2 质量分数分布云图

图 7-20 所示为 wall-part-fluid 及 wallvanes 平面上的温度分布云图。

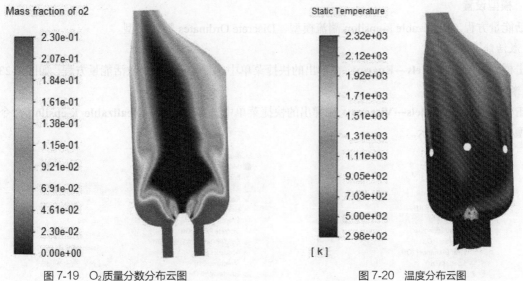

图 7-19 O_2 质量分数分布云图　　　　　　　　　　图 7-20 温度分布云图

【实例2】BERL 燃烧器内部燃烧流场计算

本实例利用 Fluent 中的 Finite-Rate/Eddy-Dissipation 模型模拟三维 BERL 燃烧器内部燃烧流场。燃烧器模型示意图如图 7-21 所示。

其中空气入口采用 UDF 进行指定，燃料入口采用流量入口，其质量流量为 0.0002623542kg/s，出口为压力出口，出口静压为标准大气压。燃烧模拟采用 Finite-Rate/Eddy-Dissipation 模型，该模型为常用的慢化学反应模型。

01 启动 Fluent

（1）以 **3D**、**Double Precision** 模式启动 Fluent。

（2）执行 **File→Read→Mesh** 命令，读取网格文件 **EX2.msh**。

02 常规参数设置

（1）选择模型树节点 **General**，在右侧面板中单击 **Scale** 按钮，弹出 Scale Mesh 对话框，如图 7-22 所示。

（2）选择 **Mesh Was Created In** 为 **mm**，单击 **Scale** 按钮缩放网格。

（3）单击 **Close** 按钮关闭对话框。

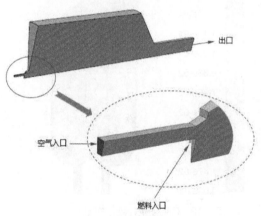

图 7-21　燃烧器模型示意图　　　　　　　　　　　图 7-22　缩放网格

03 模型设置

激活能量方程、Realizable k-epsilon 湍流模型、Discrete Ordinates 辐射模型。

1. 激活能量方程

右击模型树节点 **Models→Energy**，在弹出的快捷菜单中选择 **On** 命令，激活能量方程，如图 7-23 所示。

2. 激活湍流模型

右击模型树节点 **Models→Viscous**，在弹出的快捷菜单中选择 **Model→Realizable k-epsilon** 命令，激活湍流模型，如图 7-24 所示。

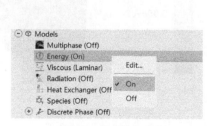

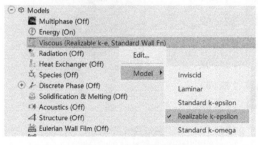

图 7-23　激活能量方程　　　　　　　　　　　图 7-24　激活湍流模型

3. 激活辐射模型

（1）双击模型树节点 **Models→Radiation**，弹出 Radiation Model 对话框。

（2）选择 Discrete Ordinates 选项，设置 **Energy Iterations per Radiation Iteration** 为 **1**，**Theta Divisions** 为 **4**，**Phi Divisions** 为 **4**，**Theta Pixels** 为 **3**，**Phi Pixels** 为 **3**。

（3）单击 **OK** 按钮关闭对话框，如图 7-25 所示。

04 组分输运模型设置

（1）双击模型树节点 **Models→Species**，弹出 Species Model 对话框。

（2）选择 **Species Transport** 选项。

（3）选择 **Volumetric** 选项，激活体积反应。

（4）设置 **Turbulence-Chemistry Interaction** 为 **Finite-Rate/Eddy-Dissipation**。

（5）取消选择 **Diffusion Energy Source** 选项。

（6）单击 **OK** 按钮关闭对话框，如图 7-26 所示。

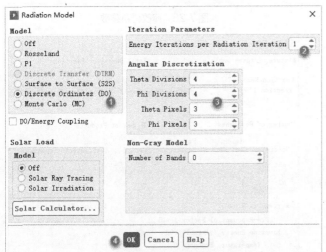

图 7-25 设置辐射模型　　　　　　　　图 7-26 设置组分输运模型

05 材料属性设置

1. 添加材料 CO_2 与 CH_4

（1）双击模型树节点 **Materials→Fluid→air**，在弹出的 Create/Edit Materials 对话框中单击 **Fluent Database** 按钮，打开 Fluent Database Materials 对话框。

（2）设置 **Material Type** 为 **fluid**，选择 **methane** 及 **carbon-dioxide** 材料，单击 **Copy** 按钮添加材料，如图 7-27 所示。

2. 修改混合物参数

（1）双击模型树节点 **Materials→Mixture→mixture-template**，弹出 Create/Edit Materials 对话框，如图 7-28 所示。

（2）单击 **Mixture Species** 选项右侧的 **Edit** 按钮，弹出 Species 对话框，如图 7-29 所示。

（3）设置组分，确保氮气（N_2）位于列表的最下方，单击 **OK** 按钮关闭对话框。

（4）单击 Create/Edit Materials 对话框中 **Reaction** 选项右侧的 **Edit** 按钮，弹出 Reactions 对话框，按图 7-30 所示的参数定义化学反应：

$$CH_4+2O_2\rightarrow CO_2+2H_2O$$

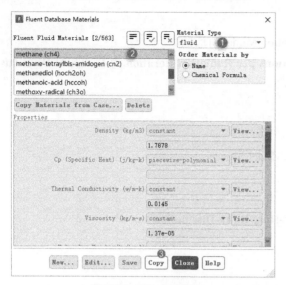

图 7-27　添加介质材料

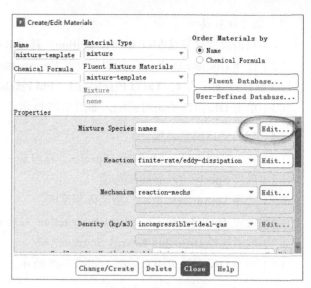

图 7-28　修改材料参数

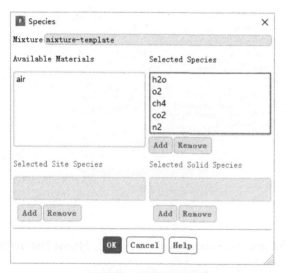

图 7-29　设置混合物组分

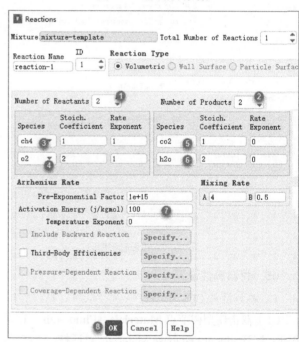

图 7-30　定义化学反应

（5）单击 **OK** 按钮关闭对话框，返回至 Create/Edit Materials 对话框。

　注意：

对于本实例中涉及的单步甲烷燃烧反应可以利用 Fluent 内置的化学反应模型。

（6）设置 **Thermal Conductivity** 为 **polynomial**，如图 7-31 所示，弹出 Polynomial Profile 对话框。

（7）设置 **Coefficients** 为 **2**，并设置系数为 **0.0076736** 和 **5.8837 × 10^{-5}**，如图 7-32 所示，单击 **OK** 按钮关闭对话框。

（8）同理，设置 **Viscosity** 为 **polynomial**，并设置系数为 **7.6181 × 10^{-6}** 和 **3.2623 × 10^{-8}**。

（9）设置 **Absorption Coefficient** 为 **wsggm-domain-based**。

（10）设置 **Scattering Coefficient** 为 **1 × 10^{-9}m^{-1}**，其他参数保持默认设置。

（11）单击 **Change/Create** 按钮修改材料参数，单击 **Close** 按钮关闭对话框，如图 7-33 所示。

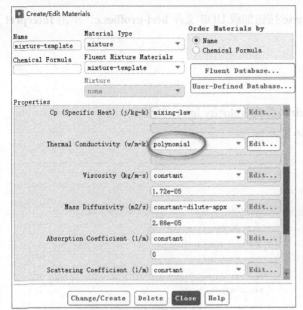

图 7-31　设置导热系数

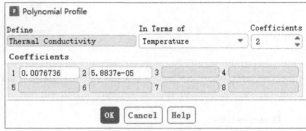

图 7-32　设置多项式系数

06　解释 UDF

本实例利用 UDF 指定入口速度及壁面边界温度，所采用的 UDF 可以利用解释方式加载运行。

（1）右击模型树节点 **Parameters & Customization→User Defined Functions**，在弹出的快捷菜单中选择
Interpreted 命令，如图 7-34 所示。

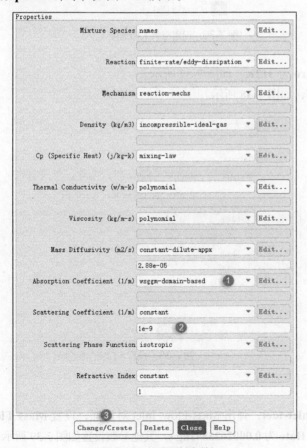

图 7-33　修改材料参数

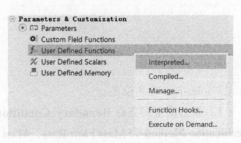

图 7-34　执行解释 UDF 命令

（2）在弹出的 Interpreted UDFs 对话框中，单击 **Browse** 按钮加载 UDF 文件 **berl-profiles.c**，单击 **Interpret** 按钮解释 UDF 文件，如图 7-35 所示。

07 边界条件设置

1. inlet-air 边界设置

（1）双击模型树节点 **Boundary Conditions→inlet-air**，弹出 Velocity Inlet 对话框。

（2）切换至 **Momentum** 选项卡，参数设置如图 7-36 所示。

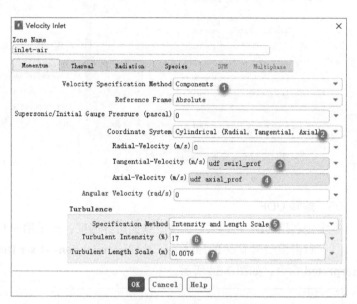

图 7-35　解释 UDF 文件　　　　　　　图 7-36　设置空气入口速度

（3）切换至 **Thermal** 选项卡，设置 **Temperature** 为 **312K**，如图 7-37 所示。

（4）切换至 **Species** 选项卡，设置 **O₂** 为 **0.2315**，如图 7-38 所示。

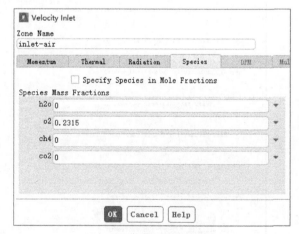

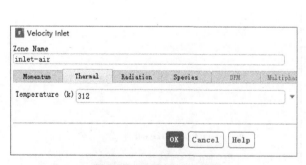

图 7-37　设置空气入口温度　　　　　　图 7-38　设置入口空气组分

2. inlet-fuel 边界设置

（1）双击模型树节点 **Boundary Conditions→inlet-fuel**，弹出 Mass-Flow Inlet 对话框，设置 **Mass Flow Specification Method** 为 **Mass Flow Rate**，**Mass Flow Rate** 为 **0.0002623542kg/s**，其他参数设置如图 7-39 所示。

（2）切换至 **Thermal** 选项卡，设置 **Total Temperature** 为 **308K**，如图 7-40 所示。

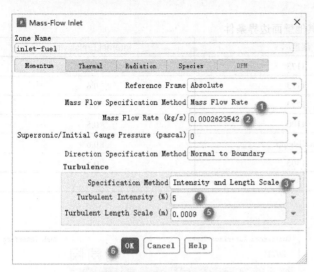

图 7-39　燃料入口条件

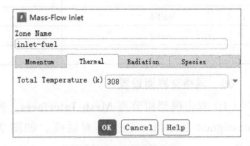

图 7-40　设置燃料温度

（3）切换至 **Species** 选项卡，设置 **CH₄** 为 **0.97**，**CO₂** 为 **0.008**，单击 OK 按钮，如图 7-41 所示。

3. outlet 边界设置

（1）双击模型树节点 **Boundary Conditions→outlet**，弹出 Pressure Outlet 对话框，如图 7-42 所示。

（2）切换至 **Thermal** 选项卡，设置 **Backflow Total Temperature** 为 **1300K**。

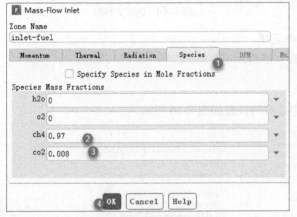

图 7-41　设置燃料入口组分

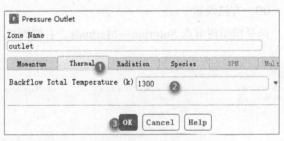

图 7-42　设置出口温度条件

4. 其他壁面边界设置

（1）双击模型树节点 **Boundary Conditions→wall-1**，弹出 Wall 对话框。

（2）切换至 **Thermal** 选项卡，设置 **Thermal Conditions** 为 Temperature。

（3）设置 **Temperature** 为 **312K**。

（4）设置 **Internal Emissivity** 为 **0.6**。

（5）单击 **OK** 按钮关闭对话框，如图 7-43 所示。

与此设置方法相同，其他壁面边界条件如表 7-1 所示。

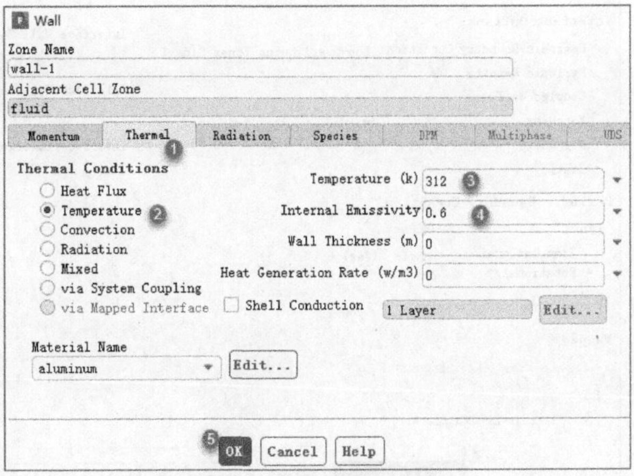

图 7-43　设置壁面边界条件

表 7-1 其他壁面边界条件

边界	温度/K	Internal Emissivity
wall-2	1173	0.6
wall-3	1173	0.6
wall-4	1273	0.6
wall-5	1100	0.5
wall-6	wall-temp	0.6
wall-7	1305	0.5
wall-8	1370	0.5

08 网格交界面设置

（1）双击模型树节点 **Mesh Interfaces**，弹出 Unassigned Interface Zones 对话框，如图 7-44 所示。

（2）单击 **Manual Create** 按钮，打开 Create/Edit Mesh Interfaces 对话框。

（3）设置 **Mesh Interface** 为 **periodic**，选中 **Interface Zones Side 1** 列表框中的 **int-1**，选中 **Interface Zones Side 2** 列表框中的 **int-2**。

（4）选择 **Periodic Boundary Condition** 选项，并设置 **Type** 为 **Rotational**，选中 **Auto Compute Offset** 选项。

（5）单击 **Create/Edit** 按钮创建网格交界面，如图 7-45 所示。

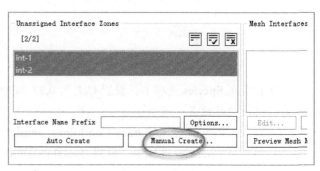

图 7-44 创建交界面

09 方法设置

选择模型树节点 **Solution→Methods**，右侧面板中参数的设置如图 7-46 所示。

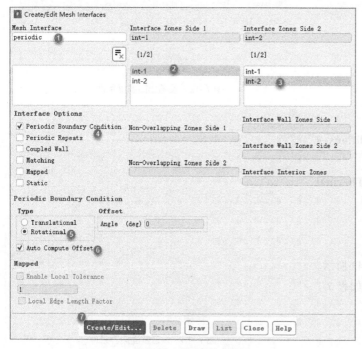

图 7-45 创建网格交界面

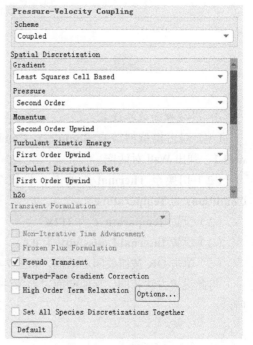

图 7-46 设置求解方法

10 控制参数设置

选择模型树节点 **Solution→Controls**，在右侧面板中单击 **Equations** 按钮，在弹出的 Equations 对话框中取消选择 **Discrete Ordinates**，单击 **OK** 按钮关闭对话框，如图 7-47 所示。

 注意：

> 这里取消计算辐射是出于对计算收敛性的考虑，也可不取消。

11 初始化

右击模型树节点 **Solution→Initialization**，在弹出的快捷菜单中选择 **Initialize** 命令进行初始化，如图 7-48 所示。

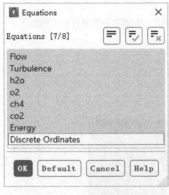

图 7-47 取消辐射计算

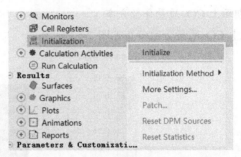

图 7-48 初始化

12 计算

选择模型树节点 **Run Calculation**，在右侧面板中设置 **Number of Iterations** 为 **1000**，单击 **Calculate** 按钮进行计算，如图 7-49 所示。

13 激活辐射模型重新计算

（1）选择模型树节点 **Solution→Controls**，在右侧面板中单击 **Equations** 按钮，弹出 Equations 对话框，选中所有选项，单击 **OK** 按钮关闭对话框，如图 7-50 所示。

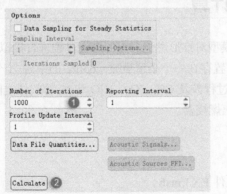

图 7-49 设置迭代参数

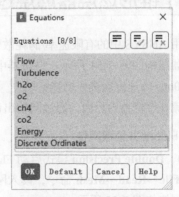

图 7-50 设置求解方程

（2）选择模型树节点 **Solution→Run Calculation**，在右侧面板中设置 **Number of Iterations** 为 **1000**，单击 **Calculate** 按钮进行计算，如图 7-51 所示。

14 计算结果

1. 周期面上温度分布

周期面上温度分布如图 7-52 所示。

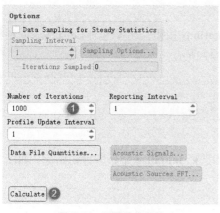

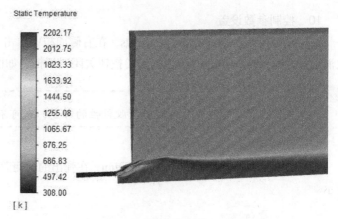

图 7-51　设置迭代参数　　　　　　　　　　　图 7-52　周期面上温度分布（局部）

2.　周期面上 CO_2 质量分数分布

周期面上 CO_2 质量分数分布如图 7-53 所示。

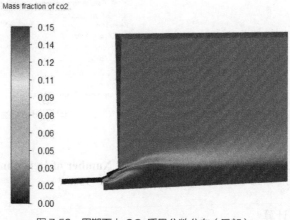

图 7-53　周期面上 CO_2 质量分数分布（局部）

【实例3】锥形燃烧器燃烧过程计算

本实例利用 ANSYS 中的有限速率/涡耗散化学模型对锥形燃烧器内的燃烧过程进行模拟计算。本实例使用的锥形燃烧器结构如图 7-54 所示。燃烧器中心位置存在一个小型喷嘴，650K 的甲烷-空气混合气体（当量比 0.6）以 60m/s 的速度度进入燃烧室燃烧。燃烧过程涉及 CH_4、O_2、H_2O 和 N_2 等气体之间的几个复杂的反应。高速气流在燃烧器内反向，通过同轴出口流出燃烧器。

01　启动 Fluent 并读取网格

（1）以 **2D**、**Double Precision** 模式启动 Fluent。

（2）执行 **File→Read→Mesh** 命令，读入网格文件 **EX3.msh**。

计算模型网格如图 7-55 所示。

02　常规参数设置

选择模型树节点 **General**，在右侧面板中设置 **2D Space** 为 **Axisymmetric**，如图 7-56 所示。

03　模型设置

1.　激活能量方程

右击模型树节点 **Models→Energy**，在弹出的快捷菜单中选择 On 命令，激活能量方程，如图 7-57 所示。

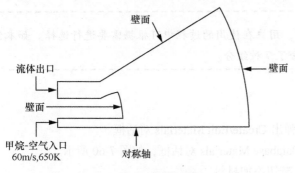

图 7-54　燃烧器示意图

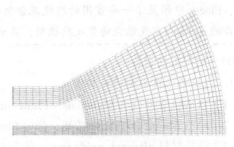

图 7-55　计算模型网格

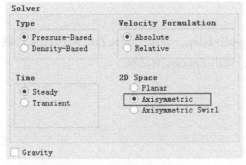

图 7-56　设置 General 参数

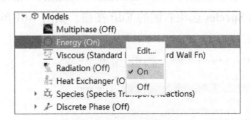

图 7-57　激活能量方程

2. 激活湍流模型

右击模型树节点 **Models→Viscous**，在弹出的快捷菜单中选择 **Model→Realizable k-epsilon** 命令，激活湍流模型，如图 7-58 所示。

3. 激活组分输运模型

双击模型树节点 **Models→Species**，打开 Species Model 对话框，如图 7-59 所示。选择 **Species Transport** 和 **Volumetric** 选项，设置 **Mixture Material** 为 **methane-air-2step**，**Turbulence-Chemistry Interaction** 为 **Finite-Rate/Eddy-Dissipation**，单击 **OK** 按钮关闭对话框。

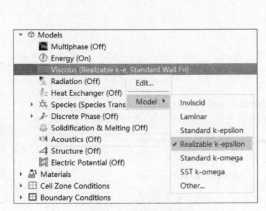

图 7-58　激活湍流模型

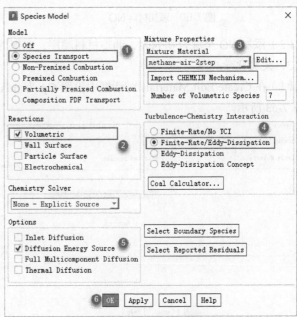

图 7-59　定义组分输运模型参数

04　材料属性设置

1. 从材料库中添加材料 NO

（1）双击模型树节点 **Materials→Fluid→air**，弹出 Create/Edit Materials 对话框。

（2）单击 **Fluent Database** 按钮，弹出 Fluent Database Materials 对话框，如图 7-60 所示。

（3）选择材料 **nitrogen-oxide (no)**，单击 **Copy** 按钮添加材料。

（4）单击 **Close** 按钮关闭对话框。

2. 向混合材料中添加 NO

（1）双击模型树节点 **Materials→Mixture→methane-air-2step**，弹出 Create/Edit Materials 对话框，单击 **Mixture Species** 选项右侧的 **Edit** 按钮，如图 7-61 所示，弹出 Species 对话框。

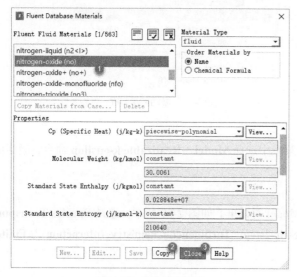

图 7-60　添加材料 NO

图 7-61　材料编辑对话框

（2）添加 NO 至混合物列表，调整材料顺序，确保 N_2 位于列表的最下方，如图 7-62 所示。

3. 定义化学反应

（1）在 Create/Edit Materials 对话框中设置 **Cp** 为 **mixing-law**，**Thermal Conductivity** 为 **0.0241W/(m·K)**，如图 7-63 所示。

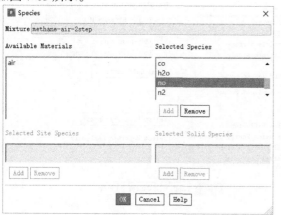

图 7-62　添加 NO 至混合物列表

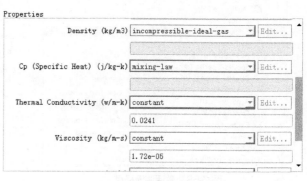

图 7-63　定义材料属性

（2）单击 Create/Edit Materials 对话框中 **Reaction** 选项右侧的 **Edit** 按钮，弹出 Reactions 对话框，设置 **Total Number of Reactions** 为 **5**，**ID** 为 **1**，如图 7-64 所示。

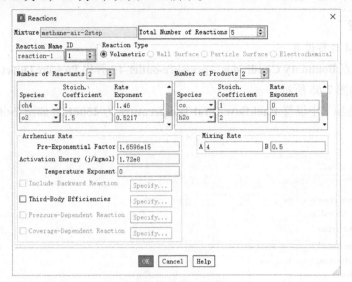

图 7-64　定义化学反应

本实例涉及 5 个化学反应：

$$CH_4 + 1.5O_2 \rightarrow CO + 2H_2O$$
$$CO + 0.5O_2 \rightarrow CO_2$$
$$CO_2 \rightarrow CO + 0.5O_2$$
$$N_2 + O_2 + CO \rightarrow 2NO + CO$$
$$N_2 + O_2 \rightarrow 2NO$$

涉及的参数如表 7-2 所示[1]。

表 7-2　化学反应参数

Reaction ID	1	2	3	4	5
Number of Reactants	2	2	1	3	2
Species	CH_4，O_2	CO，O_2	CO_2	N_2，O_2，CO	N_2，O_2
Stoich.Coefficient	CH_4=1 O_2=1.5	CO=1 O_2=0.5	CO_2=1	N_2=1 O_2=1 CO=0	N_2=1 O_2=1
Rate Exponent	CH_4=1.46 O_2=0.5217	CO=1.6904 O_2=1.57	CO_2=1	N_2=0 O_2=4.0111 CO=0.7211	N_2=1 O_2=0.5
Arrhenius Rate	PEF=1.6596e+15 AE=1.72e+08	PEF=7.9799e+14 AE=9.654e+07	PEF=2.2336e+14 AE=5.1774e+08	PEF=8.8308e+23 AE=4.4366e+08	PEF=9.2683e+14 AE=5.7276e+08 TE=−0.5
Number of Products	2	1	2	2	1
Species	CO，H_2O	CO_2	CO，O_2	NO，CO	NO
Stoich.Coefficient	CO=1 H_2O=2	CO_2=1	CO=1 O_2=0.5	NO=2 CO=0	NO=2
Rate Exponent	CO=0 H_2O=0	CO_2=0	CO=0 O_2=0	NO=0 CO=0	NO=0
Mixing Rate	default values	default values	default values	A=1e+11 B=1e+11	A=1e+11 B=1e+11

① NICOL D G. A chemical kinetic and numerical study of NO_x and pollutant formation in low-emissions combustion[D]. University of Washington, 1995.

表 7-2 中 PEF 为指前因子，AE（Activation Energy）为活化能。该反应机理适用条件：1atm，温度 650K，燃料-空气平衡比范围为 0.45 ~ 0.70。

05 边界条件设置

1. pressure-outlet-4 边界设置

（1）双击模型树节点 **Boundary Conditions→pressure-outlet-4**，弹出 Pressure Outlet 对话框，在 **Momentum** 选项卡中设置参数，如图 7-65 所示。

（2）在 **Thermal** 选项卡中设置 **Backflow Total Temperature** 为 **2500K**，如图 7-66 所示。

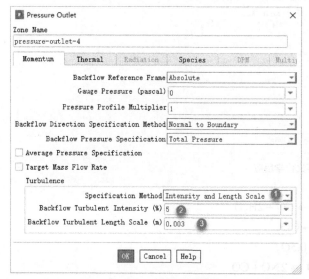

图 7-65　设置出口参数

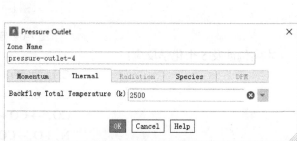

图 7-66　设置出口温度

（3）在 **Species** 选项卡中，设置 O_2 为 **0.05**，CO_2 为 **0.1**，H_2O 为 **0.1**，如图 7-67 所示。单击 **OK** 按钮关闭对话框。

2. velocity-inlet-5 边界设置

（1）双击模型树节点 **Boundary Conditions→velocity-inlet-5**，在 **Momentum** 选项卡中设置参数，如图 7-68 所示。

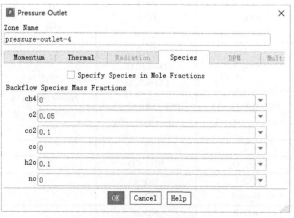

图 7-67　出口组分设置

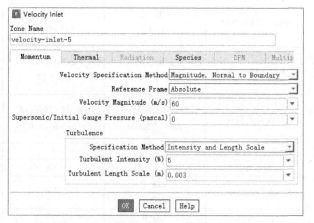

图 7-68　设置入口速度

（2）在 **Thermal** 选项卡中设置 **Backflow Total Temperature** 为 **650K**，如图 7-69 所示。

（3）在 **Species** 选项卡中，设置 CH_4 为 **0.034**，O_2 为 **0.225**，如图 7-70 所示。单击 **OK** 按钮关闭对话框。其他边界条件采用默认设置。

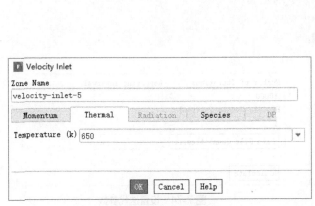

| 图 7-69 设置入口温度 | 图 7-70 设置入口组分 |

06 求解方法设置

选择模型树节点 **Solution→Methods**，在右侧面板中设置参数，如图 7-71 所示。

07 初始化

（1）选择模型树节点 **Solution→Initialization**，在右侧面板中单击 **Initialize** 按钮进行初始化，如图 7-72 所示。

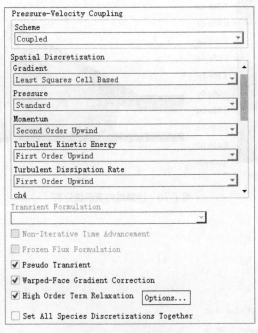

图 7-71 设置求解方法

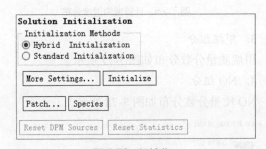

图 7-72 初始化

（2）单击 **Patch** 按钮，在弹出的 Patch 对话框中设置 **fluid-6** 区域的初始温度为 **1000K**，单击 **Patch** 按钮进行初始化，如图 7-73 所示。

08 计算

选择模型树节点 **Run Calculation**，在右侧面板中设置 **Number of Iterations** 为 **10000**，单击 **Calculate** 按钮开始计算，如图 7-74 所示。

09 计算后处理

计算完毕后可查看温度、速度、组分分布等物理量。

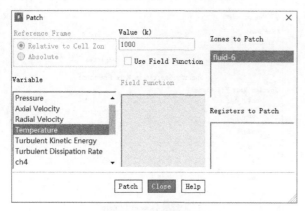

图 7-73 设置区域温度

图 7-74 设置迭代参数

1. 温度分布

计算域内温度分布如图 7-75 所示。

2. 流函数分布

计算域内流函数分布如图 7-76 所示。

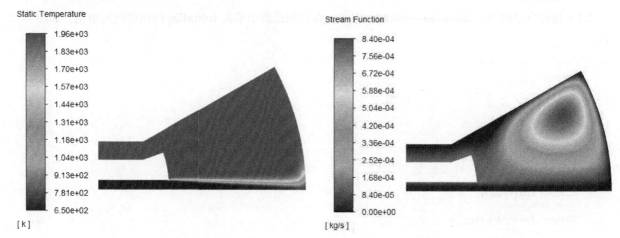

图 7-75 计算域内温度分布

图 7-76 计算域内流函数分布

3. 甲烷组分

甲烷质量分数分布如图 7-77 所示。

4. NO 组分

NO 质量分数分布如图 7-78 所示。

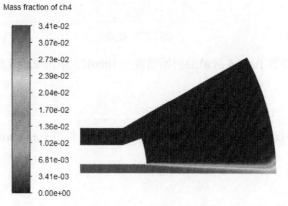

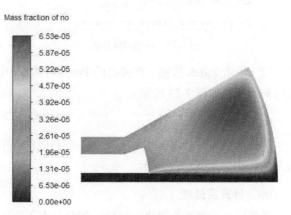

图 7-77 甲烷质量分数分布

图 7-78 NO 质量分数分布

【实例 4】燃烧器预混燃烧计算

本实例利用 Fluent 中的预混燃烧模型模拟计算锥形燃烧器中的预混燃烧问题。

计算模型示意图如图 7-79 所示。燃烧器以 60m/s 的速度向计算域中喷入稀薄的 650K 甲烷-空气混合气体（当量比 0.6），高速气流在燃烧器中反向通过同轴出口流出计算域。

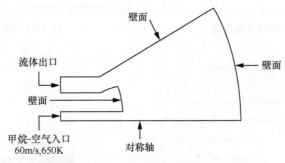

图 7-79　计算模型示意图

本实例涉及的化学反应为

$$CH_4 + 3.33(O_2 + 3.76N_2) = CO_2 + 2H_2O + 1.33O_2 + 12.5208N_2$$

与此反应相关的一些参数如表 7-3 所示。

表 7-3　计算参数

参数	参数值
空气质量（当量比 0.6）	$2 \times (32+3.76 \times 28)/0.6=457.6$
燃料摩尔质量	16
燃料质量分数	0.0338
燃烧热/（J/kg）	3.84×10^7
绝热温度/K	1950
Critical Strain Rate（临界应变率）/s^{-1}	5000
Laminar Flame Speed（层流燃烧速度）/（m/s）	0.35

01　启动 Fluent 并读取网格

（1）以 **2D**、**Double Precision** 模式启动 Fluent。

（2）执行 **File→Read→Mesh** 命令，读取网格文件 **EX4.msh**。

02　常规参数设置

选择模型树节点 **General**，在右侧面板中选择 **Axisymmetric** 选项，如图 7-80 所示。

03　模型设置

（1）右击模型树节点 **Models→Viscous**，在弹出的快捷菜单中选择 **Model→Standard k-epsilon** 命令，激活湍流模型，如图 7-81 所示。

（2）双击模型树节点 **Models→Species**，打开 Species Model 对话框，选择 **Premixed Combustion** 选项，设置 **Turbulent Flame Speed Constant** 为 **0.637**，如图 7-82 所示，其他参数保持默认设置，单击 **OK** 按钮关闭对话框。

04　材料属性设置

（1）右击模型树节点 **Materials→Fluid**，在弹出的快捷菜单中选择 **New** 命令，新建材料，如图 7-83 所示。

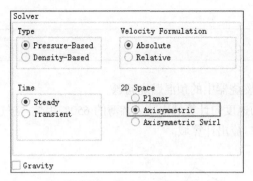

图 7-80 General 面板设置

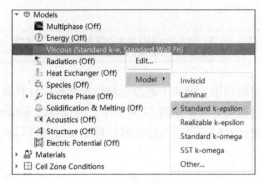

图 7-81 激活湍流模型

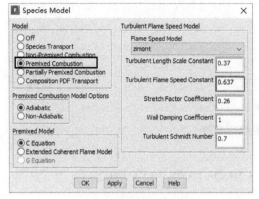

图 7-82 设置组分传输模型

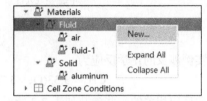

图 7-83 新建材料

（2）在 Create/Edit Materials 对话框中，设置 **Name** 为 **premixed-mixture**。

（3）其他参数设置如图 7-84 所示，单击 **Change/Create** 按钮修改材料参数。

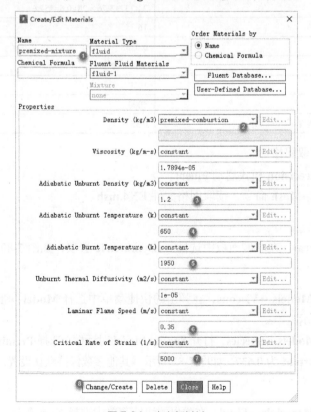

图 7-84 定义新材料

注意：

对于绝热模型来讲，计算域中的温度通过未燃温度与已燃温度来计算。

05　计算域属性设置

双击模型树节点 **Cell Zone Conditions**→**fluid-6**，弹出 Fluid 对话框，设置 **Material Name** 为 **premixed-mixture**，其他参数保持默认设置，如图 7-85 所示。

06　边界条件设置

1. velocity-inlet-5 设置

（1）双击模型树节点 **Boundary Conditions**→**velocity-inlet-5**，弹出 Zone Name 设置对话框，设置 **Velocity Magnitude** 为 **60m/s**，其他参数设置如图 7-86 所示。

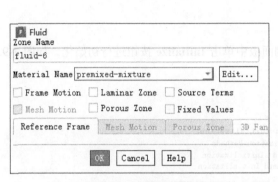

图 7-85　设置区域介质

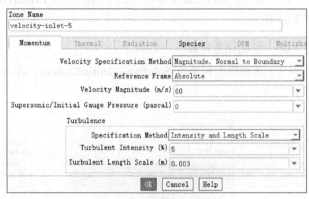

图 7-86　设置入口速度

（2）切换至 **Species** 选项卡，设置 **Progress Variable** 为 **0**，表示该区域尚未燃烧，如图 7-87 所示。

2. pressure-outlet-4 设置

（1）双击模型树节点 **Boundary Conditions**→**pressure-outlet-4**，弹出 Pressure Outlet 对话框，出口条件参数设置如图 7-88 所示。

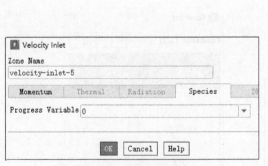

图 7-87　设置入口组分

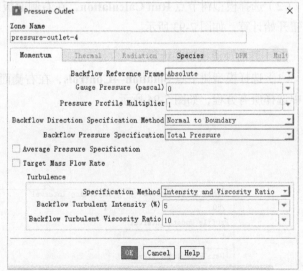

图 7-88　设置出口条件

（2）切换至 **Species** 选项卡，设置 **Backflow Progress Variable** 为 **1**，表示该区域已燃烧，如图 7-89 所示。

07　求解方程设置

不选择 Premixed Combustion，先进行冷态计算。

（1）右击模型树节点 **Controls**，在弹出的快捷菜单中选择 **Equations** 命令，如图 7-90 所示。

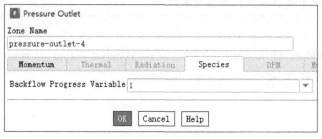
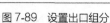

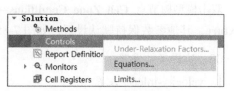

图 7-89　设置出口组分

图 7-90　设置求解方程

（2）在弹出的 Equations 对话框中取消选择 **Premixed Combustion** 选项，单击 **OK** 按钮关闭对话框，如图 7-91 所示。

08　初始化及计算

（1）选择模型树节点 **Solution→Initialization**，在右侧面板中单击 **Initialize** 按钮进行初始化，如图 7-92 所示。

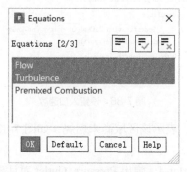

图 7-91　选择求解方程

图 7-92　初始化

（2）选择模型树节点 **Run Calculation**，在右侧面板中设置 **Number of Iterations** 为 **250**，单击 **Calculate** 按钮开始计算，如图 7-93 所示。

09　激活预混模型并计算

（1）选择模型树节点 **Solution→Controls**，在右侧面板中单击 **Equations** 按钮，在弹出的 Equations 对话框中选择所有方程，如图 7-94 所示。

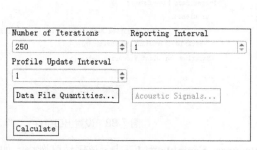

图 7-93　设置迭代参数

图 7-94　激活燃烧方程

（2）选择模型树节点 **Initialization**，在右侧面板中单击 **Patch** 按钮，弹出 Patch 对话框，设置 **Zones to Patch** 为 **fluid-6**，**Progress Variable** 为 **1**，单击 **Patch** 按钮完成区域定义，如图 7-95 所示。

注意：
这一步非常重要，否则燃烧无法进行。

（3）选择模型树节点 **Run Calculation**，在右侧面板中设置 **Number of Iterations** 为 **250**，单击 **Calculate** 按钮开始计算，如图 7-96 所示。

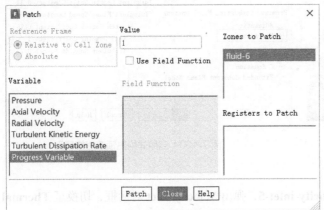

图 7-95　定义计算区域　　　　　　　　　　　　　图 7-96　设置迭代参数

10　绝热计算

双击模型树节点 **Results→Graphics→Contours**，弹出 Contours 对话框，设置 **Contours of** 为 **Premixed Combustion** 及 **Static Temperature**，单击 **Save/Display** 按钮显示温度，如图 7-97 所示。温度分布云图如图 7-98 所示。用相同的方式可以查看 **Progress Variable** 分布云图，如图 7-99 所示。

图 7-97　设置云图显示对话框

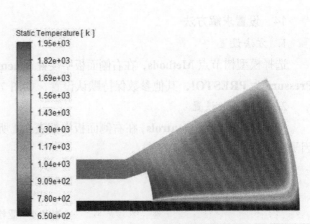

图 7-98　温度分布云图

11　非绝热计算

双击模型树节点 **Models→Species**，弹出 Species Model 对话框，选择 **Non-Adiabatic** 选项，启用非绝热预混燃烧模型，如图 7-100 所示。

12　修改材料参数

双击模型树节点 **Materials→Fluid→premixed-mixture**，弹出 Create/Edit Materials 对话框，设置材料属性 **Heat of Combustion** 为 $3.85 \times 10^7 \text{J/kg}$，设置 **Unburnt Fuel Mass Fraction** 为 **0.0338**，单击 **Change/Create** 按钮修改参数，如图 7-101 所示。

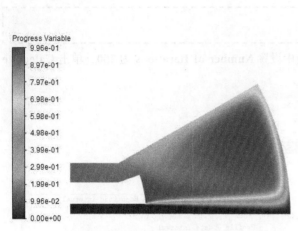

图 7-99　Progress Variable 分布云图

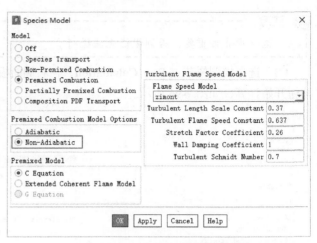

图 7-100　启用非绝热预混燃烧模型

13　修改边界条件

双击模型树节点 **Boundary Conditions→velocity-inlet-5**，弹出 Velocity Inlet 对话框，切换至 **Thermal** 选项卡，设置 **Temperature** 为 **650K**，如图 7-102 所示。

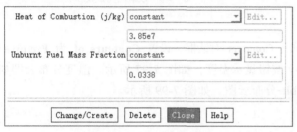

图 7-101　修改材料参数

图 7-102　设置入口温度

14　设置求解方法

1. 方法设置

选择模型树节点 **Methods**，在右侧面板中设置 **Scheme** 为 SIMPLE，**Pressure** 为 **PRESTO!**，其他参数保持默认设置，如图 7-103 所示。

2. 控制参数设置

选择模型树节点 **Controls**，在右侧面板中按表 7-4 所示设置亚松弛因子。

图 7-103　设置求解方法

表 7-4　亚松弛因子

变量	亚松弛因子
Pressure	0.3
Density	0.5
Momentum	0.4
Turbulent Kinetic Energy	0.8
Turbulent Dissipation Rate	
Turbulent Viscosity	
Energy	0.9
Progress Variable	0.5

3. 初始化

双击模型树节点 **Initialization**，在右侧面板中选择 **Standard Initialization** 选项，在下方设置 **Progress Variable** 为 **1**，其他参数保持默认设置，单击 **Initialize** 按钮进行初始化，如图 7-104 所示。

4. 设置迭代参数并计算

选择模型树节点 **Run Calculation**，在右侧面板中设置 **Number of Iterations** 为 **250**，单击 **Calculate** 按钮开始计算，如图 7-105 所示。

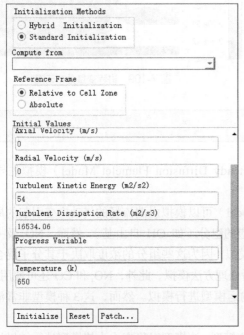

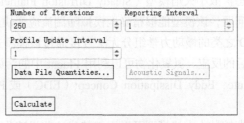

图 7-104 初始化参数设置 　　　　　　　图 7-105 设置迭代参数

15 非绝热计算结果

双击模型树节点 **Results→Graphics→Contours**，弹出 Contours 对话框，设置 **Contours of** 为 **Temperature** 及 **Static Temperature**，单击 **Save/Display** 按钮显示温度分布云图，如图 7-106 所示。温度分布云图如图 7-107 所示。用相同的方式可查看流函数分布云图，如图 7-108 所示。进程变量分布云图如图 7-109 所示。

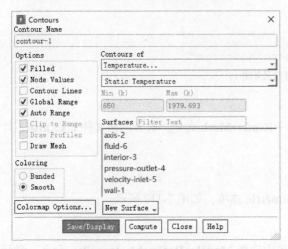

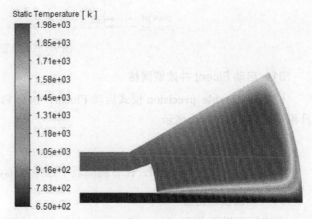

图 7-106 设置温度云图显示 　　　　　　　图 7-107 温度分布云图

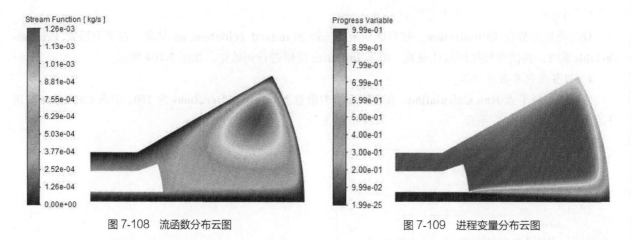

图 7-108 流函数分布云图　　　　　　　　　图 7-109 进程变量分布云图

【实例 5】射流燃烧计算

本实例利用 Fluent 中的瞬态扩散小火焰模型（Unsteady Diffusion Flamelet Model）模拟先导射流燃烧过程。

稳态扩散小火焰模型（Steady Diffusion Flamelet Model）可以模拟由湍流场的气动应变引起的局部化学非平衡问题，该模型能够精确地模拟随湍流应变快速响应的组分（如 OH 自由基）。然而，NO_x 及一些反应中的 CO 之类的慢动力学组分无法直接通过该模型进行模拟，因为这些组分的浓度取决于其分子混合历史过程及随后的反应。氮氧化物可以利用 Fluent 中的污染物后处理方法模拟。此外，NO_x 和 CO 还可使用 Laminar Finite-Rate、Eddy Dissipation Concept（EDC）或 PDF 输运模型进行模拟。然而，这 3 种模型非常消耗计算资源。

瞬态扩散小火焰模型可以用于替代这些慢速化学反应模型，该模型以稳态小火焰模型计算结果作为初始值。本实例计算模型如图 7-110 所示。

图 7-110 计算模型示意图

01 启动 Fluent 并读取网格

以 **2D**、**Double precision** 模式启动 Fluent，执行 **File→Read→Mesh** 命令，打开网格文件 **EX5.msh**，计算模型网格如图 7-111 所示

02 常规参数设置

选择模型树节点 **General**，在右侧面板中选择 **Axisymmetric** 选项，如图 7-112 所示。

03 湍流模型设置

右击模型树节点 **Models→Viscous**，在弹出的快捷菜单中选择 **Model→Realizable k-epsilon** 命令，激活湍流模型，如图 7-113 所示。

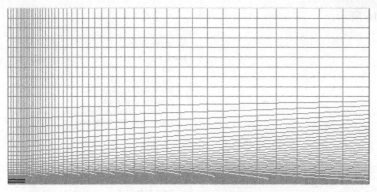

图 7-111　计算模型网格

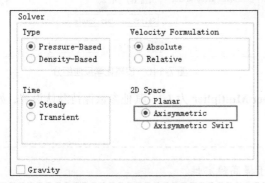

图 7-112　设置模型为轴对称

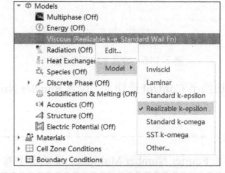

图 7-113　激活湍流模型

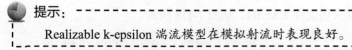

提示：

Realizable k-epsilon 湍流模型在模拟射流时表现良好。

04　组分输运模型设置

（1）双击模型树节点 **Models→Species**，在弹出的 Species Model 对话框中，选择 **Non-Premixed Combustion**、**Steady Diffusion Flamelet** 选项，如图 7-114 所示。

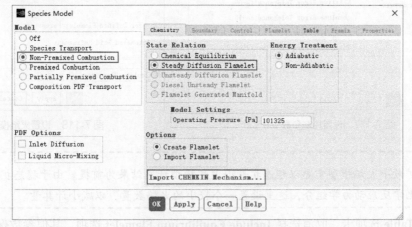

图 7-114　设置组分输运模型

（2）单击 **Import CHEMKIN Mechanism** 按钮，弹出 Import CHEMKIN Format Mechanism 对话框，设置 **Gas-Phase CHEMKIN Mechanism File** 为 **gri30.che**，如图 7-115 所示。单击 **Import** 按钮导入反应机理，单击 **Close** 按钮并关闭对话框。

（3）切换至图 7-114 所示对话框中的 **Boundary** 选项卡，设置 **Specify Species in** 为 **Mole Fraction**，设置 **Fuel** 及 **Oxid** 的温度分别为 **294K**、**291K**，设置 **Fuel** 中 **O_2=0.1575，CH_4=0.25，N_2=0.5925**，其他参数保持

默认设置，如图 7-116 所示。

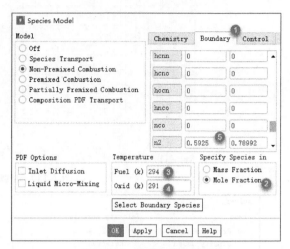

图 7-115　导入化学反应机理　　　　　　　图 7-116　设置化学反应组分

（4）切换至 **Control** 选项卡，设置 **Fourier Number Multiplier** 为 **1.1**，其他参数保持默认设置，如图 7-117 所示。

 提示：

> 设置 Fourier Number Multiplier 接近于 1 有利于提高稳定性。

（5）切换至 **Flamelet** 选项卡，设置 **Maximum Number of Flamelets** 为 **1**，其他参数保持默认设置，单击 **Calculate Flamelets** 按钮计算火焰模型，并保存火焰文件 **EX5.fla**，如图 7-118 所示。

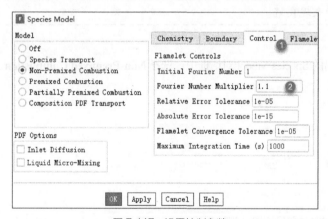

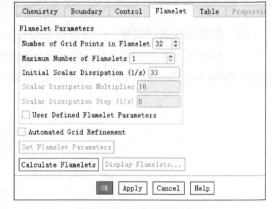

图 7-117　设置控制参数　　　　　　　　　图 7-118　设置火焰模型参数

 注意：

> 计算瞬态扩散小火焰模型需要以稳态扩散小火焰模型计算结果为前提。由于稳态扩散小火焰模型无法精确预测慢化学反应动力学组分，这里设置一个较小的火焰数量，以减小计算量。

（6）切换至 **Table** 选项卡，取消选择 **Include Equilibrium Flamelet** 选项，其他参数保持默认设置，如图 7-119 所示。单击 **Calculate PDF Table** 按钮，单击 **OK** 按钮关闭对话框。

（7）执行 **File→Write→PDF** 命令，保存 PDF 文件 **EX5.pdf**。

05　边界条件设置

1. jet 边界设置

（1）双击模型树节点 **Boundary Conditions→jet**，弹出 Velocity Inlet 对话框，如图 7-120 所示。

（2）在 **Momentum** 选项卡中设置 **Velocity Magnitude** 为 **49.6m/s**。

（3）设置 **Turbulent Intensity** 为 **10%**，**Hydraulic Diameter** 为 **0.0072m**。

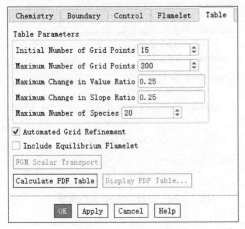

图 7-119 PDF 表参数

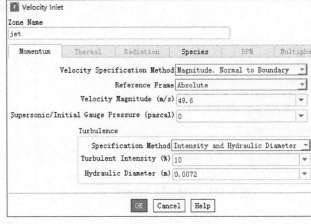

图 7-120 设置 jet 入口速度

（4）切换至 **Species** 选项卡，设置 **Mean Mixture Fraction** 为 **1**，表示该边界进入的是燃料，如图 7-121 所示。

2. pilot 边界设置

（1）双击模型树节点 **Boundary Conditions→pilot**，弹出 Velocity Inlet 对话框，如图 7-122 所示。

（2）在 **Momentum** 选项卡中设置 **Velocity Magnitude** 为 **11.4m/s**。

（3）设置 **Turbulent Intensity** 为 **10%**，**Hydraulic Diameter** 为 **0.0165m**。

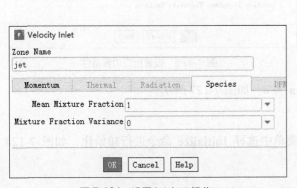

图 7-121 设置 jet 入口组分

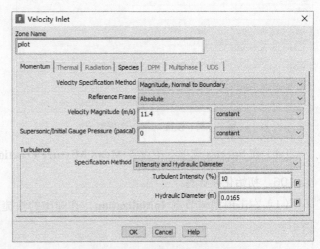

图 7-122 设置 pilot 入口速度

（4）切换至 **Species** 选项卡，设置 **Mean Mixture Fraction** 为 **0.2755**，如图 7-123 所示。

3. coflow 边界设置

（1）双击模型树节点 **Boundary Conditions→coflow**，弹出 Velocity Inlet 对话框，如图 7-124 所示。

（2）在 **Momentum** 选项卡中设置 **Velocity Magnitude** 为 **0.9m/s**。

（3）设置 **Turbulent Intensity** 为 **5%**，**Turbulent Viscosity Ratio** 为 **10**。

（4）切换至 **Species** 选项卡，设置 **Mean Mixture Fraction** 为 **0**，表示该边界全为氧化剂，如图 7-125 所示。

4. outlet 边界设置

（1）双击模型树节点 **Boundary Conditions→outlet**，弹出 Pressure Outlet 对话框，如图 7-126 所示。

（2）设置 **Backflow Turbulent Intensity** 为 **10%**，**Backflow Turbulent Viscosity Ratio** 为 **10**。

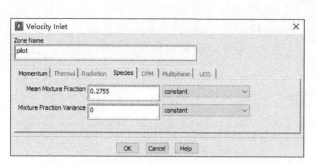

图 7-123　设置 pilot 入口组分

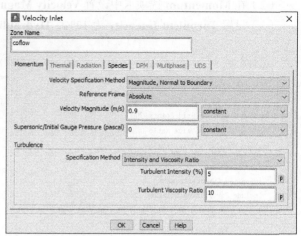

图 7-124　设置 coflow 入口速度

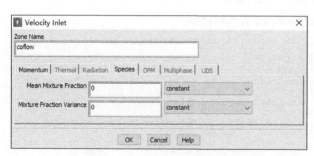

图 7-125　设置 coflow 边界组分

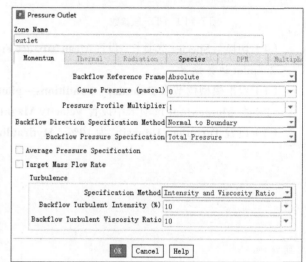

图 7-126　设置出口边界条件

（3）在 **Species** 选项卡中设置 **Mean Mixture Fraction** 为 **0**，如图 7-127 所示。

06　初始化并计算

（1）右击模型树节点 **Initialization**，在弹出的快捷菜单中选择 **Initialize** 命令进行初始化，如图 7-128 所示。

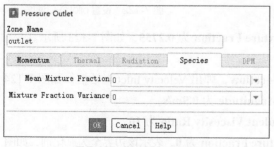

图 7-127　设置出口边界组分

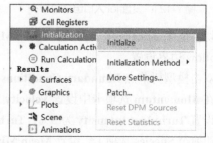

图 7-128　初始化

（2）选择模型树节点 **Run Calculation**，在右侧面板中设置 **Number of Iterations** 为 **500**。单击 **Calculate** 按钮开始计算，如图 7-129 所示。

计算完毕后可查看结果，NO 的质量分数分布云图如图 7-130 所示。

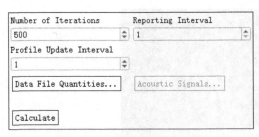

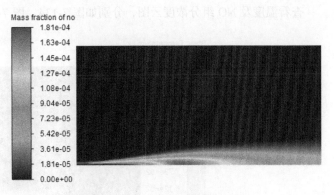

图 7-129　设置迭代参数并计算

图 7-130　NO 质量分数分布云图

07　激活瞬态扩散小火焰模型

（1）双击模型树节点 **Models→Species**，弹出 Species Model 对话框。

（2）选择 **Non-Premixed Combustion** 模型，选择 **Unsteady Diffusion Flamelet** 选项，如图 7-131 所示。

（3）切换至 **Flamelet** 选项卡，单击 **Initialize Unsteady Flamelet Probability** 按钮，然后单击 **OK** 按钮关闭对话框，如图 7-132 所示。

08　设置迭代参数

选择模型树节点 **Run Calculation**，在右侧面板中设置 **Number of Time Steps** 为 **100**，其他参数保持默认设置，单击 **Calculate** 按钮开始计算，如图 7-133 所示。

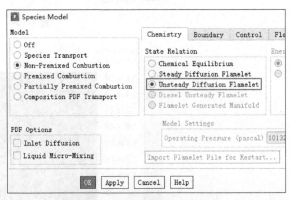

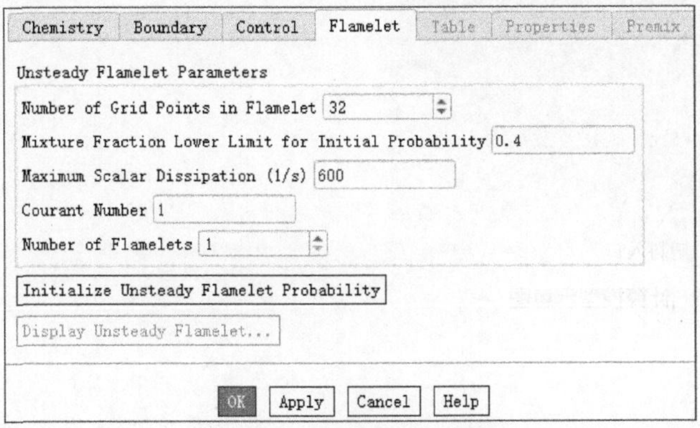

图 7-131　激活瞬态扩散小火焰模型

图 7-132　设置 Flamelet 参数

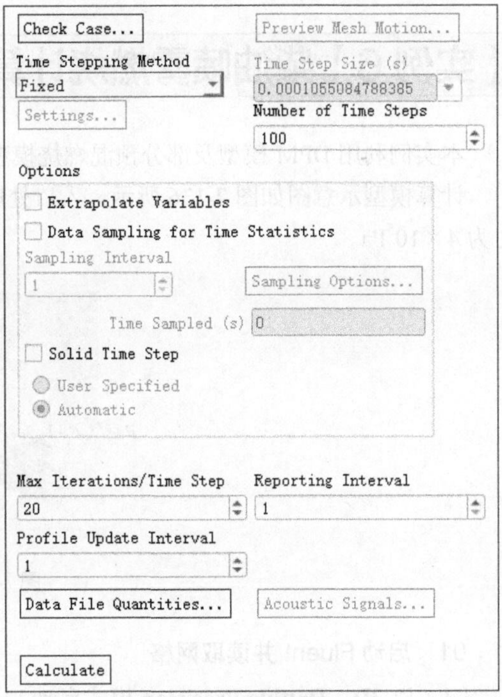

图 7-133　设置迭代参数

09 计算后处理

查看温度及 NO 组分浓度云图，分别如图 7-134、图 7-135 所示。

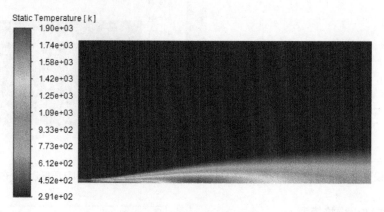

图 7-134　燃烧温度分布云图

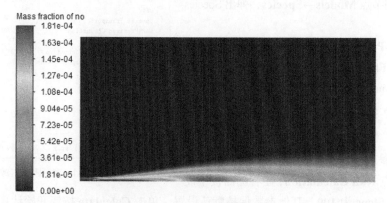

图 7-135　NO 质量分数分布云图

【实例 6】柴油喷雾燃烧计算

本实例利用 DPM 模型及部分预混燃烧模型计算燃烧器内柴油喷雾燃烧过程。

计算模型示意图如图 7-136 所示，入口处燃料温度为 375K，一次风及二次风入口温度为 800K，操作压力为 4×10^5Pa。

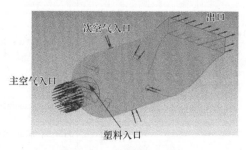

图 7-136　计算模型示意图

01 启动 Fluent 并读取网格

（1）以 **3D**、**Double Precision** 模式启动 Fluent。

（2）执行 **File→Read→Mesh** 命令，读取网格 **EX6.msh**。

02 模型设置

（1）右击模型树节点 **Models→Energy**，在弹出的快捷菜单中选择 **On** 命令，激活能量方程，如图 7-137 所示。

（2）双击模型树节点 **Models→Viscous**，弹出 Viscous Model 对话框，选择 **SST k-omega** 湍流模型，选择 **Curvature Correction** 及 **Production Limiter** 选项，如图 7-138 所示。单击 **OK** 按钮关闭对话框。

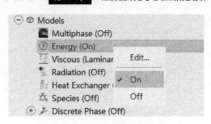

图 7-137 激活能量方程

03 组分输运模型设置

（1）双击模型树节点 **Models→Species**，弹出 Species Model 对话框，选择 **Partially Premixed Combustion** 选项，如图 7-139 所示。

（2）选择 **Chemical Equilibrium**、**Non-Adiabatic** 及 **Compressibility Effects** 选项。

（3）设置 **Equilibrium Operating Pressure** 为 $4.0 \times 10^5 Pa$。

（4）选择 **C Equation** 选项。

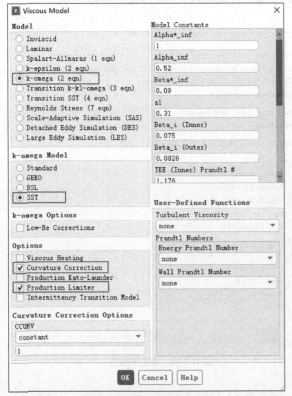

图 7-138 设置湍流模型

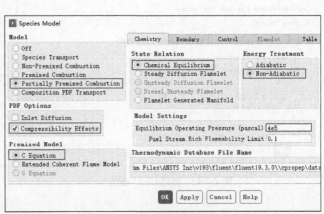

图 7-139 激活燃烧模型

（5）切换到 **Boundary** 选项卡，设置 **Fuel** 列的 **jet-a\<g\>** 为 **1**。

（6）选中 **Mole Fraction** 选项。

（7）设置 **Oxid** 列的 N_2 为 **0.78992**，O_2 为 **0.21008**。

（8）设置 **Temperature** 选项组中的 **Fuel** 为 **375K**，**Oxid** 为 **800K**，如图 7-140 所示。

（9）切换到 **Table** 选项卡，保持默认设置，单击 **Calculate PDF Table** 按钮创建 PDF 表，如图 7-141 所示。

（10）执行 **File→Write→PDF** 命令，保存文件 **Combustor.cas.pdf.gz**。

04 离散相模型设置

（1）双击模型树节点 **Models→Discrete Phase Model**，弹出 Discrete Phase Model 对话框，选择 **Interaction with Continuous Phase** 选项，如图 7-142 所示。

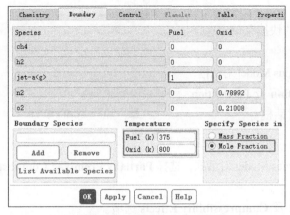

图 7-140　设置 Boundary 组分

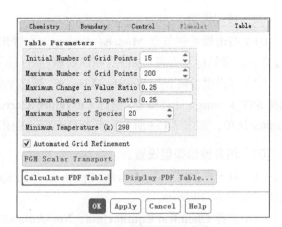

图 7-141　编辑 PDF 表参数

（2）切换至 **Physical Models** 选项卡，选择 **Pressure Dependent Boiling** 选项，如图 7-143 所示。

图 7-142　激活 DPM 模型

图 7-143　激活子模型

（3）切换至 **Numerics** 选项卡，选择 **Droplet**、**Combusting** 和 **Linearize Source Terms** 选项，如图 7-144 所示。

注意：

选择 Linearize Source Terms 选项可以提高数值稳定性，允许使用更大的时间步长和更大的松弛因子。

（4）单击 **Injections** 按钮弹出 Injections 对话框，单击 **Create** 按钮创建入射器，如图 7-145 所示。

（5）在弹出的 Set Injection Properties 对话框中，设置 **Injection Type** 为 **surface**，**Release From Surfaces** 为 **fuelinlet**，**Particle Type** 为 **Droplet**，**Material** 为 **diesel-liquid**，**Evaporating Species** 为 **jet-a<g>**，其他参数设置如图 7-146 所示。

（6）切换至 **Turbulent Dispersion** 选项卡，选择 **Discrete Random Walk Model** 选项，设置 **Number of Tries** 为 **10**，其他参数保持默认设置，单击 **OK** 按钮关闭对话框，如图 7-147 所示。

图 7-144　激活数值方法

图 7-145　创建入射器

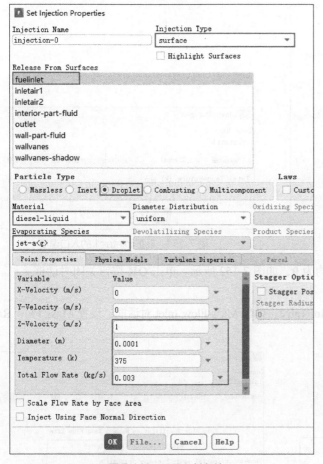

图 7-146　设置入射条件

图 7-147　设置湍流分散作用

05　材料属性设置

双击模型树节点 **Materials→Droplet→diesel-liquid**，弹出 Create/Edit Materials 对话框，设置 **Vaporization Model** 为 **convection/diffusion-controlled**，如图 7-148 所示。单击 **Change/Create** 按钮修改参数。

06　边界条件设置

选中模型树节点 **fuelinlet**、**inletair1** 及 **inletair2** 并右击，在弹出的快捷菜单中选择 **Type→mass-flow-inlet** 命令，将边界类型设置为流量入口，如图 7-149 所示。

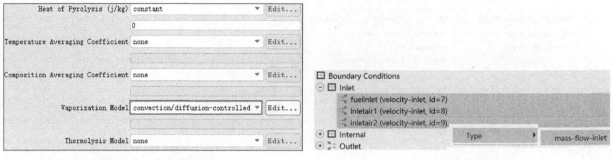

图 7-148　修改材料参数　　　　　　　　　　　图 7-149　修改边界类型

1. inletair1 设置

（1）双击模型树节点 **Boundary Conditions→inletair1**，弹出 Mass-Flow Inlet 对话框，设置 **Mass Flow Rate** 为 **0.15kg/s**，如图 7-150 所示。

（2）切换至 **Thermal** 选项卡，设置 **Total Temperature** 为 **800K**，如图 7-151 所示。

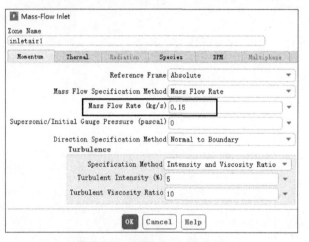

图 7-150　设置 inletair1 入口流量

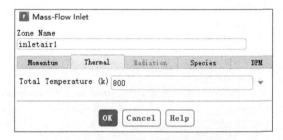

图 7-151　设置 inletair1 的入口温度

（3）切换至 **Species** 选项卡，设置所有参数均为 **0**，如图 7-152 所示。单击 **OK** 按钮关闭对话框。

2. inletair2 设置

（1）双击模型树节点 **Boundary Conditions→inletair2**，弹出 Mass-Flow Inlet 对话框，设置 **Mass Flow Rate** 为 **0.025kg/s**，如图 7-153 所示。

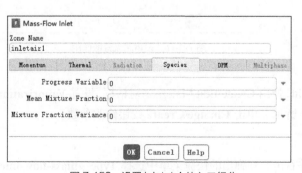

图 7-152　设置 inletair1 的入口组分

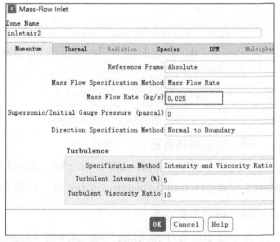

图 7-153　设置 inletair2 的入口流量

（2）切换至 **Thermal** 选项卡，设置 **Total Temperature** 为 **800K**，如图 7-154 所示。

（3）切换至 **Species** 选项卡，设置所有参数为 **0**，如图 7-155 所示。单击 **OK** 按钮关闭对话框。

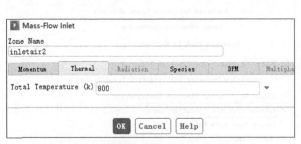

图 7-154　设置 inletair2 的入口温度

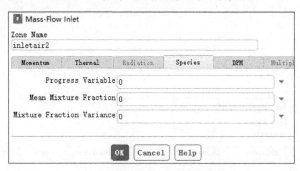

图 7-155　设置 inletair2 的入口组分

3. fuelinlet 设置

（1）双击模型树节点 **Boundary Conditions→fuelinlet**，弹出 Mass-Flow Inlet 对话框，设置 **Mass Flow Rate** 为 **0kg/s**，如图 7-156 所示。

（2）切换至 **Thermal** 选项卡，设置 **Total Temperature** 为 **375K**，如图 7-157 所示。

图 7-156　设置燃料入口条件

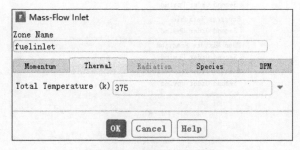

图 7-157　设置燃料入口温度

（3）切换至 **Species** 选项卡，设置 **Mean Mixture Fraction** 为 **1**，设置其他参数为 **0**，如图 7-158 所示。单击 **OK** 按钮关闭对话框。

> **注意：**
>
> Mean Mixture Fraction 为 1 表示全部为燃料。

4. outlet 设置

双击模型树节点 **Boundary Conditions→outlet**，弹出 Pressure Outlet 对话框，选择 **Average Pressure Specification** 选项，如图 7-159 所示。单击 **OK** 按钮关闭对话框。

07　求解方法设置

选择模型树节点 **Methods**，在右侧面板中设置 **Scheme** 为 **Coupled**，选择 **Pseudo Transient** 选项，如图 7-160 所示。

08　初始化

（1）右击模型树节点 **Initialization**，在弹出的快捷菜单中选择 **Initialize** 命令进行初始化，如图 7-161 所示。

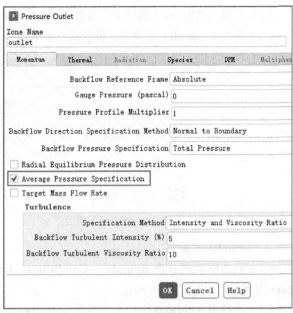

图 7-159　设置出口边界

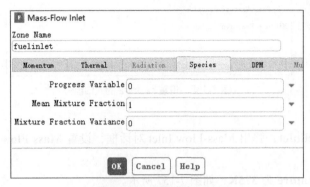

图 7-158　设置燃料入口组分

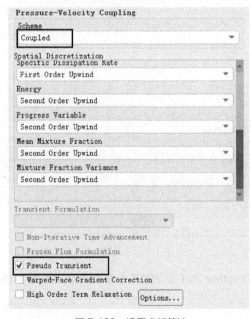

图 7-160　设置求解算法

图 7-161　初始化

（2）右击模型树节点 **Initialization**，在弹出的快捷菜单中选择 **Patch** 命令，如图 7-162 所示。

（3）设置区域内 **Progress Variable** 为 **1**，如图 7-163 所示。

09　设置迭代参数

（1）选择模型树节点 **Run Calculation**，在右侧面板中设置参数 **Timescale Factor** 为 **0.5**，**Number of Iterations** 为 **1000**，如图 7-164 所示。

（2）单击 **Calculate** 按钮开始计算。

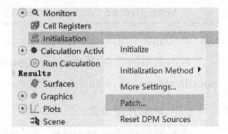

图 7-162　Patch 计算区域

10　计算结果

创建 y=0m 的等值面，查看该等值面上的物理量分布。

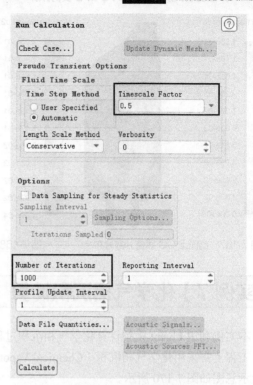

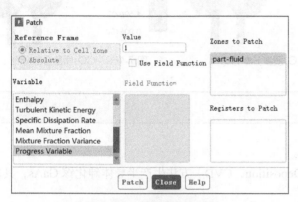

图 7-163　初始化计算区域

图 7-164　设置迭代参数

1. $y=0m$ 剖面上的温度分布

$y=0m$ 剖面上的温度分布如图 7-165 所示。

2. 燃料质量分数分布

剖面上燃料质量分数分布如图 7-166 所示。

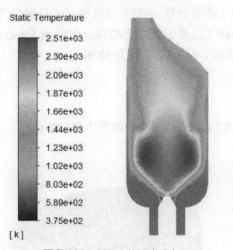

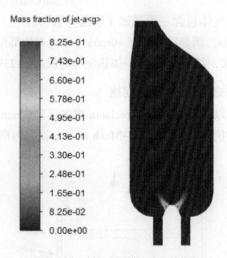

图 7-165　剖面上的温度分布

图 7-166　剖面上燃料质量分数分布

3. CO 质量分数分布

CO 质量分数分布如图 7-167 所示。

4. O_2 质量分数分布

O_2 质量分数分布如图 7-168 所示。

5. CO_2 质量分数分布

CO_2 质量分数分布如图 7-169 所示。

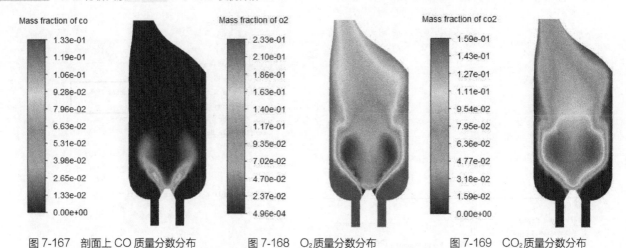

图 7-167　剖面上 CO 质量分数分布　　图 7-168　O_2 质量分数分布　　图 7-169　CO_2 质量分数分布

【实例 7】化学气相沉积计算

本实例利用 Fluent 模拟计算化学气相沉积过程。

工程上常采用化学气相沉积（Chemical Vapor Deposition，CVD）方法生产半导体砷化镓 GaAs，其反应装置示意图如图 7-170 所示。

293K 的工艺气体三甲基镓（$Ga(CH_3)_3$）和氢化砷（AsH_3）通过顶部的进气道进入反应器。气体在旋转的热圆盘上流动，从而在圆盘上沉积薄薄的镓和砷层。圆盘旋转产生径向抽运效应，迫使气体以层流的方式流动到生长表面并向外穿过圆盘，最终从反应器中排出。实例涉及的化学反应如下：

$$AsH_3+Ga_{(s)}=Ga+As_{(s)}+1.5H_2$$

$$Ga(CH_3)_3+As_{(s)}=As+Ga_{(s)}+3CH_3$$

入口气体包含三甲基镓（质量分数 15%）、氢化砷（质量分数 40%）及氢气。入口混合气体速度为 0.02189m/s，圆盘旋转速度 80rad/s。反应器顶部壁面（wall-1 边界）加热至 437K，侧壁面（wall-2）温度维持在 343K，基座（wall-4）加热至均匀温度 1023K，下壁面（wall-6）温度为 303K。

01　启动软件并导入网格

（1）以 **3D**、**Double Precision** 模式启动 Fluent。

（2）执行 **File→Read→Mesh** 命令，读取网格文件 **EX7.msh**。计算网格如图 7-171 所示。

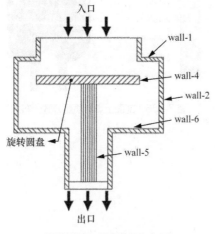

图 7-170　反应装置示意图

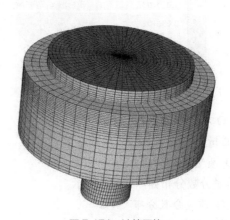

图 7-171　计算网格

（3）选择模型树节点 **General**，在右侧面板中单击 **Scale** 按钮，弹出 Scale Mesh 对话框，设置 **Mesh Was Created In** 为 **cm**，单击 **Scale** 按钮缩放网格，如图 7-172 所示。

（4）单击 **Close** 按钮关闭对话框。

02　模型设置

（1）右击模型树节点 **Models→Energy**，在弹出的快捷菜单中选择 **On** 命令，激活能量方程，如图 7-173 所示。

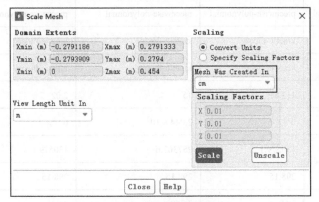

图 7-172　缩放计算网格

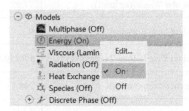

图 7-173　激活能量方程

（2）双击模型树节点 **Models→Species**，弹出 Species Model 对话框，选择 **Species Transport**、**Volumetric** 和 **Wall Surface** 选项，确认默认选项 **Finite-Rate/No TCI** 被选中，取消选择 **Heat of Surface Reactions** 选项，选择 **Mass Deposition Source**、**Diffusion Energy Source**、**Full Multicomponent Diffusion** 和 **Thermal Diffusion** 选项，如图 7-174 所示。

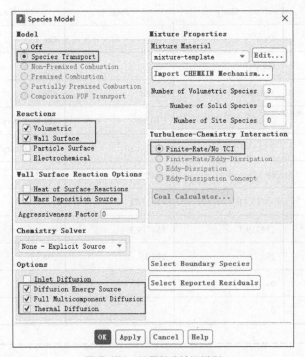

图 7-174　设置组分输运模型

03　材料属性设置

1.　从材料库中添加材料

（1）双击模型树节点 **Materials→Fluid→air**，在弹出的对话框中单击 **Fluent Database** 按钮进入材料数据。

（2）从 Fluent 材料数据库中添加 4 种材料，并修改材料属性，如表 7-5 所示。

表 7-5 材料属性

Parameter	AsH₃	Ga(CH₃)₃	CH₃	H₂
Name	arsenic-trihydride	trimethyl-gallium	methyl-radical	hydrogen
Chemical Formula	AsH_3	$Ga(CH_3)_3$	CH_3	H_2
Cp	piecewise-polynomial	piecewise-polynomial	piecewise-polynomial	piecewise-polynomial
Thermal Conductivity	kinetic-theory	kinetic-theory	kinetic-theory	kinetic-theory
Viscosity	kinetic-theory	kinetic-theory	kinetic-theory	kinetic-theory
Molecular Weight/(kg/kmol)	77.95	114.83	15	2.02
Standard State Enthalpy/(J/kgmol)	0	0	2.044×10^7	0
Standard State Entropy/J·(kgmol·K)⁻¹	130579.1	130579.1	257367.6	130579.1
Reference Temperature/K	298.15	298.15	298.15	298.15
L-J Characteristic Length/Å	4.145	5.68	3.758	2.827
L-J Energy Parameter/K	259.8	398	148.6	59.7

（3）创建沉积相组分（**Ga₍ₛ₎**及**As₍ₛ₎**）及固相组分（**Ga** 及 **As**），参数如表 7-6 所示。

表 7-6 材料属性

Parameter	Ga₍ₛ₎	As₍ₛ₎	Ga	As
Name	Ga₍ₛ₎	As₍ₛ₎	Ga	As
Chemical Formula	Ga₍ₛ₎	As₍ₛ₎	Ga	As
Cp/J·(kg·K)⁻¹	520.64	520.64	1006.43	1006.43
Thermal Conductivity/W·(m·K)⁻¹	0.0158	0.0158	kinetic-theory	kinetic-theory
Viscosity/kg·(m·s)⁻¹	2.125×10^{-5}	2.125×10^{-5}	kinetic-theory	kinetic-theory
Molecular Weight/(kg/kmol)	69.72	74.92	69.72	74.92
Standard State Enthalpy/(J/kgmol)	−3117.71	−3117.71	0	0
Standard State Entropy/J·(kgmol·K)⁻¹	154719.3	154719.3	0	0
Reference Temperature/K	298.15	298.15	298.15	298.15
L-J Characteristic Length/Å	0	0	0	0
L-J Energy Parameter/K	0	0	0	0

 注意: -

这里沉积相固相的材料定义按流体材料属性定义。

2．定义混合物

（1）双击模型树节点 **Materials→Mixture→mixture-template**，弹出 Create/Edit Materials 对话框，修改 **Name** 为 **gas_deposition**，其他参数如图 7-175 所示。

（2）单击 **Mixture Species** 选项右侧的 **Edit** 按钮，弹出 Species 对话框，按图 7-176 所示设置混合物组分。

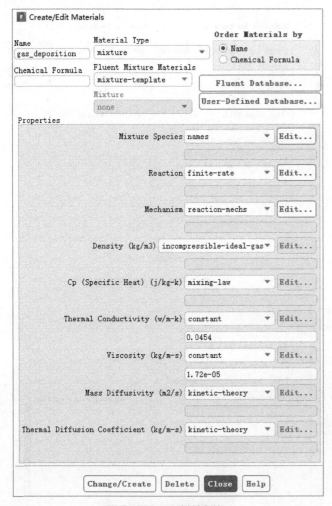

图 7-175　设置材料参数

图 7-176　设置混合物组分

 注意：

　　确保 H_2 位于组分列表的最下方。

3. 定义化学反应

本实例需定义两个化学反应：

$$AsH_3 + Ga_{(s)} = Ga + As_{(s)} + 1.5H_2$$

$$Ga(CH_3)_3 + As_{(s)} = As + Ga_{(s)} + 3CH_3$$

（1）单击 **Reaction** 选项右侧 **Edit** 按钮，弹出 Reactions 对话框，设置 **Total Number of Reactions** 为 **2**，**ID** 为 **1**，如图 7-177 所示。

（2）设置 **ID** 为 **2**，定义第 2 个化学反应，如图 7-178 所示。

（3）单击 **OK** 按钮关闭对话框，返回至 Create/Edit Materials 对话框，单击 **Mechanism** 选项右侧的 **Edit** 按钮，弹出 Reaction Mechanisms 对话框，按图 7-179 所示的参数进行设置。

（4）单击 **Define** 按钮，弹出 Site Parameters 对话框，沉积相参数设置如图 7-180 所示。

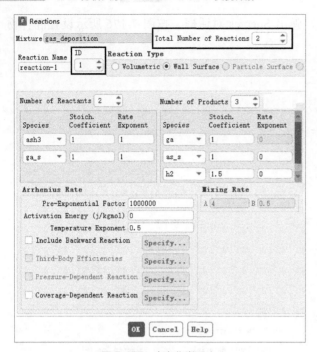

图 7-177 定义化学反应 1

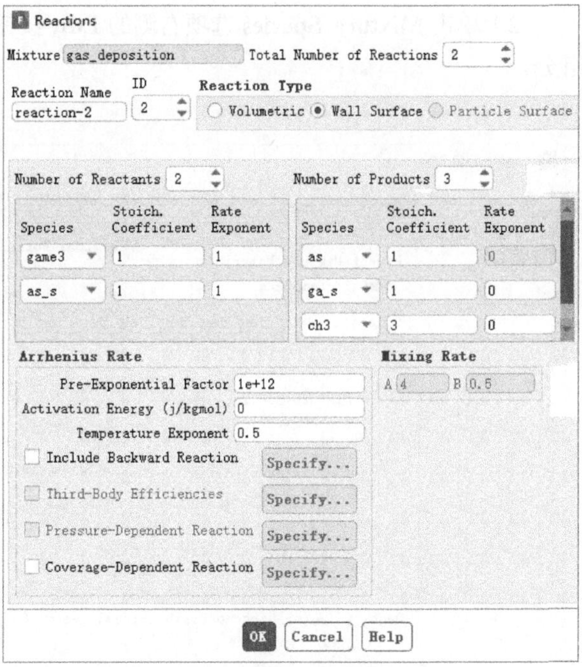

图 7-178 定义化学反应 2

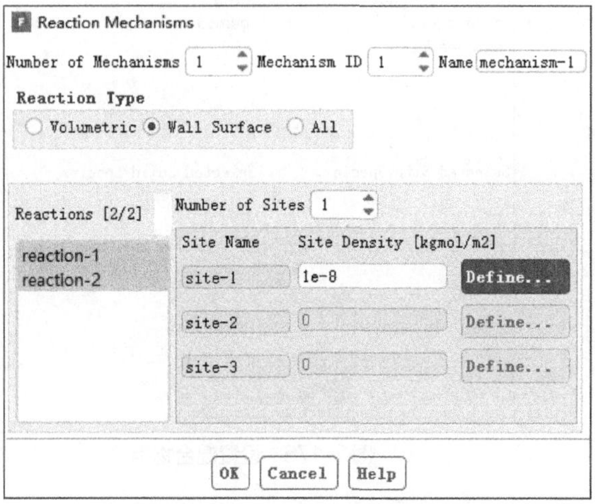

图 7-179 定义反应机理

图 7-180 定义沉积相参数

（5）关闭对话框，返回至 Create/Edit Materials 对话框，混合物材料参数设置如图 7-181 所示。

（6）单击 **Change/Create** 按钮修改材料参数。

04 边界条件设置

1. velocity-inlet 边界设置

（1）双击模型树节点 **Boundary Conditions→velocity-inlet**，弹出 Velocity Inlet 对话框，切换至 **Momentum** 选项卡，设置 **Velocity Magnitude** 为 **0.02189m/s**，如图 7-182 所示。

（2）切换至 **Thermal** 选项卡，设置 **Temperature** 为 **293K**，如图 7-183 所示。

（3）切换至 **Species** 选项卡，在 **Species Mass Fractions** 选项组中设置 **AsH₃** 为 **0.4**，**GaMe₃** 为 **0.15**，**CH₃** 为 **0**，如图 7-184 所示。单击 **OK** 按钮关闭对话框。

2. outlet 边界设置

（1）双击模型树节点 **Boundary Conditions→outlet**，弹出 Pressure Outlet 对话框，**Momentum** 选项卡保持默认设置，如图 7-185 所示。

（17）切换至 Species 选项卡，在 Backflow Species Mass Fractions 栏中设置 ash3 的值为 0.015，ch3 为 0.06，如图 7-187 所示。单击 OK 按钮完成出口边界条件的设置。

8．wall 边界设置

7.1.4 步骤 4：Boundary Conditions—wall 上开 Thermal 选项卡，设置 Temperature 为 873，如图 7-188 所示。

图 7-181　修改材料参数

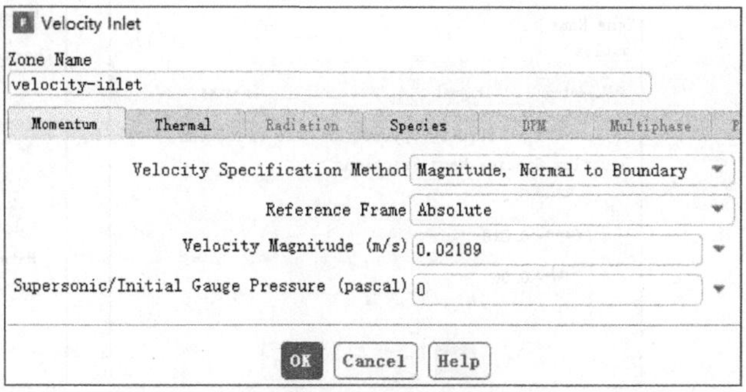

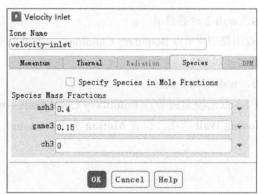

图 7-182　设置入口速度

wall 边界设置

切换至 Boundary Conditions—wall 边界，设置 wall 边界类型为 Thermal 选项卡，设置为 Temperature

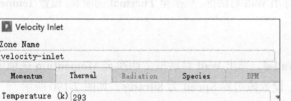

图 7-183　设置入口温度

图 7-184　设置入口组分

（2）切换至 **Thermal** 选项卡，设置 **Backflow Total Temperature** 为 **400K**，如图 7-186 所示。

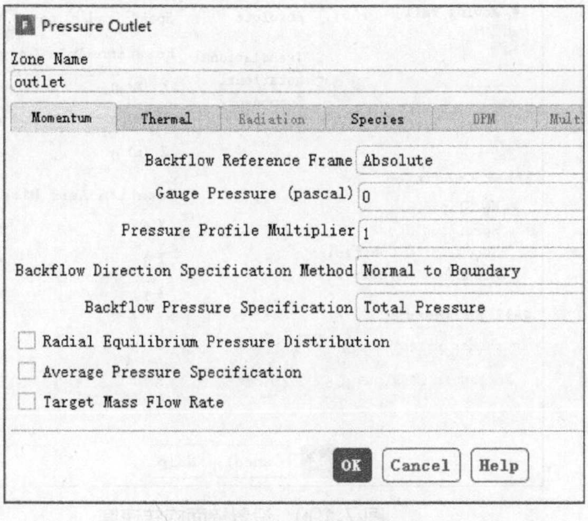

图 7-185　设置出口静压

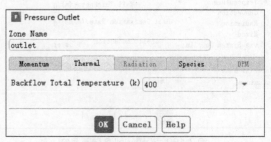

图 7-186　设置出口温度

（3）切换至 Thermal 选项卡，设置 Temperature 为 023K，如图 7-191 所示。

（3）切换至 **Species** 选项卡，在 **Backflow Species Mass Fractions** 选项组中设置 **AsH₃** 为 **0.32**，**GaMe₃** 为 **0.018**，**CH₃** 为 **0.06**，如图 7-187 所示。单击 **OK** 按钮关闭对话框。

3. wall-1 边界设置

双击模型树节点 **Boundary Conditions→wall-1**，弹出 Wall 对话框，切换至 **Thermal** 选项卡，设置 **Temperature** 为 **473K**，如图 7-188 所示。

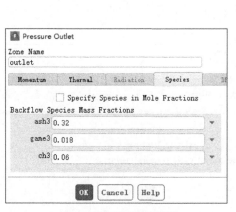

图 7-187　设置出口组分

图 7-188　设置壁面 wall-1 温度

4. wall-2 边界设置

双击模型树节点 **Boundary Conditions→wall-2**，弹出 Wall 对话框，切换至 **Thermal** 选项卡，设置 **Temperature** 为 **343K**，如图 7-189 所示。

5. wall-4 边界设置

（1）双击模型树节点 **Boundary Conditions→wall-4**，弹出 Wall 对话框，切换至 **Momentum** 选项卡，选择 **Moving Wall** 选项，设置 **Motion** 为 **Rotational**，设置该边界 **Speed** 为 **80rad/s**，如图 7-190 所示。

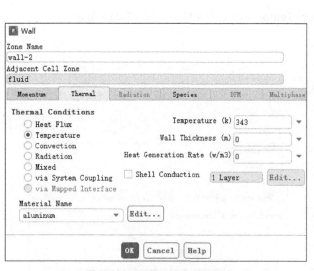

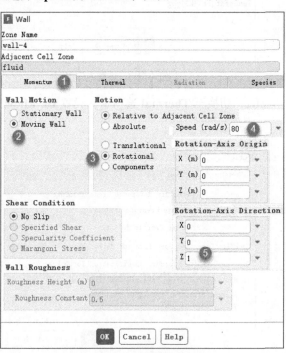

图 7-189　设置 wall-2 壁面温度

图 7-190　设置壁面旋转速度

（2）切换至 **Thermal** 选项卡，设置 **Temperature** 为 **1023K**，如图 7-191 所示。

（3）切换至 **Species** 选项卡，选择 **Reaction** 选项，设置 **Reaction Mechanism** 为 **mechanism-1**，单击 **OK** 按钮关闭对话框，如图 7-192 所示。

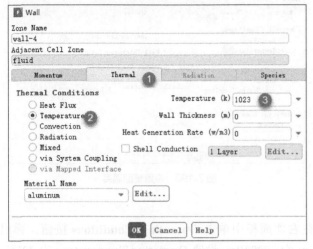

图 7-191　设置壁面 wall-4 温度

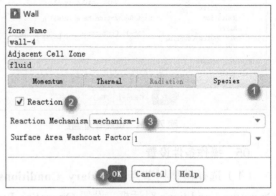

图 7-192　设置壁面化学反应

6.　wall-5 边界设置

（1）双击模型树节点 **Boundary Conditions→wall-5**，弹出 Wall 对话框，设置该边界的 **Speed** 为 **80rad/s**，如图 7-193 所示。

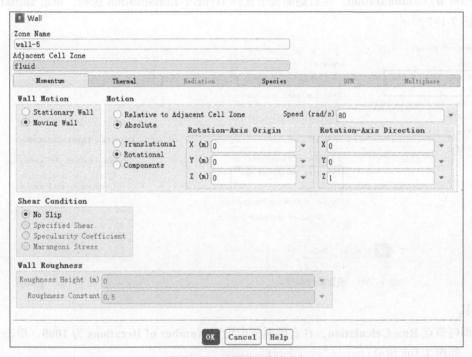

图 7-193　设置壁面旋转速度

（2）切换至 **Thermal** 选项卡，设置 **Temperature** 为 **720K**，单击 **OK** 按钮关闭对话框，如图 7-194 所示。

7.　wall-6 边界

双击模型树节点 **Boundary Conditions→wall-6**，弹出 Wall 对话框，如图 7-195 所示。切换至 **Thermal** 选项卡，设置 **Temperature** 为 **303K**，单击 **OK** 按钮关闭对话框。

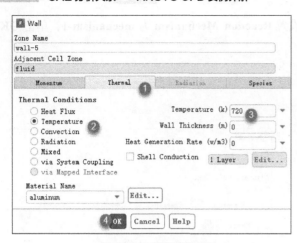

图 7-194　设置壁面温度

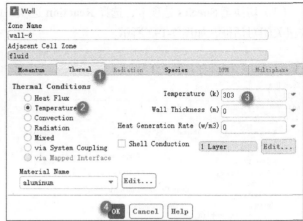

图 7-195　设置壁面温度

05　操作条件设置

（1）选择模型树节点 **Boundary Conditions**，在右侧面板中单击 **Operating Conditions** 按钮，弹出 Operating Conditions 对话框，设置 **Operating Pressure** 为 **10000Pa**，设置 **Operating Temperature** 为 **303K**，如图 7-196 所示。

（2）其他参数保持默认设置，单击 OK 按钮关闭对话框。

06　初始化

选择模型树节点 **Initialization**，在右侧面板中选择 **Hybrid Initialization** 选项，单击 **Initialize** 按钮开始初始化，如图 7-197 所示。

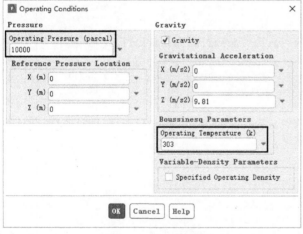

图 7-196　设置操作条件

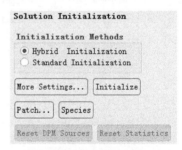

图 7-197　初始化

07　计算

选择模型树节点 **Run Calculation**，在右侧面板中设置 **Number of Iterations** 为 **1000**，单击 **Calculate** 按钮开始计算，如图 7-198 所示。

注意：
　　若计算收敛困难，可先关闭化学反应计算，待计算收敛后再开启化学反应计算。

08　计算后处理

1. 沉积面 wall-4 上的 Ga 沉积率

沉积面 wall-4 上 Ga 的沉积率分布如图 7-199 所示。

图 7-198　设置迭代参数并求解

Surface Deposition Rate of ga

[kg/m2-s]

图 7-199　wall-4 面上 Ga 的沉积率

2.　沉积面 wall-4 上的 $Ga_{(s)}$ 沉积率

$Ga_{(s)}$ 在沉积面 wall-4 上的沉积率如图 7-200 所示。

3.　z=0.07m 面上的温度分布

z=0.07m 面上的温度分布如图 7-201 所示。

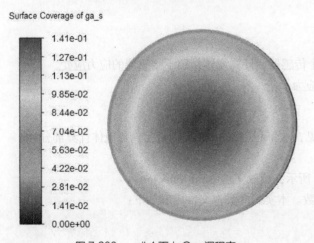

Surface Coverage of ga_s

图 7-200　wall-4 面上 $Ga_{(s)}$ 沉积率

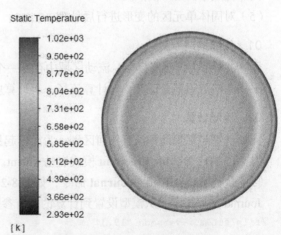

Static Temperature

[k]

图 7-201　温度分布（z=0.07m）

多物理场耦合模拟

本章以实例形式演示 Fluent 与其他求解器耦合计算多物理场的基本流程。

【实例1】气流作用下的传感器受力计算

Fluent 2019 中提供了结构计算功能，可以利用该功能实现单向流固耦合计算。

 注意: ---

  本实例仅可用于 Fluent 2019 及以上版本。

本例演示流程如下：

（1）利用 Journal 文件完成流体计算。

（2）启用 Structure 模型。

（3）定义结构材料属性和相关边界条件。

（4）完成单向 FSI 模拟。

（5）对固体单元区的变形进行后处理。

01　问题描述

图 8-1 所示为传感器模型，流动区域中存在一个传感器，计算流体作用下传感器的应力应变。采用单向流固耦合计算，先计算流场，再计算应力。

02　流场计算

流场计算与常规计算没有任何区别。为简单起见，这里利用 Journal 文件直接设置流体计算部分。

（1）以 **3D**、**Double Precision** 模式启动 Fluent。

（2）执行 **File→Read→Journal** 命令，如图 8-2 所示，读取文件 **fluid_flow.jou**。

Journal 文件指定了从模型设置到计算的所有参数。本实例的脚本文件内容如下：

```
/file/set-tui-version "19.3"
/file/read-case "probe.msh"
/define/models/viscous/ke-standard? yes
/define/boundary-conditions/set/velocity-inlet velocity_inlet () vmag no 100 turb-viscosity-ratio 5 ()
/solve/set/p-v-coupling 20
/solve/set/amg-options/aggressive-amg-coarsening? no no
/solve/monitors/residual/check-convergence? no no no no no no
/solve/monitors/residual/scale-by-coefficient? no no
/solve/initialize/initialize-flow
/solve/iterate 610
```

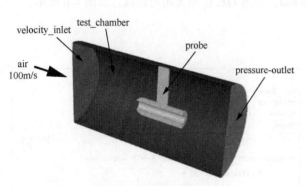

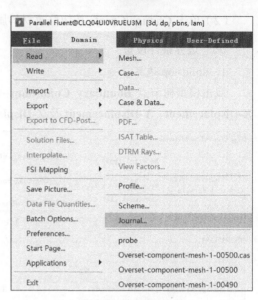

图 8-1 计算模型示意图

图 8-2 读取脚本文件

该文件主要包括以下内容：

- 读取网格文件 **probe.msh**。
- 采用 **standard k-epsilon** 湍流模型。
- 指定入口速度 **100m/s**。

计算完毕后，压力分布如图 8-3 所示。

后续步骤主要为固体应力计算的设置步骤。

03 模型设置

双击模型树节点 **Models→Structure**，弹出 Structural Model 对话框，选择 **Linear Elasticity** 选项，单击 **OK** 按钮关闭对话框，如图 8-4 所示。

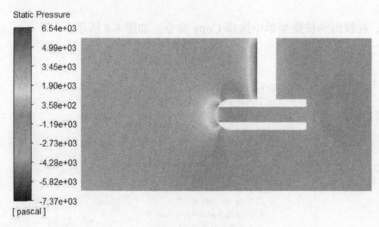

图 8-3 压力分布

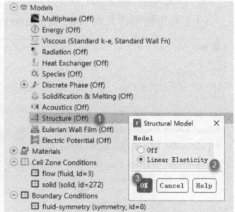

图 8-4 启用结构计算模型

注意：
目前 Fluent 只能做线弹性计算。

04 材料属性设置

（1）双击模型树节点 **Materials→Solid→Aluminum**，弹出 Create/Edit Materials 对话框，修改 **Name** 为 **steel**，设置 **Density** 为 **8030kg/m³**，设置 **Youngs Modulus** 为 **2×10¹¹Pa**，设置 **Poisson Ratio** 为 **0.3**，如图 8-5 所示。

（2）单击 **Change/Create** 按钮修改材料属性。

05 边界条件设置

1. solid-top 边界

双击模型树节点 **Boundary Conditions→solid-top**，弹出 Wall 对话框。切换到 **Structure** 选项卡，设置 **X-Displacement**、**Y-Displacement** 及 **Z-Displacement** 为 **0m**，单击 **OK** 按钮关闭对话框，如图 8-6 所示。

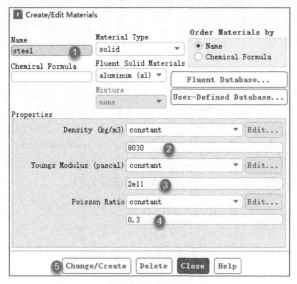

图 8-5 创建材料

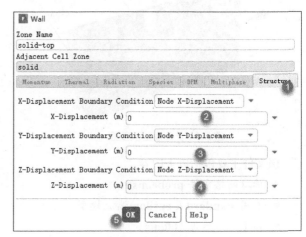

图 8-6 设置固定约束

2. solid-symmetry 边界

（1）双击模型树节点 **Boundary Conditions→solid-symmetry**，弹出 Wall 对话框。

（2）切换至 **Structure** 选项卡，设置 **X-Displacement Boundary Condition**、**Y-Displacement Boundary Condition** 均为 **Stress Free**，设置 **Z-Displacement** 为 **0m**，单击 **OK** 按钮关闭对话框，如图 8-7 所示。

3. solid-symmetry:011 边界

（1）右击模型树节点 **solid-symmetry**，在弹出的快捷菜单中选择 **Copy** 命令，如图 8-8 所示。

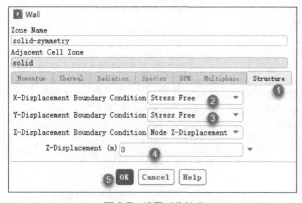

图 8-7 设置对称约束

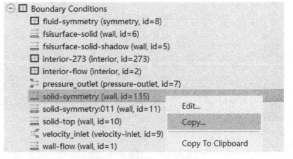

图 8-8 选择 Copy 命令

（2）将边界 **solid-symmetry** 的参数复制到边界 **solid-symmetry:011**，如图 8-9 所示。

4. fsisurface-solid 边界

双击模型树节点 **fsisurface-solid**，在弹出的 Wall 对话框中选择 **Structure** 标签，设置 **X-Displacement Boundary Condition**、**Y-Displacement Boundary Condition** 和 **Z-Displacement Boundary Condition** 均为 **Intrinsic FSI**，单击 **OK** 按钮关闭对话框，如图 8-10 所示。

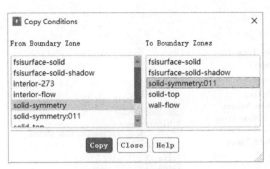

图 8-9　复制边界条件

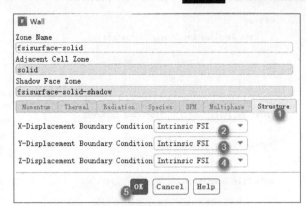

图 8-10　设置流固耦合面

06　解决方案设置

输入 TUI 命令：**define/models/structure/expert/include-pop-in-fsi-force? yes**

07　控制参数设置

取消流动方程计算。

（1）右击模型树节点 **Controls**，在弹出的快捷菜单中选择 **Equations** 命令，如图 8-11 所示。

（2）在弹出的 Equations 对话框中取消选择 **Flow** 及 **Turbulence** 选项，如图 8-12 所示。单击 **OK** 按钮，关闭对话框。

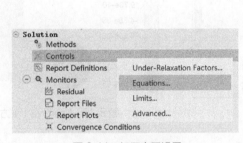

图 8-11　打开方程设置

图 8-12　取消流体计算

08　计算

选择模型树节点 **Run Calculation**，在右侧面板中设置 **Number of Iterations** 为 **2**，单击 **Calculate** 按钮开始计算，如图 8-13 所示。

 注：
只需要 1 步计算即可。

09　计算结果

可以通过 Contours 对话框查看与结构计算有关的物理量。后处理中直接结果只有 X、Y、Z 三个方向的位移以及 XX、YY、XY、ZZ、YZ、XZ 六个应力分量，如图 8-14 所示，可以将这些物理量组合成其他的力学物理量，如总位移、米塞斯（von-mises）应力等。

1.　结构计算后处理

设置显示固体区域的 Y 方向位移，如图 8-15 所示。

2.　Y 方向位移分布

Y 方向位移分布如图 8-16 所示。

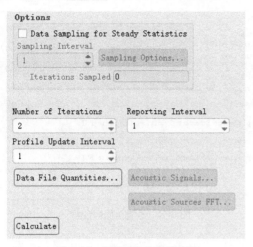

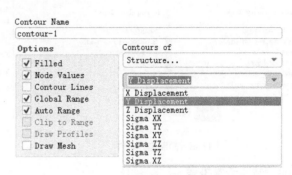

图 8-13　设置迭代参数并计算　　　　　　　　　　图 8-14　结构计算结果数据列表

图 8-15　设置云图显示参数

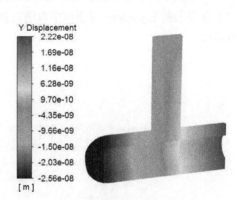

图 8-16　位移分布（Y方向）

3. 查看总位移分布

总位移分布如图 8-17 所示。

4. 米塞斯应力分布

米塞斯应力分布如图 8-18 所示。

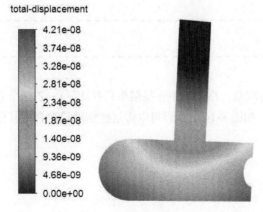

图 8-17　总位移分布

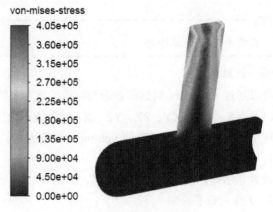

图 8-18　米塞斯应力分布

【实例 2】共轭传热计算

本实例利用 Fluent 计算共轭传热问题。

实例计算模型如图 8-19 所示。流体域中存在一个固体域，固体域初始温度为 343K，其底部温度为 343K，其他边为与流体域耦合面。流体域中两条竖直边温度为 293K，其他边界为绝热边界。

固体域材料为铝合金，其密度为 2800kg/m³，比热容为 880J/(kg·K)，热传导率为 180W/(m·K)，流体域介质为空气。考虑固体域与流体间的换热及流体区域内空气的自然对流状况，本实例可以在 Fluent 中直接计算求解。

01　导入几何模型

（1）启动 Workbench，拖动 **Fluid Flow(Fluent)** 模块到流程窗口中。

（2）右击 A2 单元格，在弹出的快捷菜单中选择 **Import Geometry→Browse** 命令，如图 8-20 所示，在弹出的文件对话框中选择几何模型文件 **Geom.agdb**。

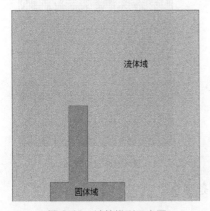

图 8-19　计算模型示意图

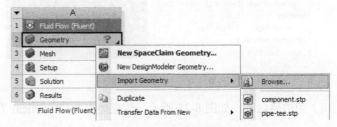

图 8-20　导入几何模型

02　划分网格

（1）双击 A3 单元格进入 **Mesh** 模块。

（2）右击模型树节点 **Mesh**，在弹出的快捷菜单中选择 **Insert→Face Meshing** 命令，如图 8-21 所示，在弹出的属性窗口中选择所有几何面。

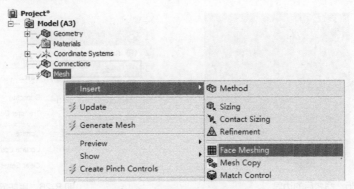

图 8-21　设置网格生成方法

说明：

将面指定为 Face Meshing，可生成全四边形网格。

（3）右击模型树节点 **Mesh**，在弹出的快捷菜单中选择 **Insert→Sizing** 命令，插入网格尺寸，如图 8-22 所示。

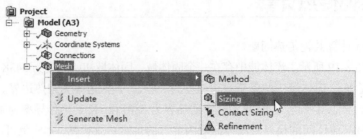

图 8-22　插入网格尺寸

（4）在属性窗口中设置 **Element Size** 为 $1×10^{-3}m$，如图 8-23 所示。

（5）右击模型树节点 **Mesh**，在弹出的快捷菜单中选择 **Generate Mesh** 命令，生成计算网格，如图 8-24 所示。

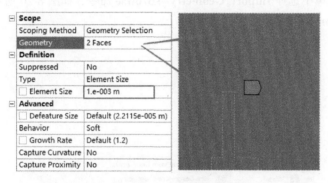

图 8-23　设置尺寸参数

图 8-24　计算网格

（6）为边界命名，如图 8-25 所示，注意边界 wall_vertical 为两条竖直边。

提示：

在命名流体域与固体域交界面时，由于几何模型重叠，不方便选择（如图 8-25 中的 B、C 边界），此时可先隐藏另外一个区域再进行选择。

（7）关闭 Mesh 模块，返回至 Workbench 工作界面。

（8）右击 **A3** 单元格，在弹出的快捷菜单中选择 **Update** 命令，更新网格数据，如图 8-26 所示。

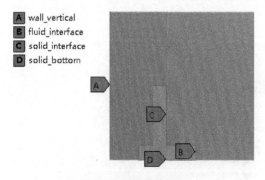

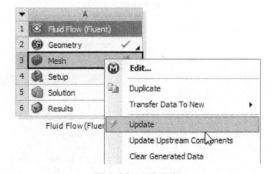

图 8-25　命名后的边界

图 8-26　更新网格

（9）双击 **A4** 单元格进入 Fluent 模块。

03　常规参数设置

选择模型树节点 **General**，在右侧面板中选择 **Gravity** 选项，并设置重力加速度为 Y 方向 $-9.81m/s^2$，如图 8-27 所示。

04　模型设置

激活能量方程与 Realizable k-epsilon 湍流模型。

（1）右击模型树节点 **Models→Energy**，在弹出的快捷菜单中选择 **On** 命令，激活能量方程，如图 8-28 所示。

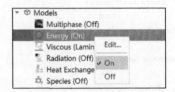

图 8-27　设置重力加速度　　　　　　　　　　图 8-28　激活能量方程

（2）右击模型树节点 **Viscous**，在弹出的快捷菜单中选择 **Model→Realizable k-epsilon** 命令，激活 Realizable k-epsilon 湍流模型，如图 8-29 所示。

05　材料属性设置

设置 air 为理想气体，并且修改固体材料热力学参数。

（1）双击模型树节点 **Materials→Fluid→air**，弹出 Create/Edit Materials 对话框。

（2）设置 **Density** 为 **ideal-gas**，其他参数保持默认设置，如图 8-30 所示。单击 **Change/Create** 按钮修改材料参数，单击 **Close** 按钮关闭对话框。

 提示：

　　模拟自然对流时，考虑流体的可压缩性及流体受温度的影响，常将流体密度设置为 ideal-gas。

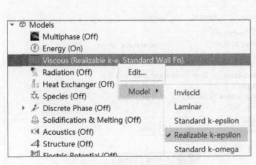

图 8-29　激活湍流模型

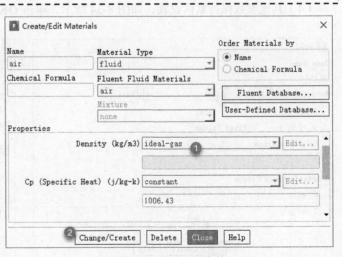

图 8-30　修改材料参数

（3）双击模型树节点 **Materials→Fluid→aluminum**，弹出 Create/Edit Materials 对话框，设置 **Density** 为 **2800kg/m³**，设置 **Cp** 为 **800J/(kg·K)**，设置 **Thermal Conductivity** 为 **180W/(m·K)**，如图 8-31 所示，单击 **Change/ Create** 按钮修改材料参数。

（4）单击 **Close** 按钮关闭对话框。

06 计算域属性设置

确保两个区域对应的材料正确。流体区域 fluid 材料为 air，固体区域 solid 对应的材料为 aluminum。

（1）双击模型树节点 **Cell Zone Conditions→fluid**，弹出 Solid 对话框，设置 **Material Name** 为 **air**，其他参数保持默认设置，如图 8-32 所示，单击 **OK** 按钮关闭对话框。

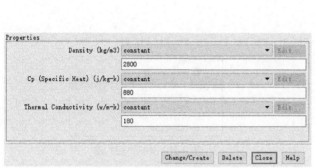

图 8-31 修改固体材料参数

图 8-32 设置流体区域的材料

（2）双击模型树节点 **Cell Zone Conditions→solid**，弹出 Solid 对话框，设置 **Material Name** 为 **aluminum**，其他参数保持默认设置，如图 8-33 所示，单击 **OK** 按钮关闭对话框。

07 边界条件设置

需要设置流体域的两条竖直边及固体域的底部边界条件。

1. wall_vertical 边界设置

（1）双击模型树节点 **Boundary Conditions→wall_vertical**，弹出 Wall 对话框，切换至 **Thermal** 选项卡。

（2）设置 **Thermal Conditions** 为 **Temperature**。

（3）设置 **Temperature** 为 **293K**。

（4）其他参数保持默认设置，如图 8-34 所示，单击 **OK** 按钮关闭对话框。

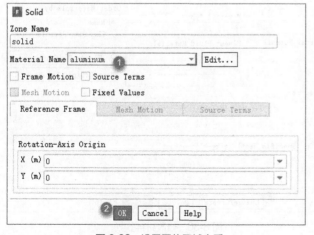

图 8-33 设置固体区域介质

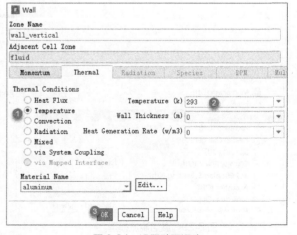

图 8-34 设置壁面温度

2. solid_bottom 边界设置

双击模型树节点 **Boundry Conditions→solid_bottom**，弹出 Wall 对话框，切换至 **Thermal** 选项卡，设置 **Thermal Conditions** 为 Temperature，并设置 **Temperature** 为 **343K**，其他参数保持默认设置，单击 **OK** 按钮关闭对话框，如图 8-35 所示。

08 操作条件设置

（1）选择模型树节点 **Boundary Conditions**，单击右侧面板中的 **Operating Conditions** 按钮，打开 Operating Conditions 对话框。

（2）选择 **Specified Operating Density** 选项。

（3）设置 **Operating Density** 为 **0kg/m³**，如图 8-36 所示。

（4）其他参数保持默认设置，单击 **OK** 按钮关闭对话框。

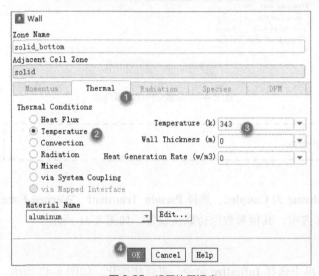

图 8-35　设置边界温度

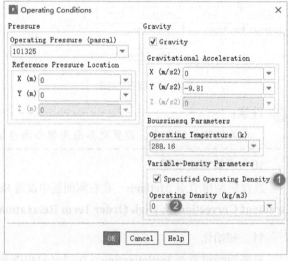

图 8-36　设置操作条件

09 耦合面设置

设置流体域与固体域之间的耦合面。

（1）选择模型树节点 **Boundary Conditions→fluid_interface** 及 **solid_interface** 并右击，在弹出的快捷菜单中选择 **Type→interface** 命令，将边界类型修改为交界面，如图 8-37 所示。

（2）双击模型树节点 **Mesh Interfaces**，弹出 Mesh Interfaces 对话框，选中 **Unassigned Interface Zones** 列表框中的所有选项，设置 **Interface Name Prefix** 为 **int**，单击 **Auto Create** 按钮自动创建交界面，如图 8-38 所示。

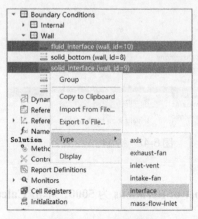

图 8-37　设置交界面

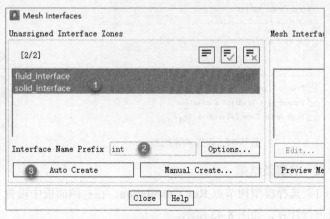

图 8-38　创建交界面

提示:

此功能为 Fluent 新版本提供的，低版本用户请手动创建交界面。

（3）在列表框选中创建的交界面 **int:01**，单击下方的 **Edit** 按钮，如图 8-39 所示。

（4）在弹出的 Edit Mesh Interfaces 对话框中，选择 **Coupled Wall** 选项，单击 **Apply** 按钮设置该交界面为耦合面，如图 8-40 所示。

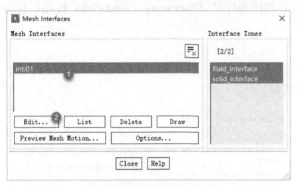

图 8-39　编辑交界面

图 8-40　设置交界面为耦合面

注意:

在共轭传热问题中，设置交界面为耦合面非常重要。

10　求解方法设置

选择模型树节点 **Methods**，在右侧面板中设置 **Scheme** 为 **Coupled**，选择 **Pseudo Transient**、**Warped-Face Gradient Correction** 及 **High Order Term Relaxation** 选项，其他参数保持默认设置，如图 8-41 所示。

11　初始化

右击模型树节点 **Initialization**，在弹出的快捷菜单中选择 **Initialize** 命令，进行初始化，如图 8-42 所示。

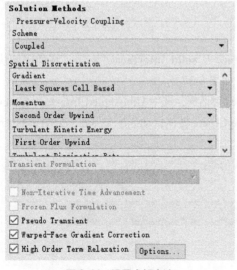

图 8-41　设置求解方法

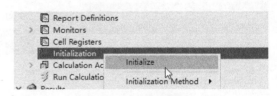

图 8-42　初始化

12　计算及结果

（1）选择模型树节点 **Run Calculation**，在右侧面板中设置 **Number of Iterations** 为 **5000**，单击 **Calculate** 按钮进行计算，如图 8-43 所示。

（2）关闭 Fluent，返回至 Workbench 工作界面。

（3）双击 **A6** 单元格进入 **CFD-Post** 模块，查看温度分布，如图 8-44 所示。

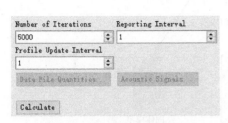

图 8-43　设置迭代参数并计算

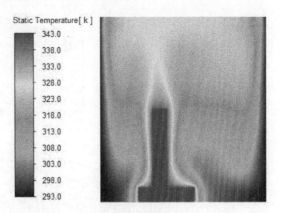

图 8-44　温度分布

【实例 3】水流冲击挡板应力计算

本实例描述在 Fluent 和 Mechanical 体系中计算单向流固耦合问题的一般步骤。

01　实例描述

本实例要计算的模型如图 8-45 所示（单位为 mm），其三维拉伸厚度为 50mm。

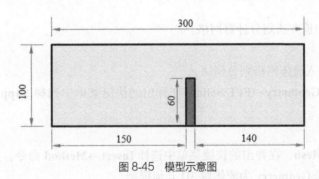

图 8-45　模型示意图

流动区域内存在一个高 60mm、宽 10mm、厚 50mm 的金属挡板，采用流固耦合方法计算挡板在流体作用下的应力分布。

Workbench 单向耦合计算采用图 8-46 所示的计算流程。

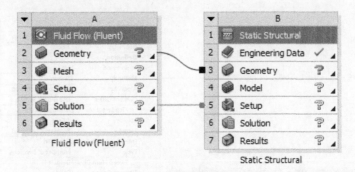

图 8-46　计算流程

02　几何模型

本实例的计算几何模型是在 A2 单元格中利用 SCDM 创建的，如图 8-47 所示。

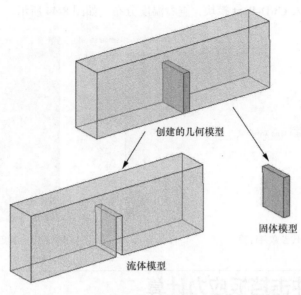

创建的几何模型

固体模型

流体模型

图 8-47　几何模型

提示：

在 A2 单元格中同时创建固体模型和流体模型，之后在 A3 单元格中去除固体模型，最后在 Static Structural 模块 B3 单元格中去除流体模型，这样能保证流体模型和固体模型是匹配的。

03　流体网格划分

本实例流体区域采用扫掠方法划分计算网格。

1. 去除固体模型

（1）双击 A3 单元格进入流体网格划分模块。

（2）右击模型树节点 **Geometry→FFF\Solid**，在弹出的快捷菜单中选择 **Suppress Body** 命令，去除固体模型。

2. 插入扫掠方法

（1）右击模型树节点 **Mesh**，在弹出的快捷菜单中选择 **Insert→Method** 命令，如图 8-48 所示。

（2）在属性窗口中设置 **Geometry** 为流体域 3D 几何模型。

（3）设置 **Method** 为 **Sweep**。

（4）设置 **Src/Trg Selection** 为 **Manual Source**，并在图形窗口中选择图 8-49 所示的面作为源面。其他参数保持默认设置。

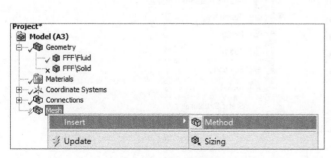

图 8-48　插入网格方法

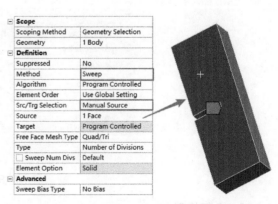

图 8-49　选择面

提示：

手动设置源面及目标面，更有利于扫掠网格划分。对于简单几何模型，软件能够自动决定源面及目标面，但对于复杂几何模型，还是建议手动指定源面及目标面。

3. 插入网格尺寸

（1）右击模型树节点 **Mesh**，在弹出的快捷菜单中选择 **Insert→Sizing** 命令，插入网格尺寸控制，如图 8-50 所示。

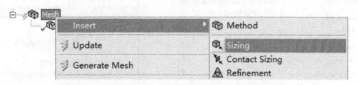

图 8-50　插入网格尺寸控制

（2）在属性设置窗口中设置 **Geometry** 为计算域三维几何模型。

（3）设置 **Element Size** 为 **0.002m**，如图 8-51 所示。

（4）右击模型树节点 **Mesh**，在弹出的快捷菜单中选择 **Generate Mesh** 命令生成网格，如图 8-52 所示。

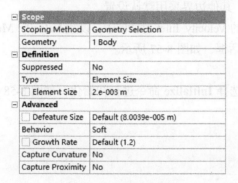

图 8-51　设置尺寸参数

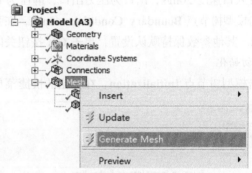

图 8-52　生成计算网格

最终生成全六面体的流体网格，如图 8-53 所示。

04　命名边界

（1）创建入口、出口、对称及壁面边界等，如图 8-54 所示。

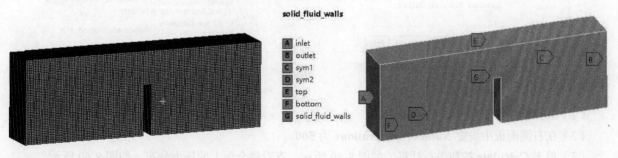

図 8-53　计算网格　　　　　　　　　　　图 8-54　命名边界

注意：

这里将两个侧面作为对称边界处理，顶面和底面作为壁面边界。需要特别注意的是流固耦合面的命名。

（2）关闭 Meshing 模块，返回至 Workbench 工作界面。

（3）右击 **A3** 单元格，在弹出的快捷菜单中选择 **Update** 命令，更新计算网格，如图 8-55 所示。

（4）双击 A4 单元格进入 Fluent。

05 Fluent 设置

1. 模型设置

右击模型树节点 **Models→Viscous**，在弹出的快捷菜单中选择 **Model→Realizable k-epsilon** 命令，激活湍流模型，如图 8-56 所示。

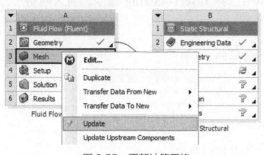

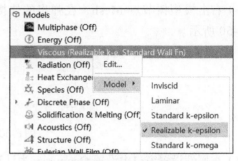

图 8-55　更新计算网格　　　　　　　　　　　　　图 8-56　激活湍流模型

2. 边界条件设置

设置入口速度 20m/s，出口为压力出口，静压为 0Pa。其他边界采用默认设置。

双击模型树节点 **Boundary Conditions→inlet**，在弹出的 Velocity Inlet 对话框中，设置 **Velocity Magnitude** 为 **20m/s**，其他参数保持默认设置，单击 **OK** 按钮关闭对话框，如图 8-57 所示。

3. 初始化

右击模型树节点 **Initialization**，在弹出的快捷菜单中选择 **Initialize** 命令进行初始化，如图 8-58 所示。

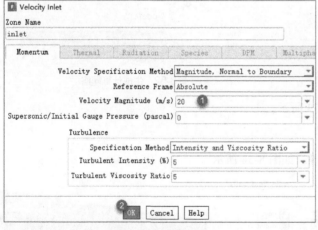

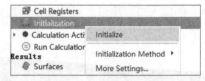

图 8-57　设置入口速度　　　　　　　　　　　　　图 8-58　初始化计算

4. 设置迭代参数并计算

（1）选择模型树节点 **Run Calculation**。

（2）在右侧面板中设置 **Number of Iterations** 为 **500**。

（3）单击 **Calculate** 按钮进行计算，如图 8-59 所示。查看耦合面上的压力分布，如图 8-60 所示。

（4）关闭 Fluent，返回至 Workbench 工作界面。

06 固体模块设置

双击 **B4** 单元格进入模型设置。

1. 处理几何模型

右击模型树节点 **Geometry→FFF\Fluid**，在弹出的快捷菜单中选择 **Suppress Body** 命令，去除流体几何模型，如图 8-61 所示。

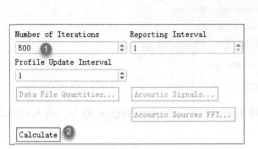

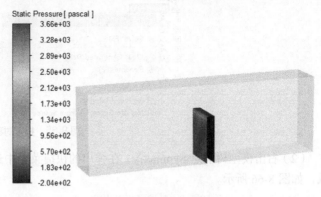

图 8-59　迭代计算　　　　　　　　　　　　图 8-60　耦合面上的压力分布

2.　划分网格

（1）右击模型树节点 **Mesh**，在弹出的快捷菜单中选择 **Insert→Sizing** 命令，如图 8-62 所示。

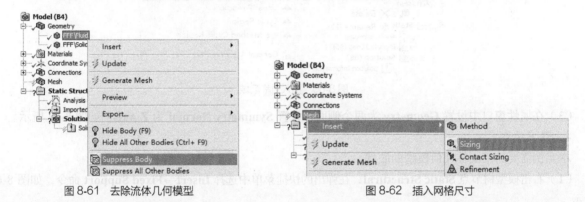

图 8-61　去除流体几何模型　　　　　　　　　　　图 8-62　插入网格尺寸

（2）设置 **Geometry** 为图形窗口中的几何模型，设置 **Element Size** 为 **0.002m**。其他参数保持默认设置，如图 8-63 所示。

（3）右击模型树节点 **Mesh**，在弹出的快捷菜单中选择 **Generate Mesh** 命令，生成网格。

最终网格如图 8-64 所示。

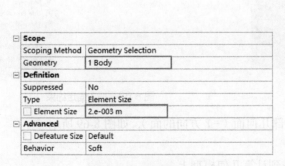

图 8-63　指定网格尺寸　　　　　　　　　　　图 8-64　计算网格

3.　插入对称条件

（1）右击模型树节点 **Model**，在弹出的快捷菜单中选择 **Insert→Symmetry** 命令，如图 8-65 所示，此时会在模型树上添加节点 **Symmetry**。

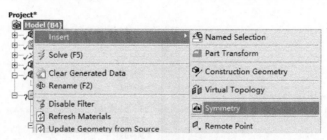

图 8-65　插入对称条件

（2）右击模型树节点 Symmetry，在弹出的快捷菜单中选择 **Insert→Symmetry Region** 命令，插入对称区域，如图 8-66 所示。

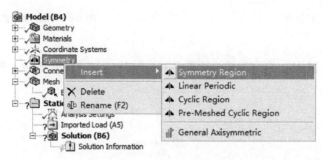

图 8-66　插入对称区域

（3）在属性窗口中设置 **Geometry** 为两个侧面，设置 **Symmetry Normal** 为 **Z Axis**，如图 8-67 所示。

4. 设置约束

本实例需要约束固体几何模型的底部。

（1）右击模型树节点 **Static Structural**，在弹出的快捷菜单中选择 **Insert→Fixed Support** 命令，如图 8-68 所示。

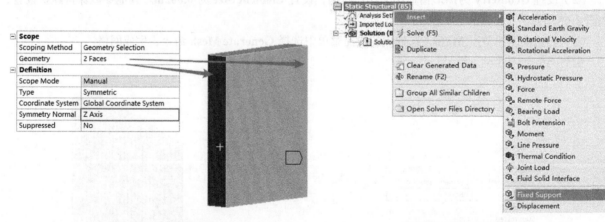

图 8-67　设置对称条件　　　　　　　　　　　　图 8-68　插入固定约束

（2）在属性窗口中设置 **Geometry** 为模型底部几何面（−Y 方向的面），如图 8-69 所示。

5. 导入外部力

将 Fluent 计算得到的壁面压力作为载荷加载到计算几何模型上。

（1）右击模型树节点 **Import Load**，在弹出的快捷菜单中选择 **Insert→Pressure** 命令，导入流体压力，如图 8-70 所示。

（2）设置 **Geometry** 为与流体几何模型重合的 3 个面，设置 **CFD Surface** 为 **solid_fluid_walls** 面，其他参数保持默认设置，如图 8-71 所示。

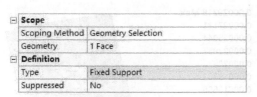

Scope	
Scoping Method	Geometry Selection
Geometry	1 Face
Definition	
Type	Fixed Support
Suppressed	No

图 8-69 设置固定约束

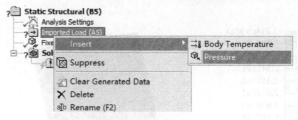

图 8-70 导入流体压力

（3）右击模型树节点 **Imported Load→Imported Pressure**，在弹出的快捷菜单中选择 **Import Load** 命令，导入流体压力，如图 8-72 所示。

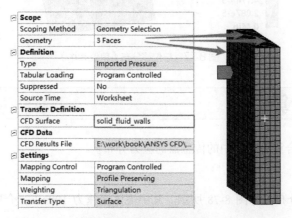

Scope	
Scoping Method	Geometry Selection
Geometry	3 Faces
Definition	
Type	Imported Pressure
Tabular Loading	Program Controlled
Suppressed	No
Source Time	Worksheet
Transfer Definition	
CFD Surface	solid_fluid_walls
CFD Data	
CFD Results File	E:\work\book\ANSYS CFD\...
Settings	
Mapping Control	Program Controlled
Mapping	Profile Preserving
Weighting	Triangulation
Transfer Type	Surface

图 8-71 设置压力导入参数

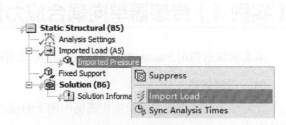

图 8-72 导入压力

此时可通过选择模型树节点 **Import Pressure** 查看导入的压力，如图 8-73 所示。

6. 计算

（1）右击模型树节点 **Solution**，在弹出的快捷菜单中选择 **Solve** 命令，进行求解计算，如图 8-74 所示。

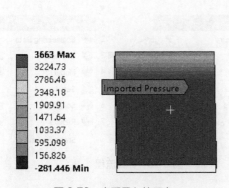

图 8-73 查看导入的压力

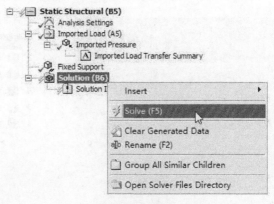

图 8-74 计算

（2）插入应力、应变、位移等参数进行后处理查看。

（3）参数插入完毕后，可右击模型树节点 **Solution**，在弹出的快捷菜单中选择 **Evaluate All Results** 命令，更新计算结果，如图 8-75 所示。

07 计算结果

等效应力分布如图 8-76 所示。总位移分布如图 8-77 所示。

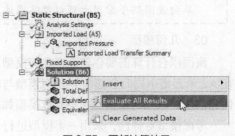

图 8-75 更新计算结果

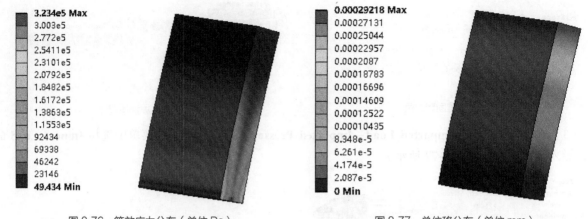

图 8-76 等效应力分布（单位 Pa）　　　　　　图 8-77 总位移分布（单位 mm）

【实例 4】传感器单向耦合应力计算

本实例演示利用 Fluent 和 Mechanical 单向流固耦合计算流体中的传感器的应力分布。

01 问题描述

计算位于高速流体中的探头在流场作用下的应力分布，如图 8-78 所示。其中流体流速为 100m/s，介质为液态水。

02 计算流程

考虑到探头的变形程度很小，忽略探头变形对流场的影响，采用单向流固耦合计算。计算流程如图 8-79 所示。

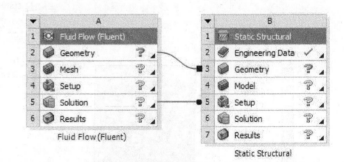

图 8-78 计算示意图　　　　　　　　　图 8-79 计算流程

 注意：

单向流固耦合常用于可以忽略固体小程度变形对于流场影响的情况。

03 几何模型

流固耦合计算需要创建两个几何模型：流体几何模型与固体几何模型。应用图 8-79 所示的计算流程，在 A2 单元格中同时创建流体几何模型与固体几何模型，然后在流体和固体各自的 Mesh 模块中分别抑制固体和流体区域几何模型。探头实体模型如图 8-80 所示。

考虑模型对称性，采用一半模型进行计算，如图 8-81 所示。

流体域计算模型如图 8-82 所示。

图 8-80　实体模型

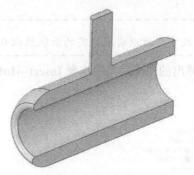

图 8-81　半几何模型

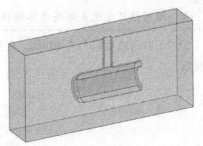

图 8-82　流体域计算模型

04　流体计算设置

1.　流体网格生成

（1）双击 **A3** 单元格进入 **Mesh** 模块。

（2）右击模型树节点 **Geometry→FFF\Solid**，在弹出的快捷菜单中选择 **Suppress Body** 命令，去除固体部分，如图 8-83 所示。

（3）选中模型树节点 **Mesh**，在图形窗口中选择图 8-84 所示的几何面并右击，在弹出的快捷菜单中选择 **Insert→Sizing** 命令，插入网格尺寸。

（4）在属性窗口中设置 **Element Size** 为 **0.5mm**，如图 8-85 所示。

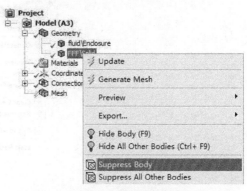

图 8-83　去除固体几何模型

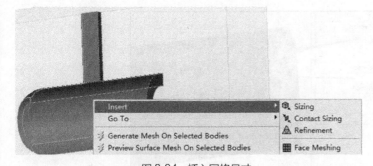

图 8-84　插入网格尺寸

图 8-85　设置尺寸参数

（5）选中模型树节点 **Mesh**，在图形窗口中选择图 8-86 所示的几何模型并右击，在弹出的快捷菜单中选择 **Insert→Sizing** 命令，插入网格尺寸。

（6）在属性窗口中设置 **Element Size** 为 **1mm**，如图 8-87 所示。

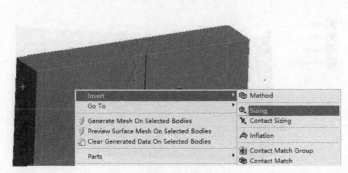

图 8-86　插入尺寸

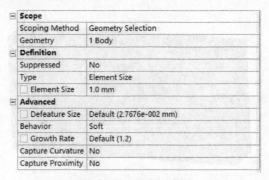

图 8-87　设置尺寸参数

注意:

面网格尺寸优先级高于体网格尺寸,所以前面指定的面依然以 0.5mm 作为网格尺寸。

(7)右击模型树节点 **Mesh**,在弹出的快捷菜单中选择 **Insert→Inflation** 命令,插入边界层,如图 8-88 所示。

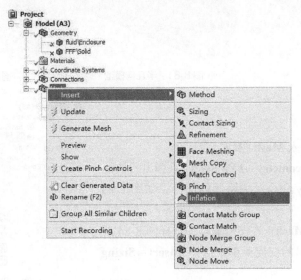

图 8-88　插入边界层

(8)选择流固交界面作为边界层网格的生成表面,如图 8-89 所示。

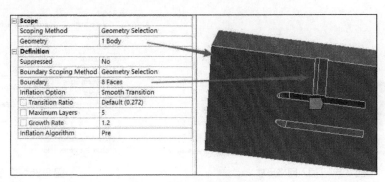

图 8-89　设置边界层网格参数

(9)生成计算网格,如图 8-90 所示。

(10)命名边界,如图 8-91 所示。

图 8-90　流体计算网格

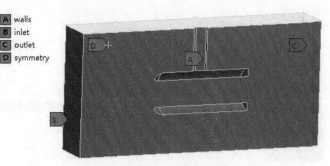

图 8-91　命名边界

注意：
切记为流固耦合面命名，这里将其命名为 walls。

（11）选择模型树节点 **Mesh**，单击工具栏中 **Update** 按钮更新网格。

（12）关闭 Mesh 模块，返回至 Workbench 工作界面。

2.　Fluent 设置

（1）双击 **A4** 单元格启动 Fluent，如图 8-92 所示。

（2）选择 **Double Precision** 选项，开启双精度模式，单击 **OK** 按钮启动 Fluent，如图 8-93 所示。

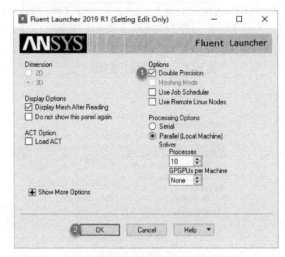

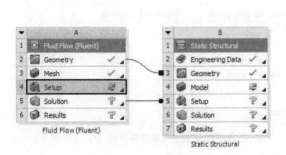

图 8-92　计算流程

图 8-93　启动 Fluent

注意：
Fluent 的设置较为简单，这里只描述重要节点内容。

（3）**General** 节点保持默认设置。

（4）对于 **Models** 节点，选择 **Realizable k-epsilon** 湍流模型，如图 8-94 所示。

（5）**Materials**：选择材料库中的 **water-liquid**，如图 8-95 所示。材料属性采用默认值。

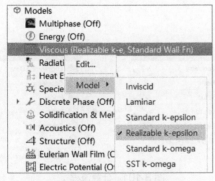

图 8-94　选择湍流模型

图 8-95　添加介质材料

（6）**Cell Zone Conditions**：设置计算区域 **Material Name** 为 **water-liquid**，如图 8-96 所示。

（7）**Boundary Conditions**：设置边界 **inlet** 的 **Velocity Magnitude** 为 **100m/s**，其他参数保持默认，如图 8-97 所示。

（8）**Initialization**：按图 8-98 所示进行初始化。

（9）**Run Calculation**：设置 **Number of Iterations** 为 **300**，单击 **Calculate** 按钮开始计算，如图 8-99 所示。

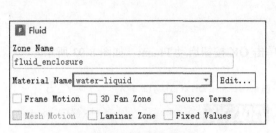

图 8-96 设置区域介质材料

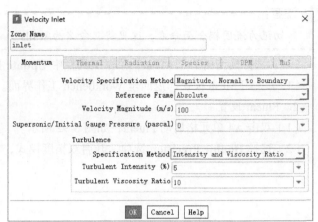

图 8-97 设置入口速度

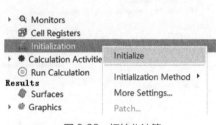

图 8-98 初始化计算

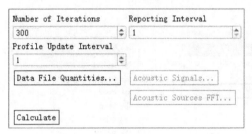

图 8-99 设置迭代参数并计算

（10）计算完毕后，查看流固交界面上的压力分布，如图 8-100 所示。

（11）关闭 Fluent，返回至 Workbench 工作界面。

05 Mechanical 模块设置

双击 **B4** 单元格进入 Mechanical 模块，构建图 8-101 所示的计算流程。

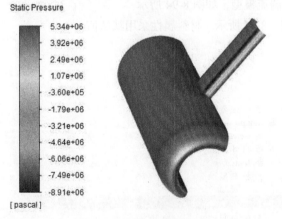

Static Pressure

5.34e+06
3.92e+06
2.49e+06
1.07e+06
-3.60e+05
-1.79e+06
-3.21e+06
-4.64e+06
-6.06e+06
-7.49e+06
-8.91e+06

[pascal]

图 8-100 交界面上的压力分布

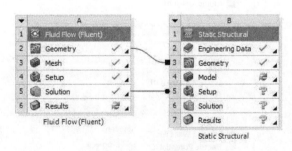

图 8-101 计算流程

注意：--

这里采用默认材料，若需要修改材料，可双击 B2 单元格编辑材料属性。

1. 网格生成

（1）右击模型树节点 **Geometry→fluid\Enclosure**，在弹出的快捷菜单中选择 **Suppress Body** 命令，去除流体几何模型，如图 8-102 所示。

（2）右击模型树节点 **Model**，在弹出的快捷菜单中选择 **Insert→Symmetry** 命令，插入对称，如图 8-103 所示。

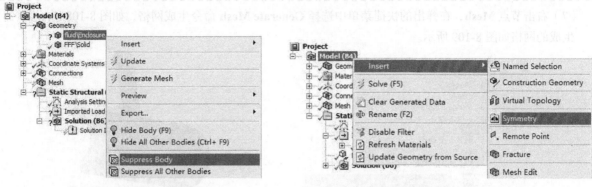

图 8-102　去除流体几何模型　　　　　　　　　　图 8-103　插入对称

（3）右击模型树节点 **Symmetry**，在弹出的快捷菜单中选择 **Insert→Symmetry Region** 命令，如图 8-104 所示。

（4）在属性窗口中设置 **Geometry** 为图 8-105 所示的对称面，设置 **Symmetry Normal** 为 **Y Axis**。

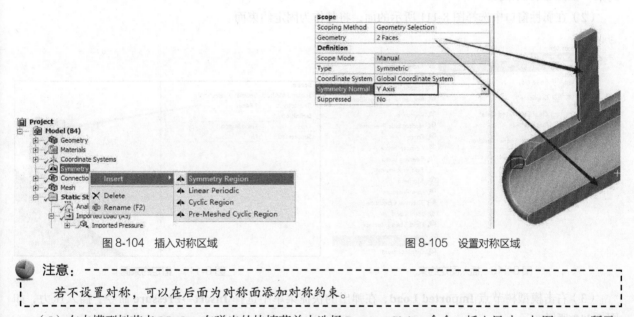

图 8-104　插入对称区域　　　　　　　　　　　　图 8-105　设置对称区域

💿 **注意**：
　　若不设置对称，可以在后面为对称面添加对称约束。

（5）右击模型树节点 **Mesh**，在弹出的快捷菜单中选择 **Insert→Sizing** 命令，插入尺寸，如图 8-106 所示。

（6）选择几何模型，设置 **Element Size** 为 **0.5mm**，如图 8-107 所示。

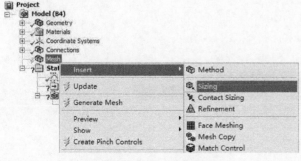
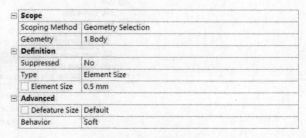

图 8-106　插入网格尺寸　　　　　　　　　　　　图 8-107　设置网格尺寸

注意:
> 划分网格时，尽量使交界面上的网格尺寸与对应位置的流体网格尺寸接近。

（7）右击节点 **Mesh**，在弹出的快捷菜单中选择 **Generate Mesh** 命令生成网格，如图 8-108 所示。生成的网格如图 8-109 所示。

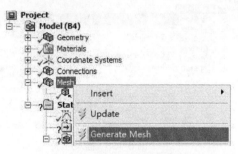

图 8-108　生成计算网格

图 8-109　结构计算网格

2. 模拟设置

（1）右击模型树节点 **Static Structural**，在弹出的快捷菜单中选择 **Insert→Fixed Support** 命令，插入固定约束，如图 8-110 所示。

（2）在属性窗口中选择图 8-111 所示的面，将其作为固定约束面。

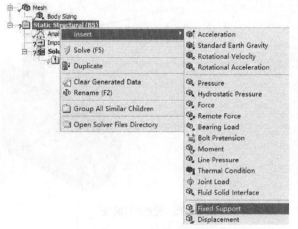

图 8-110　插入固定约束

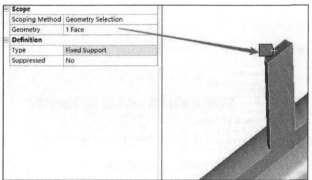

图 8-111　指定约束面

（3）右击模型树节点 **Imported Load**，在弹出的快捷菜单中选择 **Insert→Pressure** 命令，插入压力，如图 8-112 所示。

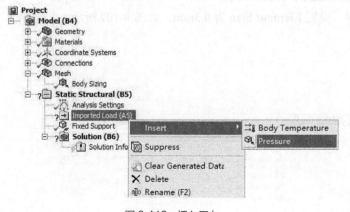

图 8-112　插入压力

（4）**Geometry** 选项选择与流体几何模型相接触的 11 个面，设置 **CFD Surface** 为 **walls**，如图 8-113 所示。

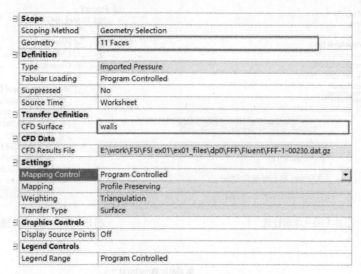

图 8-113 设置压力导入参数

（5）右击模型树节点 **Import Pressure**，在弹出的快捷菜单中选择 **Import Load** 命令，导入压力，如图 8-114 所示。

（6）在图形窗口中显示导入的压力结果，如图 8-115 所示。

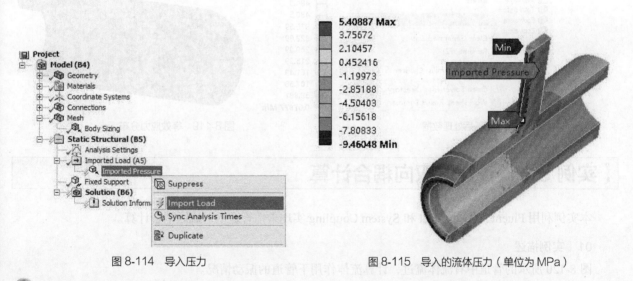

图 8-114 导入压力　　　　　　　　　　图 8-115 导入的流体压力（单位为 MPa）

💿 注意：

导入的压力数据会映射到网格上，若流体网格与固体网格的尺寸相差很大，会出现较大的插值误差。

（7）右击模型树节点 **Solution**，在弹出的快捷菜单中选择 **Solve** 命令，求解计算，如图 8-116 所示。

（8）插入位移、等效应力、等效弹性应变等节点，如图 8-117 所示。

（9）右击模型树节点 **Solution**，在弹出的快捷菜单中选择 **Evaluate All Results** 命令，更新后处理数据，如图 8-118 所示。

06 计算结果

等效应力分布如图 8-119 所示。

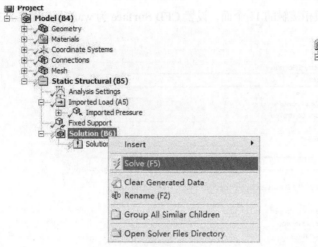

图 8-116　求解计算

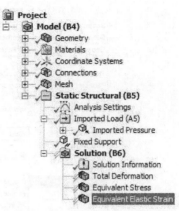

图 8-117　插入后处理物理量节点

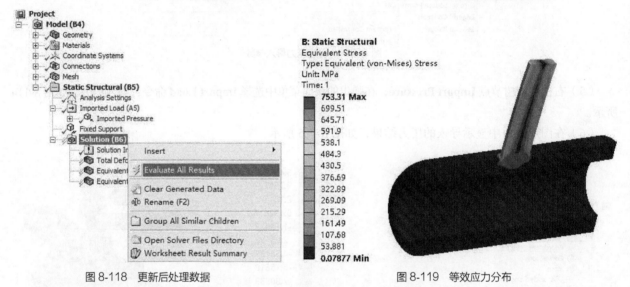

图 8-118　更新后处理数据

图 8-119　等效应力分布

【实例 5】柔性管道双向耦合计算

本实例利用 Fluent、Mechanical 和 System Coupling 实现柔性管道双向流固耦合计算。

01　实例描述

图 8-120 所示的管道中有流体流过，计算流体作用下管道的振动情况。

管道入口为脉动压力，其定义为

$$p = \begin{cases} -100000 \times \cos(4\pi t) + 100100, & t < 1.5s, \\ 100, & t \geqslant 1.5s. \end{cases}$$

其函数曲线如图 8-121 所示。

在 Fluent 计算过程中，需调用 UDF 宏 DEFINE_PROFILE 定义入口条件。

```
#include "udf.h"
DEFINE_PROFILE(pin,t,nv)
{
  face_t f;
  real flow_time=RP_Get_Real("flow-time");
```

```
if(flow_time<1.5)
{
    begin_f_loop(f,t)
    {
        F_PROFILE(f,t,nv)=-1e5*cos(4*3.14*flow_time)+100100;
    }
    end_f_loop(f,t)
}
else
{
    begin_f_loop(f,t)
    {
        F_PROFILE(f,t,nv)=1.E2;
    }
    .end_f_loop(f,t)
}
}
```

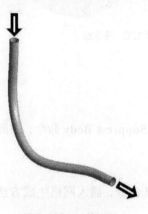

图 8-120　计算模型

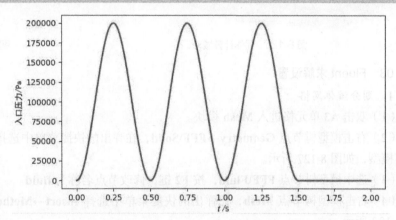

图 8-121　入口压力随时间变化规律

本实例双向耦合采用的计算流程如图 8-122 所示。

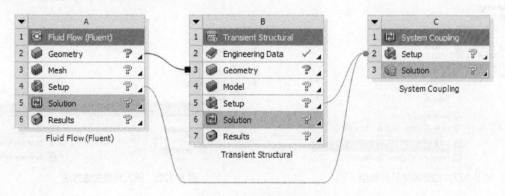

图 8-122　实例计算流程

02　计算模型

右击 **A2** 单元格，在弹出的快捷菜单中选择 **Import Geometry→Browse** 命令，导入几何模型文件 **FFF.scdoc**，如图 8-123 所示。

本实例计算模型如图 8-124 所示。

固体计算采用三维实体单元，如图 8-125 所示。

流体域几何模型如图 8-126 所示。

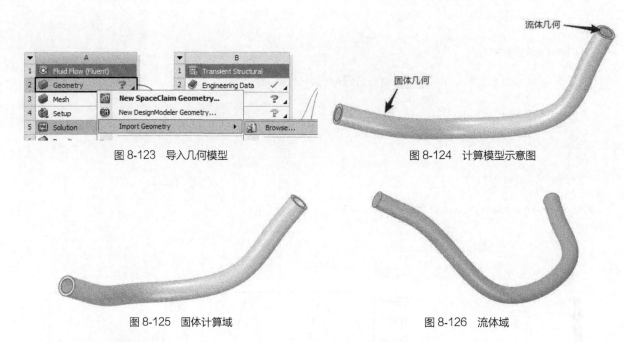

图 8-123　导入几何模型

图 8-124　计算模型示意图

图 8-125　固体计算域

图 8-126　流体域

03　Fluent 求解设置

1．划分流体网格

（1）双击 **A3** 单元格进入 **Mesh** 模块。

（2）右击模型树节点 **Geometry→FFF\Solid**，在弹出的快捷菜单中选择 **Suppress Body** 命令，去除固体几何模型，如图 8-127 所示。

（3）选中模型树节点 **FFF\Fluid**，按 **F2** 键，修改节点名称为 **fluid**。

（4）右击模型树节点 **Mesh**，在弹出的快捷菜单中选择 **Insert→Method** 命令，插入网格生成方法，如图 8-128 所示。

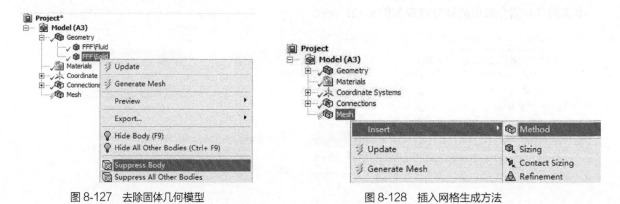

图 8-127　去除固体几何模型

图 8-128　插入网格生成方法

（5）在属性窗口中设置 **Method** 为 **Sweep**，并选择圆面为源面，设置 **Free Face Mesh Type** 为 **All Tri**，设置 **Sweep Num Divs** 为 **100**，如图 8-129 所示。

（6）右击模型树节点 **Mesh**，在弹出的快捷菜单中选择 **Insert→Sizing** 命令，插入网格尺寸，如图 8-130 所示。

（7）在属性窗口中指定 **Geometry** 为三维几何模型，设置其 **Element Size** 为 **1.0mm**，如图 8-131 所示。

（8）右击模型树节点 **Mesh**，在弹出的快捷菜单中选择 **Generate Mesh** 命令生成网格，如图 8-132 所示。最终网格如图 8-133 所示。

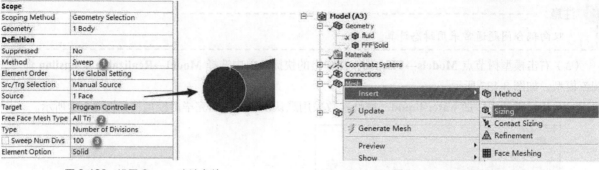

图 8-129　设置 Sweep 方法参数

图 8-130　插入网格尺寸

图 8-131　设置网格尺寸

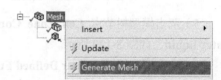

图 8-132　生成网格

（9）边界命名如图 8-134 所示，注意耦合面必须命名，本实例命名为 **wall**。

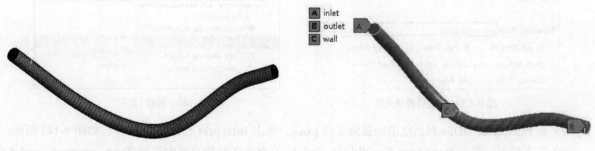

图 8-133　计算网格

图 8-134　命名边界

（10）右击 **A3** 单元格，在弹出的快捷菜单中选择 **Update** 命令更新网格，如图 8-135 所示。

（11）关闭 Mesh 模块，返回至 Workbench 工作界面。

2.　Fluent 设置

（1）双击 **A4** 单元格进入 Fluent。

（2）选择模型树节点 **General**，在右侧面板中设置 **Time** 为 **Transient**，采用瞬态计算，如图 8-136 所示。

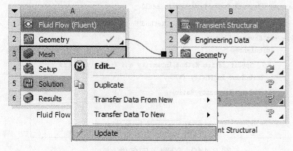

图 8-135　更新网格

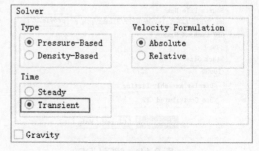

图 8-136　设置瞬态计算

> **注意：**
>
> 双向耦合问题通常采用瞬态计算。

（3）右击模型树节点 **Models→Viscous**，在弹出的快捷菜单中选择 **Model→Realizable k-epsilon** 命令，湍流模型，如图 8-137 所示。

（4）从材料库中添加 **water-liquid**，属性参数采用默认设置，添加完毕后模型树如图 8-138 所示。

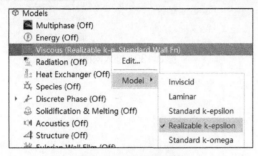

图 8-137　选择湍流模型

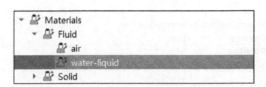

图 8-138　材料列表

（5）双击模型树节点 **Cell Zone Conditions→fluid**，在弹出的 Fluid 对话框中选择 **Material Name** 为 **water-liquid**，如图 8-139 所示。

（6）右击模型树节点 **User Defined Functions**，在弹出的快捷菜单中选择 **Interpreted**，如图 8-140 所示，打开 Interpreted UDFs 对话框。

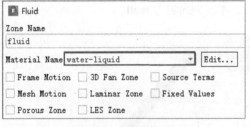

图 8-139　设置计算域介质

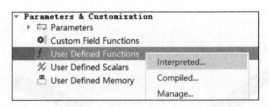

图 8-140　解释 UDF

（7）在 Interpreted UDFs 对话框中加载源文件 **pin.c**，单击 **Interpret** 按钮解释 UDF，如图 8-141 所示。

（8）右击模型树节点 **Boundary Conditions→inlet**，在弹出的快捷菜单中选择 **Type→pressure-outlet** 命令，打开 Pressure Inlet 对话框，设置 **Gauge Total Pressure** 为 **udf pin**，如图 8-142 所示。

图 8-141　解释 UDF

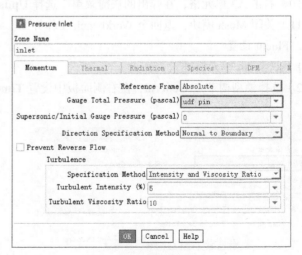

图 8-142　设置入口条件

（9）选择模型树节点 **Dynamic Mesh**，在右侧面板中选择 **Dynamic Mesh**、**Smoothing** 和 **Remeshing** 选项，单击 **Settings** 按钮，如图 8-143 所示。

（10）在弹出的 Mesh Method Settings 对话框中切换至 **Smoothing** 选项卡，设置 **Method** 为 **Diffusion**，设置 **Diffusion Parameter** 为 **1.5**，如图 8-144 所示。

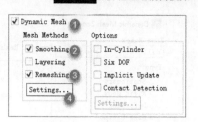

图 8-143　设置动网格

 注意：

扩散系数可取值 0~2，一般情况下取 1.5 比较合适。

（11）切换至 **Remeshing** 选项卡，选择 **Local Cell**、**Local Face** 和 **Region Face** 选项，单击 **Default** 按钮自动设置网格参数，设置 **Size Remeshing Interval** 为 **1**，单击 **OK** 按钮关闭对话框，如图 8-145 所示。

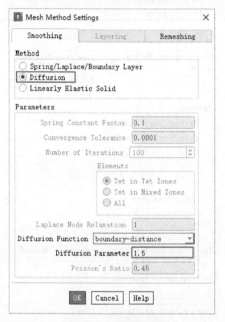

图 8-144　设置扩散系数

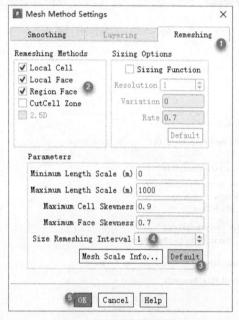

图 8-145　设置网格重构参数

 注意：

这里最简单的做法是单击 Default 按钮自动填入合适的网格参数。

（12）选择模型树节点 **Dynamic Mesh**，在右侧面板中单击 **Create/Edit** 按钮，弹出 Dynamic Mesh Zones 对话框，设置 **Zone Names** 为 **wall**，设置 **Type** 为 **System Coupling**，设置 **Meshing Options** 选项卡中的 **Cell Height** 为 **0.002m**，单击 **Create** 按钮创建动网格区域，如图 8-146 所示。单击 **Close** 按钮关闭对话框。

（13）右击模型树节点 **Initialization**，在弹出的快捷菜单中选择 **Initialize** 命令进行初始化，如图 8-147 所示。

（14）双击模型树节点 **Autosave**，在弹出的 Autosave 对话框中设置 **Save Data File Every** 为 **10**，单击 **OK** 按钮完成设置，如图 8-148 所示。

（15）选择模型树节点 **Run Calculation**，在右侧面板中设置 **Time Step Size** 为 **1s**，其他参数保持默认设置，如图 8-149 所示。

 注意：

这里的时间步长和时间步数随便设置即可，但不能为零。真实的计算时间步长和时间步数在 System Coupling 中设置。

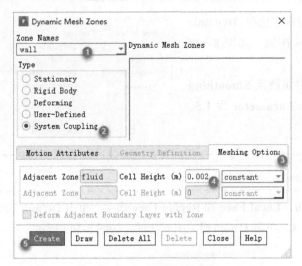

图 8-146　设置运动区域

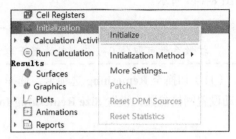

图 8-147　初始化

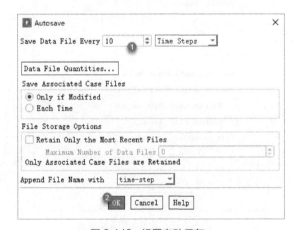

图 8-148　设置自动保存

图 8-149　设置迭代参数

（16）关闭 Fluent，返回至 Workbench 工作界面。

04　Mechanical 求解设置

1. 材料参数定义

（1）双击 **B2** 单元格 **Engineering Data**，进入材料定义面板。

（2）添加新材料 **Rubber**，设置 **Density** 为 **1100kg/m³**，设置 **Young's Modulus** 为 **1×10⁷Pa**，**Poisson's Ratio** 为 **0.45**，如图 8-150 所示。关闭材料定义面板。

2. 网格划分

（1）双击 **B4** 单元格 **Model** 进入 Mechanical 模块。

（2）右击模型树节点 **Geometry→FFF\Fluid**，在弹出的快捷菜单中选择 **Suppress Body** 命令，删除流体区域几何模型，如图 8-151 所示。

（3）右击模型树节点 **Mesh**，在弹出的快捷菜单中选择 **Insert→Method** 命令，插入网格方法，如图 8-152 所示。

（4）在属性窗口中设置 **Method** 为 **Sweep**，设置 **Source** 为圆环面，设置 **Sweep Num Divs** 为 **100**，如图 8-153 所示。

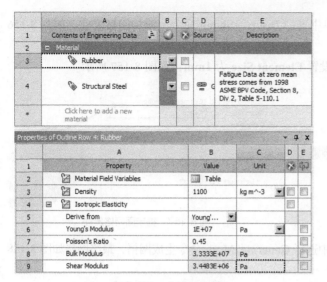

图 8-150　定义结构材料

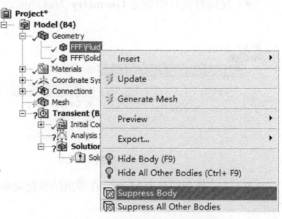

图 8-151　删除流体区域几何模型

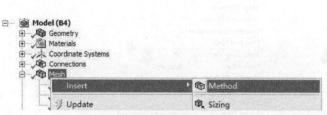

图 8-152　插入网格方法

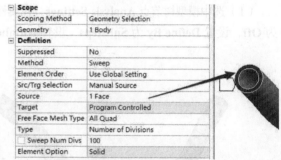

图 8-153　设置扫掠参数

（5）右击模型树节点 **Mesh**，在弹出的快捷菜单中选择 **Insert→Face Meshing** 命令，如图 8-154 所示。

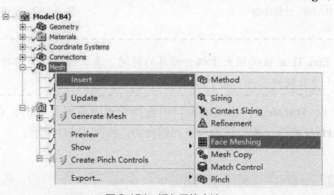

图 8-154　插入网格方法

（6）在属性窗口中设置 **Geometry** 为图 8-155 所示的圆环面，设置 **Internal Number of Divisions** 为 **3**。

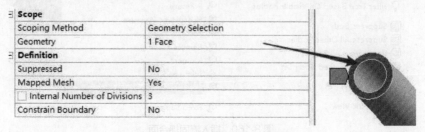

图 8-155　设置圆环面上网格参数

（7）右击模型树节点 **Mesh**，在弹出的快捷菜单中选择 **Insert→Sizing** 命令，添加网格尺寸，如图 8-156 所示。

（8）在属性窗口中指定 **Geometry** 为圆环面，设置 **Element Size** 为 1mm，如图 8-157 所示。

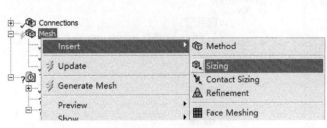

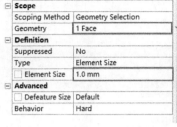

图 8-156　添加网格尺寸　　　　　　　　　　图 8-157　指定面网格尺寸

（9）右击模型树节点 **Mesh**，在弹出的快捷菜单中选择 **Generate Mesh** 命令生成网格，最终网格如图 8-158 所示。

3. 计算参数定义

（1）选中模型树节点 **Analysis Settings**，在属性窗口中设置 **Step End Time** 为 2s，设置 **Auto Time Stepping** 为 **Off**，设置 **Define By** 为 **Substeps**，设置 **Number of Substeps** 为 1，如图 8-159 所示。

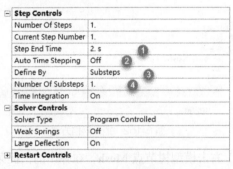

图 8-158　计算网格　　　　　　　　　　　　图 8-159　设置计算参数

💬 注意：

　　这里设置的 Step End Time 值必须大于耦合计算的时间。真正耦合计算的时间在 System Coupling 中指定，但设置值必须小于此处的 Step End Time 值。

（2）选中模型树节点 **Transient**，在图形窗口中选择管道内表面并右击，在弹出的快捷菜单中选择 **Insert→Fluid Solid Interface** 命令，指定该面为流固耦合面，如图 8-160 所示。

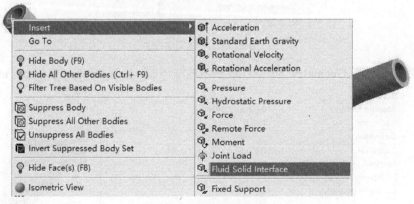

图 8-160　插入流固耦合面

（3）选择管道的两个圆环端面并右击，在弹出的快捷菜单中选择 **Insert→Fixed Support** 命令，指定两个面为固定约束，如图 8-161 所示。

（4）在 Solution 节点上指定后处理物理量，如等效应力、等效应变、位移等，如图 8-162 所示。在这里也可以指定 Probe 监测节点上物理量变化。

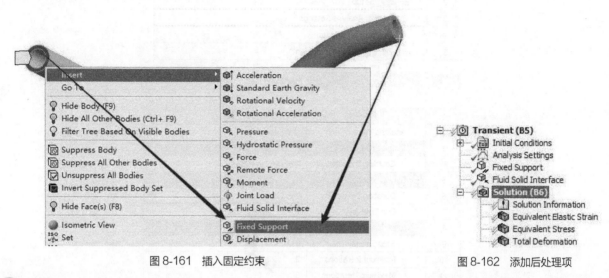

图 8-161　插入固定约束　　　　　　　图 8-162　添加后处理项

> **注意：**
> 这里可以定义节点的物理量变化监测。

（5）关闭 Mechanical 模块，返回至 Workbench 工作界面。

05　System Coupling 模块设置

（1）更新 **A4** 和 **B5** 单元格，确保其状态为"√"形式，如图 8-163 所示。

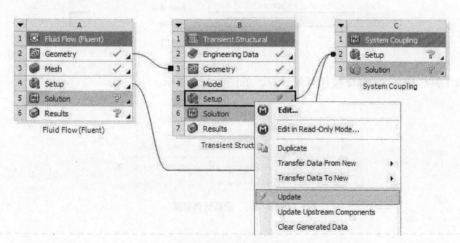

图 8-163　更新单元格

（2）双击 **C2** 单元格进入 System Coupling 模块。

（3）选中节点 **Analysis Settings**，在属性窗口中设置 **End Time** 为 **2s**，设置 **Step Size** 为 **0.01s**，设置 **Minimum Iterations** 为 **2**，设置 **Maximum Iterations** 为 **5**，如图 8-164 所示。

（4）按住 Ctrl 键的同时选中 **Fluid Solid Interface** 及 **wall** 并右击，在弹出的快捷菜单中选择 **Create Data Transfer** 命令，创建数据传递接口，如图 8-165 所示。

注意：

这里的 wall 是之前在流体求解设置中命名的流固交界面。

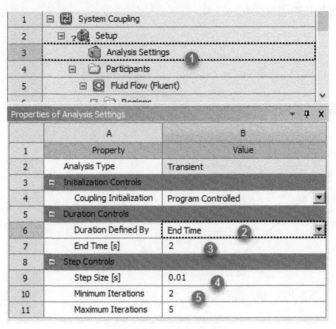

图 8-164　设置迭代参数

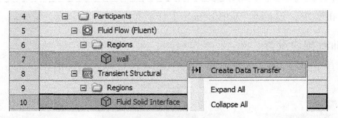

图 8-165　创建数据传递接口

（5）单击工具栏中的 **Update** 按钮开始计算，如图 8-166 所示。

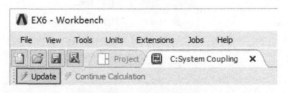

图 8-166　更新计算结果

注意：

本实例计算量较大，使用 24 核至强 CPU 计算大约需要 20 小时。

计算过程中，Message 窗口会给出提示信息，需要注意 MAPPING SUMMARY 信息与 Converged 收敛提示，如图 8-167 所示。其中，MAPPING SUMMARY 信息提示数据传递情况，确保映射值不低于 90%，否则需要重新划分网格。

确保在最大限度迭代时固体和流体求解器均达到收敛，如图 8-168 所示。

（6）计算完毕后返回至 Workbench 工作界面。

```
+===============================================================+
|                                                               |
|                      Coupled Solution                         |
|                                                               |
+===============================================================+
===============================================================

+---------------------------------------------------------------+
| COUPLING STEP = 1              SIMULATION TIME = 0.01 [s]      |
+---------------------------------------------------------------+
|                          |       Source        Target         |
|---------------------------------------------------------------|
|                  COUPLING ITERATION = 1                       |
|---------------------------------------------------------------|
|                      | MAPPING SUMMARY |                       |
+- - - - - - - - - - - - - - - - - - - - - - - - - - - - - - - -+
| interface-1              |                                    |
|   Force                  |                                    |
|     Mapped Area [%]       |          100           100        |
|     Mapped Elements [%]   |          100           100        |
|     Mapped Nodes [%]      |          100           100        |
+---------------------------------------------------------------+
| Fluid Flow (Fluent)      |                                    |
+---------------------------------------------------------------+
| Transient Structural     |                                    |
|   Interface: interface-1 |      | Not yet converged |         |
|     Force                |                                    |
|       RMS Change         |       1.00E+00        1.00E+00     |
|       Values Sum x       |      -1.09E-01       -1.09E-01     |
|       Values Sum y       |      -1.40E-01       -1.40E-01     |
|       Values Sum z       |      -4.52E-05       -4.52E-05     |
+---------------------------------------------------------------+
| Participant convergence status |                              |
|   Transient Structural   |          Converged                 |
|   Fluid Flow (Fluent)    |      | Not yet converged |         |
+---------------------------------------------------------------+
|                  COUPLING ITERATION = 2                       |
+---------------------------------------------------------------+
| Fluid Flow (Fluent)      |                                    |
+---------------------------------------------------------------+
| Transient Structural     |                                    |
|   Interface: interface-1 |        | Converged |               |
|     Force                |                                    |
|       RMS Change         |       9.02E-03        8.38E-03     |
|       Values Sum x       |      -1.08E-01       -1.08E-01     |
|       Values Sum y       |      -1.39E-01       -1.39E-01     |
|       Values Sum z       |       1.19E-04        1.19E-04     |
+---------------------------------------------------------------+
| Participant convergence status |                              |
|   Transient Structural   |          Converged                 |
|   Fluid Flow (Fluent)    |      Not yet converged             |
+---------------------------------------------------------------+
|                  COUPLING ITERATION = 3                       |
+---------------------------------------------------------------+
| Fluid Flow (Fluent)      |                                    |
+---------------------------------------------------------------+
| Transient Structural     |                                    |
|   Interface: interface-1 |          Converged                 |
|     Force                |                                    |
|       RMS Change         |       1.51E-05        1.28E-05     |
|       Values Sum x       |      -1.08E-01       -1.08E-01     |
|       Values Sum y       |      -1.39E-01       -1.39E-01     |
|       Values Sum z       |       1.18E-04        1.18E-04     |
+---------------------------------------------------------------+
| Participant convergence status |                              |
|   Transient Structural   |          Converged                 |
|   Fluid Flow (Fluent)    |      Not yet converged             |
+---------------------------------------------------------------+
```

图 8-167　收敛状态

```
+---------------------------------------------------------------+
|                  | COUPLING ITERATION = 5 |                   |
+---------------------------------------------------------------+
| Fluid Flow (Fluent)      |                                    |
+---------------------------------------------------------------+
| Transient Structural     |                                    |
|   Interface: interface-1 |          Converged                 |
|     Force                |                                    |
|       RMS Change         |       2.02E-05        2.02E-05     |
|       Values Sum x       |      -7.68E+00       -7.68E+00     |
|       Values Sum y       |      -8.76E+00       -8.76E+00     |
|       Values Sum z       |       1.26E-02        1.26E-02     |
+---------------------------------------------------------------+
| Participant convergence status |                              |
|   Transient Structural   |        | Converged |               |
|   Fluid Flow (Fluent)    |        | Converged |               |
+===============================================================+
```

图 8-168　收敛状态显示

06　计算后处理

（1）添加模块 **Result**，并连接 **A5** 和 **B6** 单元格，如图 8-169 所示。

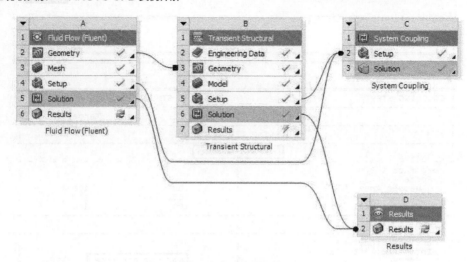

图 8-169　计算流程

（2）双击 **D2** 单元格进入 CFD-Post 模块。

1．查看结构计算结果

CFD-Post 模型树如图 8-170 所示。

（1）双击模型树节点 **SYS at 2s→Default Domain→Default Boundary**。

（2）在属性窗口中设置 **Variable** 为 **Von Mises Stress**，如图 8-171 所示。

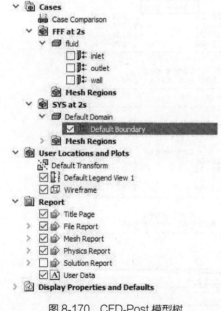

图 8-170　CFD-Post 模型树

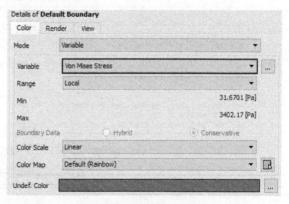

图 8-171　查看 Mises 应力

图 8-172 所示为 2s 时管道上范式等效应力分布情况。

用相同的方式可查看应变和应力。

（3）执行 **Tools→Timestep Selector** 命令，弹出 Timestep Selector 对话框，在对话框中选择合适的时刻，单击 **Apply** 按钮即可查看该时刻的结果，如图 8-173 所示。

图 8-174 所示为 1s 时刻应力分布。

 注意：

只有在 Fluent 中设置了自动保存，这里才会有保存的时间步数据。本实例中 Fluent 每 10 个时间步保存一次，因此这里看到的时间间隔是 0.1s。

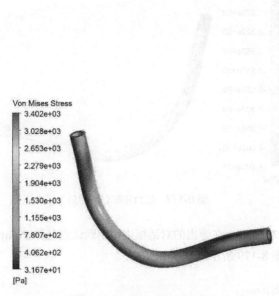

图 8-172 应力分布（2s 时）

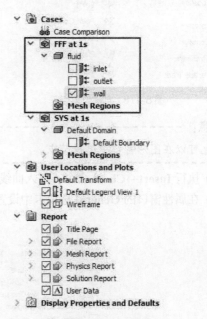

图 8-173 时间步列表

2. 查看流场计算结果

模型树节点 FFF at 1s 下为流体域，如图 8-175 所示。

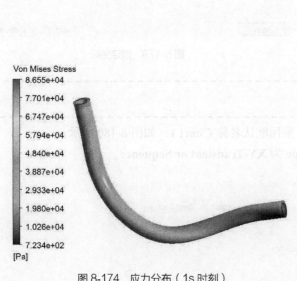

图 8-174 应力分布（1s 时刻）

图 8-175 流体域

如要查看 1s 时刻流体壁面 wall 上的压力分布，可双击模型树节点 **wall**，在属性窗口中设置各参数，如图 8-176 所示。1s 时刻壁面 wall 上的压力分布如图 8-177 所示。

其他时刻的数据可在 Timestep Selector 对话框中选择并查看。其他物理量的查看与常规的流体后处理相同。

3. 查看指定位置物理量变化

若要查看指定位置应力随时间的变化，可先创建点，然后绘制该点处应力随时间变化的曲线。

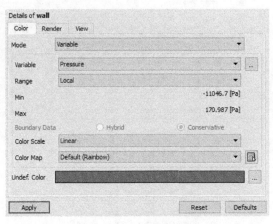

图 8-176　云图参数设置

图 8-177　压力分布（1s 时刻）

（1）执行 **Insert→Location→Point** 命令，如图 8-178 所示，在弹出的对话框中采用默认点名称 **Point 1**。

（2）在属性窗口中设置需要观察的位置坐标，如图 8-179 所示。

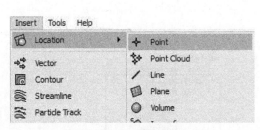

图 8-178　创建位置点

图 8-179　指定坐标

 注意:

也可以在图形窗口中选择节点。

（3）执行 **Insert→Chart** 命令，插入曲线图，采用默认名称 **Chart 1**，如图 8-180 所示。

（4）在属性窗口的 **General** 选项卡中设置 **Type** 为 **XY-Transient or Sequence**。

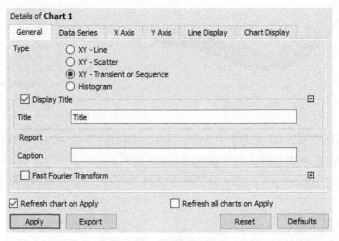

图 8-180　设置图形类型

（5）在 Data Series 选项卡中设置 **Location** 为 **Point 1**，如图 8-181 所示。

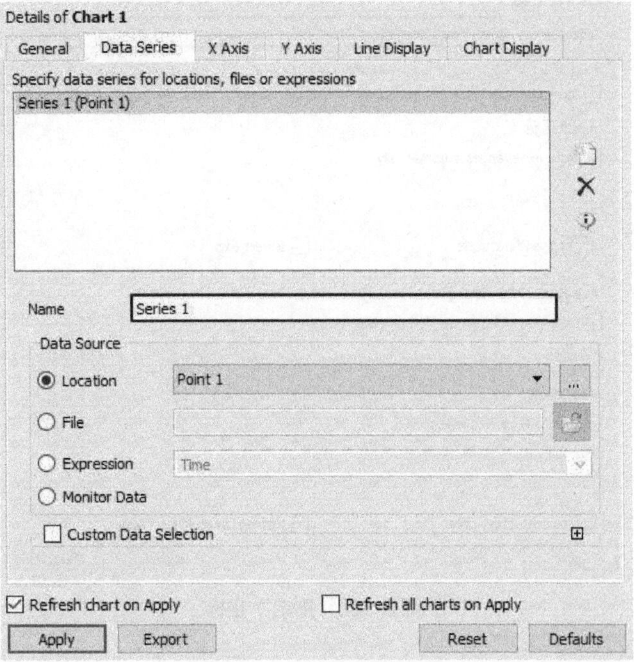

图 8-181　指定数据源位置

（6）X Axis 选项卡保持默认设置，确保 **Expression** 为 **Time**，如图 8-182 所示。

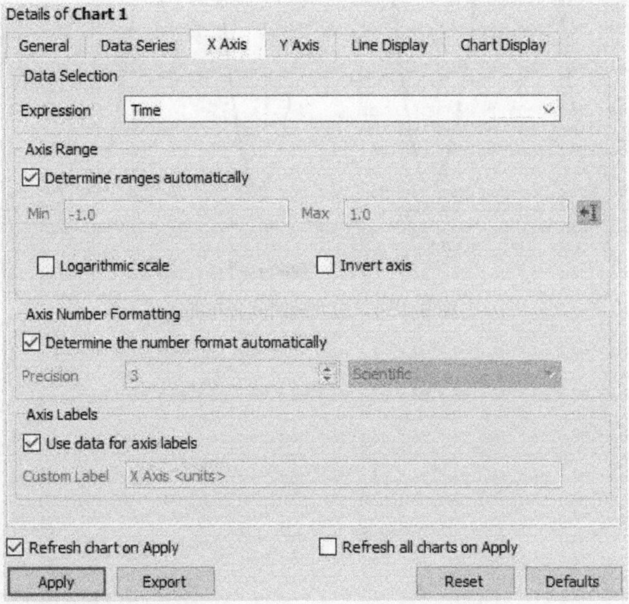

图 8-182　指定 X 坐标

（7）Y Axis 选项卡保持默认设置，确保 **Variable** 为 **Von Mises Stress**，如图 8-183 所示。

（8）单击 Apply 按钮生成图形，如图 8-184 所示。

采用同样的方法可以查看其他物理量随时间分布规律。

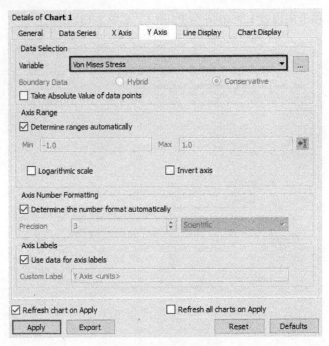

图 8-183　指定 Y 坐标

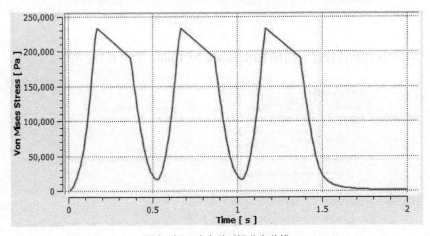

图 8-184　应力随时间分布曲线